U0524769

・浙江大学哲学文存・

THE CONTROVERSY

AND PRACTICE

OF CONFUCIAN ETHICS

□ 李明书/著

儒家伦理争议与实践

中国社会科学出版社

图书在版编目（CIP）数据

儒家伦理争议与实践 / 李明书著. -- 北京：中国社会科学出版社，2025.1. --（浙江大学哲学文存）.
ISBN 978-7-5227-4051-5

Ⅰ．B82-092；B222.05

中国国家版本馆 CIP 数据核字第 202439J6N6 号

出 版 人	赵剑英
责任编辑	朱华彬
责任校对	谢　静
责任印制	李寡寡
出　　版	中国社会科学出版社
社　　址	北京鼓楼西大街甲 158 号
邮　　编	100720
网　　址	http：//www.csspw.cn
发 行 部	010-84083685
门 市 部	010-84029450
经　　销	新华书店及其他书店
印　　刷	北京君升印刷有限公司
装　　订	廊坊市广阳区广增装订厂
版　　次	2025 年 1 月第 1 版
印　　次	2025 年 1 月第 1 次印刷
开　　本	710×1000　1/16
印　　张	15
字　　数	243 千字
定　　价	78.00 元

凡购买中国社会科学出版社图书，如有质量问题请与本社营销中心联系调换
电话：010-84083683
版权所有　侵权必究

序 言 一

儒家学说具有全体大用的特征，固然天道性命的形而上学可以精妙绝伦，但其积极入世的旨向才是儒学最为明显的学派特征。正如宋明儒所批判的那样，如果某一学派仅仅在心体上下功夫，却从不践行到人伦日常，那么这样的学派就不是纯粹的儒学，似乎多少沾染了出世佛老之习气。然而，儒学之精微，若不能在心性学上达到一定的造诣，则无法登堂入室，尽窥其学。儒学之发展，若不能在全球视野上面对时代的要求提出中国方案，则无法承上启下、返本开新。这或许是当下儒学发展所面临的关键问题。

我一直以为，若要精细地掌握一门学说的义理结构，则并不能仅仅限于该门学说的苦心钻研，而是必须找到另外两个参考项——即与该门学说相反的学说、与该门学说近似的学说。通过相反的学说，可以从该学说的外部来省察该学说，既可以"跳进"，也可以"跳出"，不会成为该学说的傀儡。通过相似的学说，可以分辨其差异，达到对于该学说十分细致的了解。我们知道，在哲学的一些核心问题上，差之毫厘，谬以千里。如果可以辨析毫厘之微，那么研究者对于该学说的掌握才能算是达到了圆融精熟之境。

明书君负笈台大，求学鹅湖，既有全球的格局视野，又有正统的学脉师承，具备了非常全面的学术素养。其治学兼通儒佛，深谙孔释宗旨之异同。早年尝作《论语》与《杂阿含经》的比较研究，又撰写佛家诸大德之评传，如今又以儒家伦理的研究名世，可谓"出入佛老，返于六经"。明书君之学术积累，正足以探究儒学之精微；明书君之学术眼光，又庶可推动儒学之发展。

《儒家伦理争议与实践》一书是明书君长期浸淫于儒家伦理的研究成

果。儒家伦理是一个面向现实的话题，具有积极的淑世特征。但明书君的著作，并非限于泛泛的伦理议题，而是既有理论，又有应用，更有对话，可谓"体相用"俱全。在该书的《理论篇》中，明书君以东西方比较的视野构建了东方哲学的基本框架，并以先秦儒学与现代新儒学的学理探讨了儒家的身心问题、观看问题、性善问题以及圆善问题。这些篇章构成了生命伦理学的基础理论部分。在该书"应用篇"中，他将自己的思考投入角色伦理与性别伦理这些颇具争议性的问题上，采撷诸说，条分缕析而折衷其间。在该书的"对话篇"中，明书君又与学界同仁进行互动，对哲学真理观、关爱伦理学、示范伦理学、儒家性别观等前沿问题提出了自己的见解。

本人长期关注中国哲学史，较少涉及儒家伦理的问题，故对于明书君讨论的领域所虑不精，未敢置喙。唯有拜读了"理论篇"中关于孟子性善论的问题，有所感发，故赘之一二。

以我的理解，性善论的争议大致上可以分为三个立场。其一，性善是指至善无恶的超越的性体，且此性体是发用后一切善行的根源。其二，性善是指本真现象上的善行，即在关系上来成就对象。其三，性善是指心生而构成善，即心的自由抉择而成就善行。第一个立场是本体论上的善，是柏拉图主义的；第二个立场是生存论上的善，是海德格尔式的；第三个立场是自由意志上的善，是奥古斯丁或者康德式的。

从本体论上的善出发，它可以批评其他两种善是无根无体的。从生存论上的善出发，它可以批评其他两种善是在"常人"的世界中因对象化而塑造出的本体或主体后的产物。从自由意志上的善出发，它可以批评其他两种善是被必然性所决定的他律之伪善。这三种立场各有其西方哲学理论为外援，故以之来解说孟子之性善，纷纷扰扰，莫衷一是。

我对此三种立场在总体上持调和的态度。"性"字本来既可以作静态讲，也可以作动态讲。静态讲是"性者，生之质也"，动态讲是"性者，生也"。作为"生之质也"的性，就具有本体论的意义。作为"生也"的性，则具有变动义，既可以是客观层面的变动，具有生存论的意义；又可以是主体层面的变动，具有自由意志的意义。因此，上述三个立场的意义都包含在"性"字的中文理解当中。在这里，我们可以把善理解为成就关系中的对象。从静态的客观性上说，性善就是成就关系中对象的形上依据。从动态的客观性上说，性善就是在本真的经验中必然成就关系中的对象。从动态的主体性上说，性善就是面对关系中的对象让心灵去自由抉择从而成就此对象。

其实，静态的客观性与动态的客观性是一体两面。比如，对于一对磁铁，在没有外力的作用下，阴极与阳极必然相互吸引，同极必然相互排斥。就此吸引与排斥的经验现象而言，此为动态的客观性。然而，我们因着理性而命之曰"磁性"，再分之为"阴极"与"阳极"，似乎就对此相吸相斥的现象给予了理论说明，人对此现象就可以理解了，于是静态的客观性也就产生了。没有理性的参与，经验现象无法理解。理性一旦参与，则动态的客观性与静态的客观性必然同时获取。因此，第一个立场的性善与第二个立场的性善就是一个性善。

在动态的主体性上，心灵经过自由抉择并承担抉择的后果，这才是对于善的确立。但何以保证人的心灵构造必然会产生普遍的成就他人的旨向？自由就不能含有必然旨向，含有必然旨向就不自由。于是，我们可以说，心灵天然具有此本性与旨向使其成就关系中的对象。但心灵在此本性与旨向之外，还具有自由抉择的功能，它可以认同此本性与旨向，也可以拒绝此本性与旨向。因此，人可以在认同与拒绝中产生选择，并为之承担后果。这就如，我们可以用手去掰开异性相吸的磁铁，也可以用手促合异性相吸的磁铁。无论是掰开还是促合，磁性与吸引的过程仍旧存在。因此，第三个立场的性与前两个立场的性不是一物。前两个立场其实是性的两面，而第三个立场其实是心。这类似于朱子学，但经过心灵肯认的本性与旨向也就具有了自律的意义。如果认为心灵的自由抉择与本性旨向完全合一，那么三个立场的性的理解也就完全合一。这就类似于阳明学，是纯粹的心灵自我确立了善。故前两个立场与第三个立场的分与合，似乎成为朱子学与阳明学的分界。但总体来说，"性"的三种立场的解读并非那么针锋相对，非此即彼，而是可以包融在一个系统里进行理解的。

以上是我的浅见，希望在性善论的问题上可与明书君继续切磋，不断深入。

此外，鉴于当下学术发表的惯例，该书的内容多为已发表论文。论文与论文之间固然有一定的学理秩序，但从脉络的一惯性和结构的完整性上看,仍旧具有一定的提升空间。然而瑕不掩瑜,明书君已经在儒家伦理的各类议题上用力颇久,细心的读者朋友们必定可以在书中发现许多思想的闪光点。期待明书君在儒家伦理学的研究上早成一家之言,出版更多的著作来惠及学林。

朱光磊
甲辰年季秋于吴门静俭斋

序 言 二

德国哲学家康德曾经提出四个重要的哲学问题："我可以知道什么""我应当做什么""我可以期望什么"以及"人是什么"。这四个问题可以归结为人的存在本质问题，它们既涉及人与自然、社会的关系，又以人的终极价值为指向。反观儒家文化传统，先哲虽未以康德式提问形成德国古典哲学那样邃密的思想谱系，但同样围绕人的存在向度展开了深刻思考。不同于康德将"人是什么"作为全部哲学事业的逻辑归宿，儒学以"什么是真正的人"作为思考人之存在本质的出发点，进而呈现"人之为人的特点""成人的具体方式""人格的理想境界"等问题域。

关于"什么是真正的人"，先秦儒家早已给出回答。儒家对"人"的理解集中体现在"仁"这一概念。孔子以"仁"为人伦秩序的根本精神，以对他者的"爱"来规定"仁"的向度。这表明人不仅仅是个体性存在，更是对他者敞开情感关怀的社会性存在。基于此，儒家认为"仁"即为"人"的道德本质。如《中庸》所云"仁者人也"，孟子同样认为"无父无君"的存在样态是非人化的，"是禽兽也"（《孟子·滕文公下》）。首先，儒家发现了人性中的善，并强调通过自我修养和伦理教化来实现这种善性。其次，儒家认为人的道德本性关联着人的社会属性。人不能孤立存在，而必须在社会关系中实现自我价值。《大学》的"八条目"既强调了自我修养的必要性，也确立了"自天子以至于庶人"在家庭、国家乃至天下中的责任。总之，"人"不仅是生物意义上的个体，更是道德主体和社会成员，以内外和谐与道德完善为人生的最高目标。

关于"人之为人的特点"，孟子的人性论最具代表性。孟子认为，人和动物的差异是非常小的（"几希"），这个细微的差异反映在人具有道德意识，并能自觉地将道德意识实现为客观化的道德法则。孟子反对告子，是因为告子所言"生之谓性"不能把"人之所以为人"表示出来，有使人性流于物性的危险。因此，孟子以人所本有的道德意识言"性"，安顿人的道德价值。这一思想学说奠定了宋明理学心性论和工夫论的基调。值得注意的是，一些动物在其生存环境中也有近乎伦理行为的活动，如蜂蚁有"君臣之义"，虎狼有"父子之亲"，但动物的自然局限性决定了它们不能对"义""亲"形成道德反思，也不能将"义""亲"推扩到万事万物之中。故朱熹说："气相近，如知寒暖，识饥饱，好生恶死，趋利避害，人与物都一般。理不同，如蜂蚁之君臣，只是他义上有一点子明；虎狼之父子，只是他仁上有一点子明；其他更推不去。恰似镜子，其他处都暗了，中间只有一两点子光。"（《朱子语类》卷四）人区别于其他物种，正在于人有道德本性，并能反思和实现自己的道德本性。以此为根据，儒家在人和其他物种之间划分了严格的层级差异。荀子说："水火有气而无生，草木有生而无知，禽兽有知而无义，人有气、有生、有知，亦且有义，故最为天下贵也。"（《荀子·王制》）人之"贵"在于有"义"，这种德性使人类自觉地结成社会。类似地，朱熹也认为"人是天地中最灵之物"（《朱子语类》卷一一〇），盖因其本有"仁义礼智之禀"（《孟子集注》卷十一）。人是道德的存在，并且能够通过道德实践使心性得到存养，此为人与禽兽的分野。

关于"成人的具体方式"，儒家在其发展过程中逐渐构建了系统的工夫论。《论语》所谓"克己复礼"，《大学》所谓"格物""致知""诚意""正心"，《中庸》所谓"慎独""明诚"，《孟子》所谓"存心""养气""求放心"，《易传》所谓"穷理尽性以至于命"，都体现了修养工夫的内涵。宋明理学通过汲取佛教与道教的思想资源，提出了更为系统化的修养方法，旨在从内在修养到外在行动上实现"内圣外王"的终极理想。儒家修养工夫既以天人关系的本体统一性为导向，在实现自身价值的同时践行天道，又以人己内外的贯通为目标，通过个体的"修身"实现"齐家""治国""平天下"的社会理想，因此不能将其窄化为一般意义上的道德实践。

关于"人格的理想境界"，儒家强调通过内在修养、道德实践和心灵转化，逐步提升生命境界，达到内外和谐的理想状态。一个人的品行更高尚，他的存在就有更高的价值，否则人们全部的精神修养，将变得毫无意义。而一个人高尚与否，主要是针对他的生命境界而论。冯友兰先生将人的境界分为四个层次，从低到高分别是自然境界、功利境界、道德境界以及天地境界。一般而言，一个人超越自然境界和功利境界，达到道德境界，树立社会责任感和道德理想，已经是极高的成就了。但是儒家的终极目标是"天人合一"，使人不仅关心社会中的伦理问题，更深刻思考宇宙的本质和人生的终极意义。无论"道德境界"还是"天地境界"，都不仅仅是一种主观感受。在古汉语中，"境"的本义是客观化的外在对象，直到佛教唯识学讲"境不离识"，便把外在对象拉进来，使"境"主观化了。所以，"境"兼有主观义和客观义，而"境界"则是主观和客观两个层面的绝对统一。如谓某人达到"道德境界"，既指此人在主观心境上领会道德原理，又表示其能够在日常生活中实现道德原理。

李明书教授所著《儒家伦理争议与实践》一书同样体现了对以上问题的深沉之思。本书分为"理论篇""应用篇""对话篇"三部，首先评述自古典儒家到现代新儒家的生命伦理学说，进而以儒学实践应用为导向回应现代伦理学难题，最后立足学界前沿热点反思儒家伦理的理论价值与实践价值。从逻辑架构上看，作者以儒家的伦理与实践为核心问题意识，对儒家伦理学的定位、修学实践方法、当代伦理争议、中西哲学的交融及张力等诸多内容进行了深入剖析。历史地看，儒学经过了两千余年的发展过程，其追问、思考的重要问题大多都是伦理问题。儒家人伦关系中最根本的价值原则即为仁民爱物，由此推扩、演绎为自家庭以至于社群、国家、天下的伦理秩序。以此为前提，儒家提出"三纲八目""四维八德""五伦五常"等价值观念，构成了儒家伦理学说的基本框架。本书以现代学术眼光反思和回应儒家思想传统中的伦理问题，其中既包括如何看待儒家传统文化与西方现代文明的关系，也涉及如何在时代变革中处理中国文化的传承与现代性的创新，展现了作者尝试化解古今中西之争的理论自觉。面对"什么是真正的人""人之为人的特点""成人的具体方式""人格的理想境界"等问题，本书的解答是：作为道德的存在，人应当在现代社会中将修身与社会责任相结合，同时以生命境界的提升为指向，通过自律、仁爱、忠诚等美德实现自我全面发展，以此促进整个社会的和谐与繁荣。总之，儒家思想不仅仅是一套古代哲学理论，更是一个具有现代适应性的伦理体系。在现代社会的具体实践中，它既面临严峻的挑战，也有诸多与现代价值相结合的机遇。作者坚信，作为一种动态化的价值体系，儒家伦理能够适应现代社会的不同场景，培育具有德行与智慧的公民。此外，本书对"身心关系""观看思想""生命伦理学""性别歧视"等议题的讨论，均体现了作者对学界前沿问题的精准把握。

　　长期以来，学界对于儒家伦理本质上属于德性伦理抑或规范伦理的问题争讼不已。在中国思想史上，儒家以"仁""义"规定人的存在意义。作为儒学中的重要德目，"仁""义"不仅内化于人的道德生命，还通过社会活动得到体现。以"由仁义行"为价值取向，儒家强调个人的自我反省和道德提升，明确"修身"的重要意义。从这一点看，儒家伦理无疑具有德性伦理的理论特征。然而"仁""义"又在某种程度上体现了儒家伦理的规范性品格。孔孟思想中的"仁"用以指示人所本有的真诚恻怛的情感，此情发动必有所"感"，由此"十字打开"挺立"天人贯通"与"物我贯通"之规模。自"天人贯通"一端而言，道德情感得以"感通天道"，"天道"当下即呈现自身，向人发布"命令"。此"命令"对人而言不是外在的，而是得之于己的先验道德，以康德哲学视之，不啻为一种普遍、绝对的道德律令。人听从这种"命令"，既是顺从"天道"，亦是顺从"本心"，使人在特定情境中自然做出合宜、正当的行为。这种合宜、正当称作"宜"，又古人以"宜"训"义"，故而此种行为的合宜性、正当性构成了人的伦理义务。由此观之，儒家伦理同时包含了"成就道德人格"与"成就道德行为"二重向度，与之相应的是伦理学的两条进路："如何培养美德"的追问首先关联于德性伦理，而"如何引导德行"的思考则涉及规范伦理。本书引介了一些当代学者对儒家伦理本质之争的讨论及超越美德、规范二分结构的新见——包括"儒家角色伦理学""儒家关爱伦理学""儒家示范伦理学"，并对它们做出客观评价。首先，安乐哲教授提出的儒家角色伦理学关注到每个人在不同社会关系中的伦理责任和道德要求，强调个体在特定角色中应当表现出符合道德规范的行为。作者认为，儒家角色伦理学的一个积极意义在于，它鼓励人们在各自的社会角色中实现道德人格的完善，促进社会整体的道德发展。然而，儒家角色伦理学在现代社会也面临一些挑战，尤其是在个体主义盛行的背景下，如何平衡个人自由与角色义务之间的张力。其次，李晨阳教授提出的儒家关爱伦理学诉诸对他人、家庭和社会的关怀，强调从"自然关心"（natural caring）发展为"伦理关心"（ethical caring），弱化了形上原理与道德原则的普遍意义。作者认为，儒家关爱伦理学所强调的伦理关怀可以应对现代社会的伦理困境，它所引发的道德行为是真实的、自然的，无需借助超越的"天"或"上帝"，也无需经过理性思辨。最后，王庆节教授以道德感动作为道德行为的动力和基础，建构了儒家示范伦理学系统，它强调透过人之常情的道德感动，向具有示范意义的圣贤投以学习的态度，由此形成道德评判与行为。作者认为，儒家示范伦理学在现代社会中有其现实意义，尤其在教育方面可以树立正面的榜样力量，有效促进道德行为的传播和社会责任感的增强。不过，儒家示范伦理学也面临一些挑战，比如在快速发展的现代社会中，榜样的道德标准可能不再被广泛认同。结合以上认识，作者进一步指出，儒家哲学的形上学观点在应用伦理的具体建议方面往往派不上实际用场，至多只能表达一些观念上的引导，更遑论政策、法律等方面的建议，而应用伦理议题的现实性与实时性较强，往往需要的是实际有效的解决方案，而非超越的形上思考。这一界定尤其重要。立足儒家的"体""用"结构，从"体"的一面讲，儒家属于德性伦理、规范伦理或者本书介述的几种伦理形态的问题可以暂时搁置，作者更关心的是如何在现代社会的复杂人伦关系中透显儒家伦理之"用"，即古代思想资源如何在道德决策、行为规范和社会责任方面对现代社会起到启示作用。作者并未将儒家伦理打上某个标签，将其视为纯粹理论化的东西，而是将其放置于现代语境之中发挥现实作用。这也是本书题目所含"实践"概念的应有之义。

　　本书有三处特长，尤其值得读者注意。首先是反思东方哲学的思想特质。本书第一章以东方哲学的基本问题、研究现状和未来发展为论述主轴，反思当前东方哲学研究的诠释限度问题，进而探索东方哲学基本问题研究所能开出的课题和方向。作者的相关论述展现了哲学研究的方法论自觉，包括对概念研究、"以西释中"等研究范式的反思和批判，同时阐明了顺应经典内在义理、结构、脉络的研究进路，为儒家伦理的现代应用提供了诠释学意义上的理论指导。其次是澄明儒家内在的生命意识。本书第二章基于《论语》中的身心问题，探讨了如何立足道德修养之道实现生命境界的提升。《论语》讨论的焦点、示例与实证修学的体验，皆围绕"生命世界"或"生活世界"而展开。《论语》的一个基本立场在于"生命世界"与"生活世界"是由人与其他物种共同构成的，人在生活世界中必将面对各种问题与困难，因此需要总结提炼实践方法加以克服。第三章以《论语》为文本依据，围绕"观看"的实践方法，阐明儒家的修身成圣之道。作者对"观看"这一概念进行区分，将眼睛对一般物质对象之外观的捕捉定义为"表层的观看"，又将洞察身心与世界的构成机制定义为"深层的观看"。随后，作者厘清了以下三个要点。其一，表层与深层的"观看"对于生命的意义与价值。其二，从"表层的观看"切换到"深层的观看"的可能性和必要性。其三，"观看"之范围。结合《论语》有关"观看"的文本，作者认为儒家面向身心结构的"观看"，主要在于清晰、通达地直观一切对象，将"观看"的结果导向成圣的目标。牟宗三先生以儒学为"生命的学问"，认为个人与民族的"尽性"皆是"生命"上的事。本书对生命意识、道德人格、修学实践等问题的提揭，无疑深契牟先生讨论儒学特征的旨归。最后是深究儒学的现代性价值。"性别歧视""同性婚姻"等现代社会的伦理议题虽非先儒所重，但作者认为重要的是儒家思想可以在一定程度上回应这些问题。举例而言，面对"性别歧视"问题，作者认为现代儒家伦理主张尊重个体价值，提倡在家庭和社会中建立平等互助的关系。这意味着性别不应成为权利和社会地位分配的不平等依据。随着社会发展，儒家思想可以为性别平等提供新的理论支持，提倡在尊重个体差异的前提下，构建男女互相尊重、共同发展的社会结构，纠正可能导致性别歧视的观念。

"五四"以后，主流知识界对儒家文化采取了批判、否定的态度，儒学被打上"保守""封闭""停滞"的标签，被视为亚细亚农业文明和宗法制社会的产物、东方专制王朝兴衰循环的精神附庸以及中国社会实现现代转型的内在障碍。列文森在《儒教中国及其现代命运》一书中指出，同所有古老文明的"现代命运"一样，儒家文明也早已成为安放在博物馆中的民族遗产。人们以傲慢的姿态拒绝承认儒家文化具有现代价值，更不认可它拥有任何世界性意义。然而，当一个民族对其文化传统失去信心时，便会步入迷途，顺其积习而下委，精神生命停滞不前，乃至陷入非理性的迷狂和价值虚无。可幸的是，儒家文化不仅仅是知识系统，还是价值系统，甚至还是一套信仰系统。《诗》云："蔽芾甘棠，勿翦勿伐，召伯所茇。"《中庸》云："溥博渊泉，而时出之。溥博如天，渊泉如渊。"尽管中国历史文化的发展在遭遇着波折，但儒家文化如万古江河，无论世殊事异，无论人心之厚薄、民生之荣悴，终是向着一定的方向奔流不已。从现实情况看，儒家学说仍是当下建构民族身份和文化认同的主要资源，在中国历史进入世界历史、中西文化不断展开对话互动的时代背景下，儒学更应以"哲学"的身份、角色和功能融入世界哲学之中，在与不同哲学传统的对话互动中生成新的形态。儒学的现代性转化不仅体现在理论上的讨论，也涉及在社会生活中的具体运用。通过现代诠释和创新，儒学所蕴含的问题得到抉发，而民族文化生命亦得到接续和疏导。本书主要在伦理实践方面推进儒学的现代发展，其意在表明：尽管个人主义和多元文化思潮造成了诸多现代性问题，但作为古典资源的儒家学说仍能焕发道德的力量，使人过上良好生活。滔滔者天下皆是，然而时下学者或陷溺于抽象的理智活动，或沉浸于繁琐的考据事业，其生命是枯燥的，思想是胶结的，不复知有道德生命的"向上一机"。古人讲学论道"先立乎其大"，在人伦日用上立言用心，本书并未混同流俗，而能正视此"向上一机"，开出儒家伦理思想的现代意义，乃无憾于孔门尽心尽性尽伦尽制之教。

余与李明书兄相交论学多年，悠悠然而不觉岁月长往。昔者，闻其文章卓越，辞理精妙，心慕久矣，然未尝得晤。数年前，机缘巧合，相遇于津沽大地，初见即倾心其学问。彼时彼处，言谈甚欢，遂交定谊。疫情三年，憾未谋面，彼此多书信往来，学术切磋，虽人各异地而精神相契。明书兄之为人，温润和粹，学养精深，平日用功甚勤，为吾辈学人所莫逮，更熟谙内学外典，以至于融会贯通，打为一片。以此为底蕴，其著作文字、义理俱美，犁然有当于人心。余每得其新作，必细心研读，或有所疑，常执笔询问，明书兄必诚然垂告，欣然共议，未曾厌烦。余亦曾为其大著《论心之所向——〈论语〉与〈杂阿含经〉比较研究》作评，今见新作出版，喜不自胜。拜读新作，益觉其志趣高远，学思精熟。书中论述鞭辟入里，往往一语中的，令人拍案称奇。古人以天、地、人为"三才"，人以参赞天地化育之功位列其中，此为人伦之表现。"人伦"亦为"人文"之一端。所谓"人文"，重点不在于"文"，而在于"人"。

"文"是一套知识系统,而"人"的现实生存展开为生命实践、伦理实践及探寻人生终极意义的实践。"人文"的目的是人的生命境界的提升和精神尊严的落实。本书所述,无疑是对儒家人文精神的传承与开展,同时基于现代性视域回应了"人的问题"。夫书者,心之载也,情之寄也,发乎性灵,见乎义理,故学人运笔以志其思,智者操觚以垂其文。是以斯言既成,明体达用,唯冀后世学者观之,有所启迪焉。陈寅恪先生《王静安先生遗书序》云:"自昔大师巨子,其关系于民族盛衰学术兴废者,不仅在能承续先哲将坠之业,为其托命之人,而尤在能开拓学术之区宇,补前修所未逮。故其著作可以转移一时之风气,而示来者以轨则也。"区区人微言轻,明书兄不以为意,嘱予作序。草创为之,谨酬知己,唯盼此书能"转移一时之风气",长传于世,惠及后学焉。

是为序。

单虹泽
甲辰年秋月写于津南海教园

自　序

长期以来受到高柏园与蔡耀明两位恩师的影响，在研究中国哲学的过程中，一方面重视经典本身的义理解读，另一方面则致力于如何从中国哲学的思想资源之中提出实践与伦理的观点，证明中国哲学是既具有普遍性又具有实践性的学问。在写作本书的过程中发现，自己秉持这样的学术关怀已经有十一年，整体的方向一直没有太大的变化，这也是我至今不断思考的问题，亦即哲学工作对于人生、生命而言的意义与价值究竟是什么？

常见的一种区别中西哲学的说法是中国哲学重视实践，而西方哲学重视思辨，这只是大略地区分，而且已经有许多研究指出中国哲学的思辨程度很高，西方哲学亦有实践的成分。令我更为关心的是，中国哲学关于实践的论述，如何透过具有思辨性的话语表达出来，甚至是需要受到中西方哲学共同的认可。这认可当然不是指学术观点或立场，而是使用今日共通的学术语言，包括学术议题、社会现象、个人行为等各种已经或正在进行的讨论，以达到沟通的效果。

中国哲学在面对这样的环境之下，有一点始终难以改变的是经典的有限性，我们始终必须依据有限且固定的经典，经由不断诠释之后，再建构一套有系统的论述。在诠释过程中，依着试图解决的问题，将中国哲学中具有实践的观点形成理论化的内容。实践的内容很广泛，在中国哲学可以是道德修养，可以是思维训练，也可以是身体上的锻炼，或如佛家所说的"身""语""意""三行"；在西方哲学的伦理学范畴涉及较丰富的实践内容，例如伦理原则对于行为的要求、对于美好生活的建设、法律与政治的规划等。

本书即是本着这样的理解与思路，依据中国哲学经典（以儒家为主）

之中关于实践的记载,参考学界研究的主题,设定题目与论题之后,再提出解答的观点。全书的结构分成理论篇、应用篇与对话篇。理论篇是直接依据经典而提出的实践观点,诸如《论语》的身心观、《论语》的"观看"思想、《孟子》的"性善"论等;应用篇是从当前的社会现况切入,思索儒家观点如何回应伦理议题,如家庭伦理、性别伦理等;对话篇聚焦探讨几位知名学者所提出的儒家理论或观点,像是杜保瑞教授提出的中国生命哲学真理观、李晨阳教授的儒家关爱伦理学、方旭东教授的儒家性别观、王庆节教授的儒家示范伦理学等,从中思索儒家哲学的内涵与未来的发展。

本书各章均聚焦于儒家伦理与实践的相关议题,将原本独立发表的论文进行大幅度的修改与有机的联结之后集结而成。以下是各章的原出处。

第一章原以《东方哲学基本问题的厘清与建构》为题,发表于《鹅湖月刊》2013 年第 4 期,第 19—27 页。

第二章原以《〈论语〉的身心观探究》为题,发表于《学灯》2017 年第 2 辑,第 201—212 页。

第三章原以《〈论语〉的"观看"思想探究:以哲学的思考开展意义的理路》为题,发表于《亚东学报》2014 年第 34 期,第 219—228 页。

第四章原以《从"本善"与"向善"的角度检视孟子"性善"课题:以条件的促成推动作为重新思考的方向》为题,发表于《问学集》2011 年第 18 期,第 31—42 页。

第五章原以《从牟宗三的现实关怀与圆善论建构生命伦理学理论》为题,发表于《儒家文明论坛》2021 年第 7 期,第 191—200 页。

第六章由两篇论文合并与修改而成,分别是:《从儒家角色伦理学建构当代家庭伦理》,发表于《哲学与文化》2021 年第 48 卷第 7 期,第 61—76 页;以及《解消超越性的价值:儒家角色伦理学对实践与应用的启发》,发表于《比较哲学与比较文化论丛》2022 年第 17 辑,第 183—197 页。

第七章原以《当代儒学对于性别歧视的讨论与回应》为题,发表于《哲学与文化》2019 年第 46 卷第 9 期,第 177—191 页。

第八章原以《儒家面对性别议题多元化的时代及其回应》为题,发表于第五届尼山世界文明论坛（尼山世界文明论坛主办，济南：尼山圣境，2018年9月26—28日）。

第九章原以《中国生命哲学真理观的标准——与杜保瑞商榷》为题，发表于《吉林师范大学学报》（人文社会科学版）2020年第3期，第26—33页。

第十章由三篇书评合并与修改而成，分别是："A Review of Chenyang Li's Confucian Philosophy in a Comparative Age", *International Communication of Chinese Culture 8*, 2021-06, pp. 339-345；以《对于儒家女性主义和儒家环境哲学观点的提问与反思》为题，发表于《鹅湖月刊》2021年第8期，第39—43页；以《书评：李晨阳〈比较的时代：中西视野中的儒家哲学前沿问题〉——侧重于儒家与女性主义的评论》为题，发表于《哲学与文化》2021年第48卷第8期，第183—187页。

第十一章原以《儒家示范伦理学的系统性理论价值之反思》为题，发表于《鹅湖月刊》2021年第2期，第45—47页。

第十二章原以《女性问题是否应由男性提出？》为题，发表于《当代儒学》2022年第21辑，第251—257页。

第十三章原以《比较视域下的儒佛哲学研究——敬答王亚娟、张慕良与单虹泽三位教授》为题，发表于《鹅湖月刊》2022年第3期，第57—64页。

有些论文在期刊发表时，受限于既定的形式与篇幅，无法充分展开我想表达的观点，趁此出版的机会，已尽可能补充观点与新的材料。在对话篇的部分，关于李晨阳与王庆节两位教授的学术观点，我先前已在《鹅湖月刊》提出请教，并获得两位教授的回应，由于仍感到有些意犹未尽之处，故趁此机会对其回应进行再次梳理与提问，以期能使自己的思考更为深入。

本书内容采用一定数量的学术材料，并分析与反思许多知名学者的说法，尤其在对话篇更是直接讨论个别学者的观点，而且这些知名学者皆前辈，对我有诸多教导、指点与提携，甚而在学术观点上影响我甚深，以至于在行文过程中有时会自然或不自觉地加上教授或先生之类的称谓。然而，由于今日的学术规范渐趋严谨，书中各章原来在投稿过程中若出现这类称谓，常被审查意见指出无须如此，直呼学者名讳或该学者的著作即可。是故本书各章皆将所有称谓省去，以作为纯粹的学术探讨，但这对我而言不仅没有不敬之意，反而是对于各位前辈学者客观公正地从事学术研究，表示衷心的佩服与尊敬，仅以著作即可代表学术地位与价值。

这份成果积累到可以出版，除了高柏园与蔡耀明两位恩师一直以来的教导，还要感谢李晨阳、王庆节、方旭东、杜保瑞、安乐哲、傅佩荣等多位教授曾在学术场合或私下交流中，给予宝贵的学术信息与见解。在以往撰文讨论几位教授的著作与观点时，他们总是认真阅读之后，再给我中肯且切要的回复，甚至不反感我的一些批评，每每使我感到不同的儒者风范在几位教授身上具体地表现而出，这也是本书中敢于再次提出不同观点的主要原因。王亚娟、张慕良与单虹泽三位教授虽为平辈，但在好学的态度、学问的深广、文笔的精要流畅与为人处世的圆融谦恭等方面，完全是我所不及，三位曾经提供的学术观点与批评，也是构成本书的重要因素。中国社会科学出版社的朱华彬与郝玉明编辑在编辑过程中提供专业经验，并且细心和耐心地沟通编务，为我详尽地解说不懂之处，协助处理许多行政与编务方面的流程。妻子在背后的家务支持与精神激励，使我能够更专心地撰写书稿。朱光磊与单虹泽两位教授接受本人邀请作序。浙江大学哲学学院的院长、书记等领导一直支持我的研究，以及学院提供的经费支持，使我无后顾之忧地投入整个撰稿与出版的工作。于此向以上曾经支持与帮助过本书的所有人表示真诚的谢意！

自前年从武汉搬到杭州，短居一年左右。家中原饲养八年之久的两只博美犬，一只于去年六月因心源性肺积水而过世，八月时另一只在髋骨手术过程中，因麻醉过敏而导致小脑受损，至今仍处于半瘫痪状态。在尚未走出这些悲伤的情绪之际，这半年来投入本书的工作后，情绪与生活重心均获得很大程度的转移与抒发，足见学术工作对于生命与生活的意义和价值，期能以此与学界同好共勉。

李明书于杭州
2023 年 2 月 15 日

目　录

绪　论 …………………………………………………………（1）

理 论 篇

第一章　东方哲学基本问题的厘清与建构 ……………………（3）
　第一节　前言 ……………………………………………………（3）
　第二节　"哲学基本问题"的界说与厘清 ……………………（4）
　第三节　检视东方哲学基本问题的研究概况与反思 …………（7）
　　一　以概念作为哲学基本问题 ………………………………（7）
　　二　将西方哲学基本问题或理论运用到东方哲学的研究 ……（9）
　　三　将东方哲学专属的基本问题普遍运用到经典研究 ………（10）
　第四节　东方哲学基本问题的建构 ……………………………（12）
　第五节　小结 ……………………………………………………（15）

第二章　《论语》的身心观 ……………………………………（16）
　第一节　前言 ……………………………………………………（16）
　第二节　《论语》所关怀的世界 ………………………………（17）
　第三节　《论语》以道德修养之道打通生命的出路 …………（20）
　第四节　道德修养之道在心态方面的引导 ……………………（23）
　第五节　道德修养之道在身体方面的引导 ……………………（27）
　第六节　小结 ……………………………………………………（31）

第三章 《论语》的"观看"思想 …… (33)

第一节 前言 …… (33)

第二节 "观看"的界说与厘清 …… (34)

第三节 从观看导向儒家的修学道路 …… (36)

第四节 《论语》透过观看洞察身心的运作 …… (38)

第五节 《论语》透过观看洞察时代的变化 …… (42)

第六节 小结 …… (44)

第四章 《孟子》的性善只能是"本善"或"向善"吗? …… (46)

第一节 前言 …… (46)

第二节 孟子说"性善"以及"本善"与"向善"的分立 …… (48)

第三节 中国港台新儒家的"性本善"诠释 …… (52)

  一 牟宗三对"性善"的诠释 …… (53)

  二 袁保新对"性善"的诠释 …… (55)

  三 林安梧对"性善"的诠释 …… (56)

第四节 "性向善"的提出与理论依据 …… (58)

  一 "性""善"与"向"的界说 …… (58)

  二 孟子"人性向善论"的建构 …… (59)

第五节 对"性善"的重新思考：条件的促成推动 …… (61)

第六节 小结 …… (64)

第五章 牟宗三的生命伦理学建构 …… (65)

第一节 前言 …… (65)

第二节 牟宗三的现实关怀 …… (65)

第三节 牟宗三的圆善与圆教理论 …… (68)

第四节 生命伦理学的两种论述路径 …… (71)

第五节 从圆善与圆教建构生命伦理学理论 …… (73)

第六节 小结 …… (76)

应用篇

第六章　消解超越性的价值：儒家角色伦理学的实践与应用 (79)
- 第一节　前言 (79)
- 第二节　儒家角色伦理学的理论评估 (82)
  - 一　儒家角色伦理学的价值来源 (82)
  - 二　消解儒家超越意义的理论问题与批评 (85)
  - 三　以关系作为儒家思想核心的文本解读 (90)
- 第三节　为儒家角色伦理学辩护的有效性 (93)
- 第四节　儒家角色伦理学在实践与应用层面的展开 (96)
- 第五节　以"孝"作为当代家庭伦理的关系性概念 (99)
- 第六节　小结 (104)

第七章　当代儒学对于性别歧视的讨论与回应 (105)
- 第一节　前言 (105)
- 第二节　《论语》与《周易》的性别诠释 (107)
- 第三节　当代儒家性别诠释的论证缺失 (110)
- 第四节　当代儒学回应性别歧视的伦理实践 (114)
- 第五节　小结 (118)

第八章　儒家面对性别议题多元化的时代及其回应 (120)
- 第一节　前言 (120)
- 第二节　以儒家思想支持或反对"同性婚姻"的理论缺失 (123)
  - 一　以儒家经典为依据反对同性婚姻的理由评述 (123)
  - 二　传统如何不足以推论出现今如何 (127)
  - 三　儒家如何看待人的选择？ (129)
- 第三节　"婚姻平权"与"同性婚姻"的关系与儒家的观点 (133)
  - 一　"婚姻平权"与"同性婚姻"的关系 (133)
  - 二　儒家支持"婚姻平权"的依据 (134)
- 第四节　小结 (137)

对 话 篇

第九章　中国生命哲学真理观的标准
　　　　——与杜保瑞商榷 …………………………………（141）
　　第一节　前言 ………………………………………………（141）
　　第二节　中国哲学真理观的定义与标准 …………………（141）
　　第三节　中国哲学真理观的理论选择与困难 ……………（144）
　　第四节　中国哲学真理观的实践选择与困难 ……………（149）
　　第五节　中国哲学真理观的标准建构 ……………………（151）
　　第六节　小结 ………………………………………………（154）

**第十章　对于李晨阳《比较的时代：中西视野中的
　　　　儒家哲学前沿问题》一书的延伸思考** ……………（155）
　　第一节　前言 ………………………………………………（155）
　　第二节　《比较的时代：中西视野中的儒家哲学
　　　　　　前沿问题》概述 …………………………………（156）
　　第三节　文化的价值组合配置 ……………………………（158）
　　第四节　李晨阳对儒家"天"的理解与儒家非人类中心
　　　　　　主义的环境哲学观点之反思 ……………………（160）
　　第五节　以女性主义与关爱伦理学作为儒家性别研究的
　　　　　　切入点及其遗留的问题 …………………………（166）
　　第六节　小结 ………………………………………………（172）

第十一章　儒家示范伦理学的系统性理论价值之反思 ……（174）
　　第一节　前言 ………………………………………………（174）
　　第二节　以感动与关爱作为道德动力之别 ………………（175）
　　第三节　规范、非规范与示范伦理之别 …………………（180）
　　第四节　小结 ………………………………………………（182）

第十二章　女性问题是否应由男性提出？
　　——从《儒道思想与现代社会》谈起 …………………… (183)
　第一节　前言 ……………………………………………………… (183)
　第二节　儒家的性别观 …………………………………………… (184)
　第三节　儒家的节烈观与性别歧视 ……………………………… (187)
　第四节　儒家的性别声音 ………………………………………… (189)

第十三章　比较视域下的儒佛哲学研究
　　——敬答王亚娟、张慕良与单虹泽 …………………………… (192)
　第一节　前言 ……………………………………………………… (192)
　第二节　从王亚娟的提问看生命实践的细节 …………………… (194)
　第三节　张慕良从生命学问的思考转向儒佛建构理论的
　　　　　语言与方法 ……………………………………………… (197)
　第四节　从单虹泽的观点申论比较哲学的限度与突破 ………… (200)
　第五节　小结 ……………………………………………………… (203)

参考文献 ……………………………………………………………… (204)

绪　　论

本书以儒家思想为主要研究范围，集中讨论伦理以及和实践相关的议题。由于书中各章采取不同的写作形式，有些是从儒家经典提出实践与伦理观点，有些则是讨论个别学者的观点，是故分成理论篇、应用篇与对话篇三部分，以更为清楚定位本书各章的研究形式。顾名思义，理论篇以儒家经典诠释与哲学问题的讨论为主，应用篇以儒家思想或理论应用于现实的伦理议题，而对话篇则是与当代知名学者的观点进行对话与反思。

第一章到第五章构成理论篇。第一章"东方哲学基本问题的厘清与建构"，旨在探讨东方哲学基本问题究竟应如何提出，何者才是适合于东方哲学的哲学基本问题。这一章整理并分类了比较多的学术材料，期能从中提出既具有前沿性，又能基本顺应东方哲学经典思路的哲学问题。

第二章"《论语》的身心观"与第三章"《论语》的'观看'思想"均依据《论语》的记载，分别提出东西方哲学共同重视的"身心"与"观看"两个论题，从《论语》中建构出对于身心与观看的理解，进而提出实践的方法与学理依据。

第四章论述《孟子》的"性善"观点，指出长期以来以"本善"与"向善"解释"性善"可能都有一定的偏颇，或者采用了后代的注解，或者采用了西方哲学的观点，而忽略了《孟子》本身的论述脉络。《孟子》既是说"性善"，则无须特别将其解释为"本善"或"向善"，重点应在于"性善"之所以能够成立，是由于相关的条件促成之后才有"性善"的理论依据与行为表现。

第五章"牟宗三的生命伦理学建构"是笔者有感于伦理学理论与应用伦理学议题日新月异，认为应该从中国哲学的理论资源之中提出与现实议题接轨的观点与理论建构。牟宗三即是承继中国哲学传统之后，试着回应其时代问题，如民主、科学等。然而，牟宗三的理论如何回应近二三十年来备受重视的应用伦理学问题，以及如何建构一套应用伦理学的理论框架或解释模式，一直未有学者关注。是故这一章即以牟宗三的"圆善"与"圆教"，对比于生命医学伦理原则的"自上而下"与"自下而上"两种模式，指出中国哲学亦有相似的理论框架可以对于应用伦理学提出一些原则性的指导。

第六章到第八章构成应用篇，这一篇的内容主要是探讨日常性与社会性的伦理实践。第六章"消解超越性的价值：儒家角色伦理学的实践与应用"探讨的是安乐哲（Roger T. Ames）所提出的儒家角色伦理学。儒家角色伦理学的主要理论特色是消解了儒家的超越性意义，以人与人之间的关系作为伦理与道德的根源，而非"天命""天道"的命令或规定。儒家角色伦理学认为的关系起点是人出生时所处的家庭，是故本章在分析这一理论的优缺点之后，进一步将其应用于当代家庭伦理的建构。

第七章"当代儒学对于性别歧视的讨论与回应"与第八章"儒家面对性别议题多元化的时代及其回应"讨论的是儒家在当代诠释与回应今日的性别议题时，如何提出一种具有开放性而无性别歧视的观点。除了传统上争议已久的两性关系，儒家思想尚面临如何回应同性恋与同性婚姻议题，儒家对于这些议题的态度与包容性为何。于此之前已有许多儒家学者提出正反立场的观点，这两章将会针对这些观点与社会议题进行分析，以展现儒家的思想活力。由于这两章讨论社会议题，许多学者的观点透过网络、媒体发言，是故会引用较多的网络与新闻材料，以看出性别议题在社会上的热议程度。

第九章到第十三章构成对话篇。第九章"中国生命哲学真理观的标准——与杜保瑞商榷"探讨杜保瑞的中国生命哲学真理观，主要针对其理论标准的检验问题，反思其理论与实践的困难。杜保瑞认为，儒、道、佛等各家的真理观应自证为真，不应以其他家的理论判断优劣，据此也否定了不同哲学系统之间的比较。乍看之下似乎避免了不同理论之间的批评，但也因此成为一种无从判断理论优劣的情况，价值判断的标准也不甚明显。其观点中有许多层次值得逐一展开。

第十章分析并反思对于李晨阳《比较的时代：中西视野中的儒家哲

学前沿问题》一书中的儒家环境哲学与儒家性别观。该书以"文化的价值组合配置"调和中西哲学的价值观,以中西哲学的思想资源探讨今日人类世界的重要议题。其中的儒家环境哲学与儒家性别观特别具有代表性。在儒家环境哲学方面,李晨阳提出"天""地""人""三才和谐"的非人类中心主义观点,将"天"理解为自然意义的天空、外太空,消解了儒家的形上思考,不从"天道"的角度,而从人与天地的关系强调环境和谐的意义,有别于以往的说法。儒家与关爱伦理学之间的比较是李晨阳另一重要研究成果,一反儒家义务论与儒家美德论的立场,认为儒家的"仁"更为相似于关爱伦理学的"关爱",而不是理性的道德义务或美德。这一章除了介绍李晨阳的观点,也提出延伸思考的方向。

第十一章讨论王庆节提出的"儒家示范伦理学"。儒家示范伦理学以道德感动作为道德的根源性动力,据以提出人之所以做道德行为,是因为对于德性的感动,于是以道德人物、行为、原则,甚至是德性本身作为示范的对象,使人学习示范的对象以从事道德行为。儒家示范伦理学运用了西方美德伦理学的思想资源,又以汉语词源、儒家经典为依据,证明儒家伦理不是规范、命令式的要求,而是示范、类推地提供人们学习道德的榜样。在儒家伦理理论丰富而多元的今日,王庆节能从中西哲学资源之中提出一种系统性地理解儒家伦理学的新观点,实属不易。这一章除了介绍儒家示范伦理学,将以比较的方式,从两个方面呈现其理论特色。第一,儒家示范伦理学的道德感动与关爱伦理学的关爱有着高度相似之处,两者均不重视道德原则的规范,均是以情感为基础而推动道德行为的产生,那么,道德感动与关爱之间是否有着明显的区别?第二,儒家示范伦理学与规范伦理学成为两种不同的伦理学理论形态,规范、非规范与示范的意义有待进一步比较与厘清。

第十二章以方旭东的《儒道思想与现代社会》一书中的儒家性别观为主要讨论焦点。前几章的儒家性别观多是以不同的方法或理论诠释儒家经典,以证明儒家并非性别歧视。有别于此,方旭东在《儒道思想与现代社会》中以丰富的文献证明不只是思想上,甚至在各个朝代的文化、风气、习俗等方面,在女性生活、婚姻的处置上均是复杂而有弹性的,不能以性别歧视概括儒家对于女性的态度。这一观点充分显示方旭东的文献能力,以及如何运用传统文献回答当代社会的议题。其中值得再深思的是方旭东提及的儒家文献多是男性视角，例如节烈观中提及的女性是否改嫁的标准是由程颐、朱熹等大儒提出，不知女性在古代对于自身节烈观的评价如何？是故这一章将从不同的性别视角提出反思。

笔者于2021年出版《论心之所向——〈论语〉与〈杂阿含经〉比较研究》①一书，王亚娟、张慕良与单虹泽三位曾撰文讨论拙作。在第十三章将借由回复三位的灼见，提出笔者对于中西比较哲学的一些想法。

整体而言，本书即使是关于理论的探讨，理论的内容仍是以伦理与实践的方法或证成为主，并且几乎未从形上的超越性以建立人与人之间的伦理关系，而是从具体的、可直接操作的方法提出伦理与实践的观点，期能强化儒家伦理的可操作性与现实性。不足之处，则待方家不吝指正。

---

① 参见李明书《论心之所向——〈论语〉与〈杂阿含经〉比较研究》，华中科技大学出版社2021年版。

理 论 篇

第一章

东方哲学基本问题的厘清与建构

第一节 前言

鉴于从事东方哲学基本问题的研究,或以各种基本问题所进行的东方哲学研究,似乎难以避免出现理论套用,乃至于与经典的解读有所差距的情形,是故本章尝试重新厘清哲学基本问题的意义与研究范围,从经典的论述脉络看出所要讨论的主题。本章即从如此的反思中,思索整个东方哲学,是否皆可重新回到文本的解读,以找出适合各个文本、学派、系统的基本问题。作为本书开头的第一章,将借由整理东方哲学基本问题在当前的研究概况,从众说纷纭的分类方法、研究进路、解释架构中,检视一般所谓的哲学基本问题的基础意义与讨论范围究竟为何,进而探讨以如此的哲学基本问题从事东方哲学的研究,是否皆是适合的。

本书的主要讨论范畴虽为中国哲学中的儒家,然而,中国哲学之中的佛教思想源自印度,在地域上处于和西方的相对位置,而佛教哲学的研究对象同儒家、道家一样,均是以经典文本的内容进行问题的重构与分析,而且印度的解脱道佛教、菩提道佛教等各种经典,如《阿含经》《大般若波罗蜜多经》等,多是如《论语》《孟子》一样,是语录形式的文本,在重构与分析问题的方法上亦有异曲同工之妙。如果只说"中国"哲学基本问题,严格说来,不包括印度解脱道与菩提道佛教经典,是故"东方"一词不仅可以概括中国哲学的范畴,而且可以涵盖对印度佛教文本所进行的哲学研究。以东方哲学基本问题或许更为精确与全面地表示本书的研究方法,以及这一方法应用在未来相关研究上的可行性。

本章的进行,先从"哲学基本问题"的语词解析入手,尝试界说并厘清这一语词的意义。在消极方面，避免语意模糊，或者在使用的过程中与相似词混淆；在积极方面，则有助于为哲学基本问题另辟蹊径，从研究的文本中找寻出更丰富且值得深入探究的题目。采用的文本，除了与东方哲学基本问题相关的学术材料①，也适时地配合所涉及的经典，以检视学术资料的内容是否符合经典所要探究的主题。纳入讨论的分支学科，以中国哲学的儒、释、道三家为主，并搜罗对印度佛教经典所做的哲学研究。若宏观地看待佛教哲学的理论与研究，举凡印度或中国的经典，论述的形式或侧重的维度或有所差异，但关怀的世界、基础的道理与修行的道路，可以借由提出课题、论理、反思，形成较为完整的系统。

在界说"哲学基本问题"的概念之后，将扼要介绍并反思东方哲学基本问题的研究概况，主要指出"以概念作为哲学基本问题""将西方哲学基本问题或理论运用到东方哲学的研究"与"将东方哲学专属的基本问题普遍运用到经典研究上"三种主要或常见的东方哲学基本问题研究方法所可能产生的问题，以推敲较为适切的思考方向。最后则是在反思当前研究所产生的问题之后，以顺应经典内在的理路为要求，思索较为适合东方哲学的基本问题。

第二节 "哲学基本问题"的界说与厘清

所谓"哲学基本问题"，大致可以拆解为"哲学""基本"与"问题"三个部分。"哲学"一词源于希腊语 Φιλοσοφία，亦即 philosophy，可拆解为 philia 与 sophia 二词，philia 为爱，sophia 为智，原意为"爱好智慧"。以爱好智慧所形成的学科或学问，采取的方法是，对于所重视、探讨的课题，进行一连串提问、解析、论述、反思、批判的操作过程。

"基本"的相对概念为非基本，亦即不在基本之内的集合。除了借由否定语词的区分，还可以厘清的是，非基本包括次级的、第二序以后的，其中就带出层次、序位的差别，而可以在不同的层次、序位之间区别各

---

① 由于本章旨在思考哲学基本问题这一研究主题的意义与范围，而非综述这一研究的成果。所以在学术材料上主要是举出与本章论述相关的一些材料为例，而避免过于堆砌学术材料的条目。

种差异。相对于此，基本若放到任何系统或脉络来看，在形式上不应该如同非基本一般，可以做层次、序位上的区分，而是一旦称为"基本"，在层级上，即处于最高级，相当于"最基本"的地位；在序位上，则相当于第一序。

"问题"一词在口语上，常有批评、质疑他人有什么问题之类的意思，若伴随着所属的学科而被提出来，值得称为问题的，大致可以泛指就着该学科，借由发问、探问所形成的题目，包含课题、论题与议题之类的意义①，其中也包括尚且无法解决或解答的课题、论题与议题。

将以上的解析整理成较为简单且扼要的说法，"哲学基本问题"的意义，指的是以哲学的方法或进路，就所探问的内容而形成的主题或题目，而如此的主题或题目，其层次是较为或甚至是最为基本的。

基于如此的界说，表面看来似乎已经足够，但是其中较容易产生歧义的，即在于"基本"究竟应该基本到什么程度。举例来说，若是一旦越出了基本的范围，即皆属于非基本，那么在哲学的领域，或是略分为东、西方哲学两个领域，似乎各自皆只能有一个哲学基本问题。如此一来，似乎易于形成两种极端，一方面，为了能够称为基本，则将许多涉及基本的问题皆纳入，形成广大而无所不包的情况，东方哲学当中的本体论即经常出现这种情形；另一方面，若是为了使问题聚焦而排除一切相关的内容，包括基本问题所产生的背景、动机，则可能造成过于褊狭，乃至于以各自所认定的基本问题而争宠的情形。

以上两种极端的情形，若非过于笼统地看待哲学基本问题，就是易于因此而产生独断，似乎更加不足以厘清或检视哲学基本问题在哲学上所要达到的效果。导致如此的关键，似乎就在于"基本"一词所可能衍生的误解与困扰。就此而论，应更为仔细地检视"基本"的使用范围与界限。以下厘清两个要点。

第一要点，是否确实存在着最基本的问题？基本之所以被称为基本，其意义在于非基本所讨论的内容，皆须以基本作为论理的依据，基本是

---

① 对于"课题""论题"与"议题"的意义之厘清，可参见蔡耀明《生命哲学之课题范畴与论题举隅：由形上学、心态哲学、和知识学的取角所形成的课题范畴》，《正观》2008年第44期，第212—213页。

使非基本得以论述得下去之道理，据此才称得上基本，亦即在层级或序位上是属于第一序的。话虽如此，即便是基本或第一序的，仍有其用以解释基本的背景、条件与关联的网络，即相较于第一序而更为基本的道理、项目。就此而论，基本应是借由比较、推论而得出的概念，并不存在着什么问题本身即最基本的，也不意味着基本问题只能有一个，或者是基本与非基本之间截然地二分。

第二要点，基本之范围究竟应该如何设定或划分？若事实上并不存在着基本与非基本的二分，则当哲学问题或哲学基本问题形成时，其讨论的范围似乎变得无限延伸。为了避免产生这些类似的困扰，正好可以借用的，除了"基本"在哲学问题当中所代表的意义，就是当前学科的分类与各自系统的设定。例如，若就整个哲学领域而言，形上学探讨世界的根本、根源，或是之所以如此的理据，几乎是任何哲学问题皆必须面对的，即称得上哲学基本问题；知识论探讨认知者、认知对象与认知的过程，也几乎是所有哲学问题皆须涉及的，或者是以认知为基础才能做出的成果，是故也称得上哲学基本问题。

若进一步区分，可将讨论的范围放在第二序之后，例如，存有论是形上学的分支学科，存有论相较于形上学可能是第二序的哲学问题，但在存有论的领域，即有其第一序的哲学问题，也就是存有论中的基本问题。如此一来，即不至于形成哲学基本问题之争，而应从哲学基本问题所形成的条件解析开来。

这样的区分放诸东方哲学亦然。有的学者认为东方哲学的基本问题应该与西方哲学做出区别，不应该拿既有的西方哲学基本问题来讨论东方哲学，据此而提出专属于东方哲学的基本问题[1]，但是在某些题目或学术环境之下，似乎又难以避免偶尔借用相关的术语[2]。然而，借由上述的厘清，其实东方哲学不见得需要在类似的问题上产生不必要的困扰，更

---

[1] 关于西方哲学基本问题，参见 John Hospers, *An Introduction to Philosophical Analysis*, Routledge, 1997。关于东方哲学基本问题，参见杜保瑞、陈荣华《哲学概论》，台北：五南图书出版股份有限公司2008年版，第275—278页；杜保瑞：《中国哲学方法论》，台北：台湾商务印书馆2013年版。

[2] 参见景海峰编《传薪集——深圳大学国学研究所二十周年文选》，北京大学出版社2004年版，第164—167页。

重要的是了解哲学基本问题所讨论的内容与范围,以及东方哲学在什么样的背景与范围下,提出相应的基本问题。若将范围限定在特定的哲学家或文本时,即可就该哲学家或文本所论述的内容,推敲、整理出其所探究的哲学基本问题。①

第三节　检视东方哲学基本问题的研究概况与反思

就着以上的界说与厘清,接下来进一步要做的,是从既有的研究成果当中,尽可能地检视几种常见的类型,检视其理论是否足以称为哲学基本问题,以提出对于哲学基本问题更适切的理解,再从这样的基础上,为东方哲学的基本问题找寻更多的研究出路。以下将相关的研究整理为"以概念作为哲学基本问题""将西方哲学基本问题或理论运用到东方哲学的研究"与"将东方哲学专属的基本问题普遍运用到经典研究"三种类型,并且就这三种类型进行介绍与反思。

一　以概念作为哲学基本问题

以概念作为哲学基本问题的研究,意指以东方哲学经典中常见的概念,例如,"天""道""性""命""理""气""心""法""圣人""君子"概念等作为讨论的主题,常见的形式,像是某位哲学家的心论、性论,或是孔子、孟子的圣人观、君子观等。②

此类的研究成果不胜枚举,当代学者当中,杜保瑞曾对于此一研究方法有过强烈的批判,并且广泛地引用各家观点加以分析与反思。杜保瑞的主要论点是概念应该作为哲学基本问题的材料,而不足以作为问题

---

① 在研究上,因为有限的学术论文或专书篇幅,很难以文字把握家派的全部内容,是故或可暂时采取权宜的做法,在家派的认定上大致以约定俗成的方式,而直接以经典作为探讨的范围,再就经典中找出主题,例如以《论语》为研究的对象,范围就限定在《论语》的文本,进而探讨其中的主题。

② 这一类型的研究,例如王立新《胡宏》,台北:东大图书公司1996年版;向世陵《善恶之上——胡宏·性学·理学》,中国广播电视出版社2000年版;吴略余《论朱子哲学的理之活动义与心之道德义》,《汉学研究》2011年第29卷第1期,第85—118页;杨祖汉《从朝鲜儒学"主理派"之思想看朱子理气论之涵义》,《鹅湖学志》2011年第46期,第191—219页。

被讨论；一个哲学问题由诸多概念所构成，而非一个概念就代表一个哲学问题。是故，个别的概念不足以称为问题，更加不能形成诸如某位哲学家主张心学、气学、性学、理学的说法。①

如此的说法具有一定的说服力，毕竟有时只是在定义或解释一个概念，未必能够称得上讨论哲学问题。然而，东方哲学经典中，以概念作为基本问题的探讨仍有其可能，而且是常见的。例如，《论语》当中为数不少的关于"孝"的论述，"孝"固然可以作为概念，但在论及孝之实践、方法、内容、价值时，孝即扮演着基本问题的角色，孔子与人论孝的内容即很好地说明这个道理：

> 孟懿子问孝。子曰："无违。"樊迟御，子告之曰："孟孙问孝于我，我对曰：'无违'。"樊迟曰："何谓也？"子曰："生，事之以礼；死，葬之以礼，祭之以礼。"（《论语·为政》）
> 孟武伯问孝。子曰："父母唯其疾之忧。"（《论语·为政》）
> 子游问孝。子曰："今之孝者，是谓能养。至于犬马，皆能有养；不敬，何以别乎？"（《论语·为政》）
> 子夏问孝。子曰："色难。有事，弟子服其劳；有酒食，先生馔。曾是以为孝乎？"（《论语·为政》）

以上四则为人所熟知的对话，即孔子对于不同人问孝而给予的不同答案。乍看之下，固然是环绕在"孝"的概念上进行论述，但进一步而言，正是由于孔子在回答时人问孝，提供关于孝的各种内涵、工夫、比较，而形成关联于孝之问题。关联的问题由孝而生，则孝即为各种问题当中的基本问题。当然，若要形成哲学的讨论，需要辨析孝概念在《论语》或孔子思想中的定位，以及证成孝的合理性，而不仅是解释这一概念的意义而已。

诸如《论语》这一类语录体的文本，借由解释、厘清概念所做的论理所在多有。经由解释概念而使得《论语》的学说、主旨更加清楚，解

---

① 如此的观点，散见于杜保瑞在中国哲学基本问题研究的相关著作中，较为聚焦且完整的讨论，参见杜保瑞《南宋儒学》，台北：台湾商务印书馆2010年版，第19—50页。

释概念即可能成为其学说或主旨的基本问题。

二 将西方哲学基本问题或理论运用到东方哲学的研究

这一类研究在面临西方哲学冲击时，普遍被运用在东方哲学的研究中。有些学者直接将西方理论运用在东方哲学的文本之上①，或者对照西方哲学的基本问题或分支学科，诸如形上学、存有论、宇宙论、本体论等，而强调这些基本问题或分支学科并非专属于西方哲学，东方哲学也可以提出相应的观点②。其中除了研究成果的展现，对于这一研究现象的评价、比较者亦不在少数。③

以各种方法研究哲学基本问题在道理上、实际上大致都可以产生相当的成果。然而，先在地提出西方哲学既有的基本问题，以东方哲学经典进行论述时，就容易因此而流于套用或削足适履的情形。以西方哲学基本问题探讨东方哲学经典时，往往流于西方哲学既定的用法，而忽略这些基本问题较为基础的意义与讨论的内容，像是常见的形上学、本体论、实体论、存有论的混用，即显例。④

---

① 将西方哲学理论运用于中国哲学史的研究，例如，袁保新《从海德格、老子、孟子到当代新儒学》，台北：台湾学生书局 2008 年版；黄开国《儒学人性论的逻辑发展》，载郭齐勇主编《儒家文化研究. 第 4 辑，心性论研究专号》，生活·读书·新知三联书店 2012 年版，第 473—507 页。

② 以西方哲学基本问题为基底，而提出中国哲学也有相同的哲学基本问题意识的研究，例如，曾春海《中国哲学概论》，台北：五南图书出版股份有限公司 2005 年版，第 3—23 页。

③ 认为中国哲学至今还须以学习者的卑弱姿态，向西方哲学急起直追的说法，例如，景海峰编《传薪集——深圳大学国学研究所二十周年文选》，第 159—167 页。认为东方哲学在这些哲学基本问题上的发展胜于西方者，例如，牟宗三《中国哲学的特质》，《牟宗三先生全集》第 28 册，台北：联经出版事业股份有限公司 2003 年版，第 4—6 页；牟宗三《中国哲学十九讲》，《牟宗三先生全集》第 29 册，台北：联经出版事业股份有限公司 2003 年版，第 17 页。

④ 将本体论与实体论等同者，例如，郭齐勇：《中国哲学智慧的探索》，中华书局 2008 年版，第 104 页。东西方比较哲学研究还表现在东方哲学与西方伦理学的理论形态兼容性上，例如儒家哲学是否为西方义务论、美德伦理学等理论，除了新儒家牟宗三、唐君毅及其后学常以康德义务论与儒家比较，儒家美德伦理学、儒家关爱伦理学之类的研究也均有一定的讨论热度，参见黄勇《当代美德伦理：古代儒家的贡献》，东方出版中心 2019 年版；黄勇《美德伦理学：从宋明儒的观点看》，商务印书馆 2022 年版；Chenyang Li, "The Confucian Concept of Jen and the Feminist Ethics of Care: A Comparative Study", *Hypatia*, Vol. 9, No. 1, Winter 1994, pp. 70 - 89。这些研究固然有一定的价值，但也不能忽视东西方理论之间有一定程度的差异，应该保持敏锐度与开放性。

就此而论，与其在难以清楚界说某些哲学基本问题的情况下，提出东方哲学也参与了那些基本问题的讨论，不如回过头来思考，东方哲学是否自有其关注的基本问题，这是与西方哲学有所别异，并且是长期以来被忽略的部分。

三　将东方哲学专属的基本问题普遍运用到经典研究

鉴于上述两种东方哲学研究法可能导致的状况，当前已有学者致力于改善这种研究方法，试图以更为适合东方哲学的基本问题，对东方哲学进行尽可能全面的研究。立基于东方哲学经典，寻找出专属的基本问题，相较于以概念作为哲学基本问题，以及将西方哲学基本问题或理论运用到东方哲学的研究，一方面，不至于全然地将概念解释视作哲学问题的探讨；另一方面，理论套用所产生的不适用的情形当然也会大幅度地减少。

杜保瑞即这一立场的代表者，其立基于广泛的东方哲学经典（主要为儒、道、佛三家的经论），以本体论、宇宙论、工夫论与境界论作为东方哲学的基本问题。杜保瑞认为儒、道、佛三家的理论，除了少数致力于存有论的探讨，几乎没有超出这四个哲学基本问题的范围，并且这四个哲学基本问题可相互交错运用，而能更精确地理解经典本身所要探讨的主题。虽然杜保瑞定义其所提出的哲学基本问题常有模糊不清的情况，而且鲜少参考学界对于这些哲学问题的解释与成果，但其试图从东方哲学经典中找出自身专属的问题，以此解释经典内涵，并调和中国哲学史上的争议，以建立中国哲学的主体性，就这点而言仍有一定的参考价值。

顺着杜保瑞的思路加以反思，其所谓的哲学基本问题研究方法，既然是立基于经典而提出，那么若要整体把握东方哲学的主要讨论题目，应该是相当适合的。然而，若要更为精确地研究东方哲学，则如此的哲学基本问题，是否在每一部经典之中皆足以担当起"基本"的角色？再者，仅以数个基本问题概括整个东方哲学，即便范围聚焦在儒、道、佛三家，是否即能一体适用？

以杜保瑞所提出的本体论、宇宙论、工夫论、境界论四个哲学基本问题而论，似乎在儒、道、佛之中为数不少的经典所探讨的主题，皆可做如此的分类。然而，如此的基本问题，似乎皆须立基于更为基本的哲学问题才得以被建构起来。例如，杜保瑞以境界论作为《论语》的基本问题[①]，认为《论语》全书大致是在探讨儒家的理想人格形态，亦即君子、贤人或圣人，并且由此而下，儒家的其他经论，举凡涉及理想人格形态的探讨，皆可视为境界论的哲学基本问题。进而言之，其认为境界论的成立，必须立基于工夫论的建立，甚至必须以本体论与宇宙论为理论基础，于是境界论与工夫论之间除了难以断然区分，其实也意味着相较于境界论，工夫论似乎才是更为基本的。就此而论，《论语》的哲学基本问题，是否还能够以境界论表示？

更进一步说，若经典本身即是在讨论"成圣"的内容，成圣的目标或境界称为"圣人"，其中还包括成圣的工夫内容、工夫得以操作的基础等，"境界"只是为了表示成圣时的状态所给予的称谓或描述。如果成圣即足以作为儒家或《论语》所不可或缺的基本问题，那么特别再提出儒家有境界论的哲学基本问题，似乎是多此一举的。或者说成圣即借由工夫所达到的境界，没有工夫即无境界可言，但是没有境界却可以下工夫，只是如此的工夫下得没有目标与导向，一旦达到目标，境界即显现出来，则表示境界其实是包含在工夫论之中，因此无须也不能将境界独立出来成为基本问题。

如果据此而将《论语》定位为是专门探讨工夫论的哲学基本问题之经典，似乎只是对于经典的理解不同，于是产生不同的哲学基本问题的定位，如此还是将本体论、宇宙论、工夫论、境界论当作东方哲学基本问题，并未确实地深入"基本"所应担当的角色。

继续从工夫论与境界论的关系入手，不论是以工夫论作为境界论的基础，还是将《论语》定位为主要在讨论工夫论的文本，工夫论似乎都应该担当起较为基础的角色。就此而论，在《论语》或是工夫论所探讨的范围，应该难以再寻找出更为基本的问题，但是工夫论似乎还得立基于一些项目或方法，才能撑起工夫论作为一个哲学问题。例如，达至圣

[①] 参见杜保瑞《孔子的境界哲学》，《中国易学杂志》1998年第222期，第66—84页。相关的著作，可参见杜保瑞《功夫理论与境界哲学》，华文出版社1999年版；杜保瑞《哲学基本问题》，华文出版社2000年版。

人境界的工夫项目当中,"观看"就是一项相当基础的工夫,这点不仅在《论语》中有相当的篇幅在讨论,并且足以担当起成圣过程中不可或缺的环节。①

若就杜保瑞对于哲学基本问题的理解,似乎是由于《论语》讨论了"观看"的操作方法,并且《论语》也讨论了其他的工夫项目,于是可以用工夫论综摄起来,或者说"观看"以及其他的项目都是在讨论工夫,于是工夫论就成为哲学基本问题。殊不知如此是在以较为广泛的意义在解释基本问题,是对于若干基本问题的集结,而非哲学基本问题本身的意义。

第四节　东方哲学基本问题的建构

承上所述,以概念作为哲学基本问题的研究有时容易流于概念的解释,以至于不足以作为哲学问题的讨论;将西方哲学基本问题或理论运用到东方哲学的研究,常见流于套用或削足适履的情况;以东方哲学专属的基本问题从事经典研究似乎是最适合东方哲学研究的方法,但作为方法而言,并非基本的。对以上的研究成果进行反思之后,或可再回到研究方法与研究对象上,寻找出更为适合的东方哲学基本问题,并且符合经典的论旨。

就研究对象而言,东方哲学主要是以儒、释、道,以及其他各家的文本为主,文本则包含经与解释经的论著;就研究方法而言,基本问题的意义若放到各家的文本,应该顺着经典或各家的系统探问,这些经典或学派究竟是立基于什么基础才能扩展出第二序,乃至于后续的问题?亦即什么才是该经典与家派的哲学基本问题?

区别于预先设立基本问题,再拿经典的内容来符应所设立的问题,较适切的做法,应该是综观地了解经典的主旨、脉络之后,再从中发掘经典的论理,大致是建立在什么基础上而开展的。从这样的脉络所看出的各家哲学基本问题,在范围上可以厘清两个要点:其一,以整个家派

---

① 下一节会进一步探讨"观看"如何作为东方哲学经典中的基本问题,第三章则聚焦于《论语》的"观看"概念,论述"观看"在《论语》的意义与价值。

为范围，可以从各家的经典中抽绎出贯通各家的基本问题；其二，若以个别的文本为范围，则可看出个别文本所要探问的基本问题。以上的厘清，在家派与文本的产生上，与历史背景息息相关，似是有些类似于劳思光所提出的"基源问题研究法"。"基源问题研究法"是劳思光所提出的中国哲学史研究方法，其言：

> 所谓"基源问题研究法"，是以逻辑意义的理论还原为始点，而以史学考证工作为助力，以统摄个别哲学活动于一定设准之下为归宿。①

基源问题研究法特别重视借由史学考证而达到理论还原的效果，除了经典内在的论理，更须相关史料的佐证；也就是说，文本的哲学问题，是立基于历史的问题所产生的。② 正由于此，理论还原的结果，往往容易受限于时代背景，于是该问题只是历史的产物，而忽略了哲学问题所要面对的更广大的维度，是对于一些普遍性问题的解释。当然劳思光的基源问题研究法是中国哲学史研究方法，依据中国哲学经典的论述进行重构，旨在还原中国哲学本身的内涵，基源问题研究法有助于使今人看到古代文本所处的时代背景，及其就着所面对的问题回答。

从《论语》的"孝"概念及其所涉及基本问题而言，《论语》讨论的孝，固然是儒家所重视的内容，且是当时人的问答；然而，这些内容除了具有记录历史的功能，更重要的是这些观点还有跨时空的普遍性意义，不论任何时代，只要人、事、物有着相似的处境，即可据以实践，而不只是历史与思想史的记述而已。除了《论语》，几乎所有东方哲学经典所探讨的内容也皆是如此，甚至形上学、伦理学、知识论等相关的基本问题，大多也是为了寻求放诸四海而皆准的答案。就此而论，还原经典的理论是值得努力的，但还原的不见得是只限于某个时代而有效的理论，这也是本书的观点不同于"基源问题研究法"之处，也是本书认为在哲学基本问题上值得再加以厘清的理由。

---

① 劳思光：《新编中国哲学史》，广西师范大学出版社2005年版，第10页。
② 参见劳思光《新编中国哲学史》，第10—12页。

从经典内在的论理结构中提出哲学基本问题，已不乏相关的成果，只是不见得会特别强调所探讨的内容即经典中的基本哲学问题。举例来说，《观看作为导向生命出路的修行界面：以〈大般若经·第九会·能断金刚分〉为主要依据的哲学探究》①与《观看、反思与专凝：庄子哲学中的观视性》②两篇论文③，分别依据佛教与道家的经典，皆是依循经典的论理脉络，形成在"观看"这个主题的探讨，观看在《大般若经·第九会·能断金刚分》与《庄子》文本中，既处于基础的地位，且有重要的意义。

这两篇论文以"观看"为主题，呈现如下四个相似的特点：其一，区别于套用现成的理论，这两篇论文所依据的文本，皆有相当的份量在论述"观看"的主题；其二，"观看"在各家的实践上，皆是相当基本且不可或缺的项目，也就是说，至少就所依据的《大般若经·第九会·能断金刚分》与《庄子》文本而言，"观看"皆足以担当起哲学基本问题的角色；其三，"观看"在修学上的运作不仅基础，并且得以导向各自的修学目标或境界；其四，以"观看"的学理依据为基础，得以带出第二序，乃至于后续建立在观看的基础上之哲学问题，例如观看的层次、深浅、方法，以及偏差的观看所导致的结果。

依据《大般若经·第九会·能断金刚分》与《庄子》的记载，各自在成佛、成道的修学过程中，"观看"有其所要对治的问题。以佛教而言，"陷落式"的观看，将对象看成主体、实体或固定不变的状态，将导致成佛的困难，因此必须采取"非陷落式"的观看，才能确实地看出对象的来龙去脉、构成条件，才具备成佛的可能。道家亦提出其可能产生的问题，需借由观看能力的提升而加以对治。

从上述的理路对应到东方哲学的普遍研究概况，东方哲学基本问题的研究可以重新被思考而开发出更丰富的基本问题，并且尽可能顺应经

---

① 蔡耀明：《观看作为导向生命出路的修行界面：以〈大般若经·第九会·能断金刚分〉为主要依据的哲学探究》，《圆光佛学学报》2008年第13期，第23—69页。
② 林明照：《观看、反思与专凝：庄子哲学中的观视性》，《汉学研究》2012年第30卷，第3期，第1—33页。
③ 本书第三章所要论述的"《论语》的'观看'思想"亦与蔡耀明和林明照的论文在研究方法上有相似的特点，此处暂不进行比对，留待第三章再详述。

典本身的论理与结构，以及支撑此基本问题的条件、环节，这或许较为符合东方哲学基本问题的意义。在此基础上，可以借由梳理文本的义理，再以此成果回应西方的或是运用其他方法而提出的哲学问题。

以顺应经典本身的论理、结构为基础，在不同的经典、脉络或系统中，哲学基本问题也随之切换。例如，"成圣"可以作为整个儒家的哲学基本问题，但在佛教则不适用，佛教哲学基本问题应当是"解脱"或"成佛"；"观看"至少可以成为《大般若经·第九会·能断金刚分》与《庄子》这两部经典的哲学基本问题，但若在其他经论中，则未必如此。

以如此的进路探问东方哲学基本问题，乍看之下，似乎并未提出明确的研究方法，或是给予特定的标签、名称标示如此的方法，但是以顺应经典内在的义理、结构、脉络而言，区别于上述几种不见得适切的研究方法，便是无须特定的名称，而从经典中建构出最适合各部经典的研究方法。

第五节　小结

本章以东方哲学基本问题的意义、研究现况与未来发展为论述的主轴，借由厘清与界说哲学基本问题的意义，反思当今在东方哲学研究中，以哲学基本问题为研究方法所产生的适合与否的问题，进而从当今的研究概况中，思索在东方哲学基本问题的研究上，所能开发的课题与方向。

综观这一章，大致可以整理出如下五个论旨。其一，"哲学基本问题"的意义，大致是以哲学的方法或进路，就所探问的内容而形成的主题或题目，而如此的主题或题目，其层次是较为或甚至是最为基本的。其二，以概念作为哲学基本问题的研究，可能产生的情形，是概念的解释不见得足以作为哲学问题的讨论。其三，将西方哲学基本问题或理论运用到东方哲学的研究上，难以避免的，是流于套用或削足适履的情况，应建立在对于东方哲学经典有基础的认识，理解东方哲学基本问题与回答之后，再同西方哲学基本问题进行比较。其四，有些将东方哲学专属的基本问题运用到经典研究上，对于哲学基本问题的使用，产生模糊不清的情况，导致所讨论的哲学问题并非基本的。其五，以顺应经典内在的义理、结构、脉络为要求，而提出适切的东方哲学基本问题。

第二章

《论语》的身心观

第一节　前言

身心观在生活与学术上一直是哲学上备受关注的课题。若从中国哲学身体观方面的研究而言,杨儒宾所著的《儒家身体观》与编著的《中国古代思想中的气论及身体观》,曾引起相关的讨论。① 然而,就《儒家身体观》②、《中国古代思想中的气论及身体观》③ 以及相关的研究成果观之,这些研究大多是依据《孟子》与《孟子》之后的文本,关于《论语》身心方面的讨论则较为少见。

在《论语》中,身心往往有着一定程度的关联,一方面可以分开解释身体(body)与心态(mind)④ 的意义,另一方面也可合在一起概括生

---

① 钟云莺亦对杨儒宾在身体观的研究成果颇为强调,其言:"廿年前,杨儒宾(1956—)教授开启了儒家身体观的研究,此后'身体观'的研究蔚为风尚,迄今仍为学者所重视。"钟云莺:《身与体:〈易经〉儒家身体观所呈现的两个面向》,《佛学与科学》2010年第11卷第1期,第21页。关于宋明思想家在身体观方面的研究专书,尚可参见陈立胜《王阳明"万物一体"论——从"身—体"的立场看》,台北:台大出版中心2005年版。

② 参见杨儒宾《儒家身体观》,台北:"中央"研究院中国文哲研究所2004年版。

③ 参见杨儒宾主编《中国古代思想中的气论及身体观》,台北:巨流图书公司1993年版。杨儒宾与张再林还编著了《中国哲学研究的身体维度》一书,收录的论文更具前沿性,以及与应用伦理相关的身体论述,如道德感动、性别议题、镜像神经元与儒家恻隐之心的比较等,参见杨儒宾、张再林主编《中国哲学研究的身体维度》,中国书籍出版社2020年版。

④ 英语的 mind 或可译作心态、心理、心灵、心智等概念,"心理"带有明确的心理学学科下所包含的意义;"心灵"通常是指将心视为灵动性的功能,或指称灵魂意义;"心智"则是将心视为承载智慧的载体,表示心承担着智能运行的功能。"心"在中国传统文献中包括思维、思考、态度、情意、意志、志向、知觉能力的综合判断等多重涵义,在佛教思想中还可表示意识、感受等,是故心理、心灵、心智等概念含有价值的判断,而且偏重于心的某方面之意义。(转下页)

命体的全部内容。不论是分开还是合并解释，儒家皆是以动态的方式表示人的实践活动，亦即身心功能的运作与锻炼，应该或个别、或全面地导向儒家的实践目标，配合儒家所重视的道德修养，而人的一生若选择以儒家的实践方法指引方向，则相当于行走于儒家的道德修养之道，在深度与广度、时间与空间上皆可以有充分的发展。鉴于此，若能有系统地建构《论语》的身心观，则可补充当前研究的不足之处，为理论与实践提出解释的基础。

这一章以《论语》的道德修养之道为论述的主轴，展开对于心态与身体的论述，看出《论语》在心态与身体这两方面的修学，如何以论理作为实践过程的思索与引导，进而提出具有参考价值的方法。

本章的论述脉络是先勾勒《论语》的世界观，若将《论语》的内容视为具有普遍性意义的哲理思想，而非历史的记述，则《论语》是以生命体（主要是人）所处的生命世界与生活世界为背景，而提出人在世界中立身处世的修学方法，并借由道德修养之道的建构，使得这样的道路能够引导人们有方向、有目的地行走于世间。接着论述《论语》如何以道德修养之道打通生命的出路，引领修学者在生命与生活之中，能够不为环境与现实的困难所局限，而能在一生中走出一条高质量的道路。实践的道路确定之后，则分述道德修养在心态与身体方面所提供的方法，如何排除身心方面的过失，并且提升身心的能力，使人能克服更多的困难。

第二节 《论语》所关怀的世界

在进入《论语》对心态与身体的修学所提出的方法之前，或许可以先交代《论语》所关怀的世界，看出《论语》从什么维度切入观察世界，进而从这样的视角，对于处于当中的生命，提出可据以实行的修学方法。

（接上页）心态则可泛指心所表示的意向、态度，意指抽象的心将感官所接收到的信息进行综合的处理，可指一般性的信息分类，也可指分类之后的价值判断。是故本书涉及儒家经典中的"心"概念时，依论述的脉络或以"心态"一词解释，或径用"心"以表示区别于物质式的身体所蕴含的意义。这一概念的用法与相关研究，可参见蔡耀明《生命哲学之课题范畴与论题举隅：由形上学、心态哲学、和知识学的取角所形成的课题范畴》。

根据《论语》的论述，可以相当明显地看出是着眼于人类的生命世界与生活世界①，而提供世界中有心从事修学的人，提升生命质量的各种方法。至于《论语》主要着眼的生命形态，可从如下两则引文来看：

> 厩焚。子退朝，曰："伤人乎？""不。"问马。(《论语·乡党》)②
> 子贡欲去告朔之饩羊。子曰："赐也，尔爱其羊，我爱其礼。"(《论语·八佾》)

从以上两则引文可以看到，孔子对于人与其他生命形态的关怀，在不得已而必须有所取舍的情况下，首要的关怀对象为人。以人为主是儒家思想的特点③，而之所以如此的理由，是为了更为广大而长远的目的，也就是由"礼"的制度所打造的世界④。我们可以再进一步解析以上两段

---

① 关于"生命世界"与"生活世界"的意义，蔡耀明曾解释："世界如果特指众生经营生存活动的环境，则可称为'生活世界'；世界如果特指众生表现生命历程的环境，则可称为'生命世界'。"蔡耀明：《一法界的世界观、住地考察、包容说：以〈不增不减经〉为依据的共生同成理念》，《台大佛学研究》2009年第17期，第7页。

② 《论语·乡党》这一章传统上通常断句为"'伤人乎？'不问马。"但王定康提出应该还有断句成"'伤人乎？''不。'问马。"与"'伤人乎不？'问马。"两种方式，而传统上的"'伤人乎？'不问马。"更为符合古代汉语的语法，参见王定康《〈论语〉"伤人乎不问马"标点商兑》，《陇东学院学报》2011年第5期，第5—7页。另有学者认为"'伤人乎？''不。'问马。"的断句更能表现儒家仁爱思想的内涵，也较能从《论语》开始奠定儒家动物伦理的讨论基础，参见刘道锋《〈论语〉"厩焚子退朝曰伤人乎不问马"标点商榷》，《现代语文（语言研究版）》2007年第9期，第7—8页；李明书《从〈论语〉有关动物伦理的一些篇章之断句阐明儒家伦理学的当代意义》，《亚东学报》2016年第36期，第1—12页。另外也有学者认为三种诠释各有其意义与价值，应视儒家文本在回应当代伦理问题时，何种断句更为有利于展现儒家伦理的特色，参见谢予腾《失火的马厩——〈论语〉"厩焚子退朝曰伤人乎不问马"再探》，《汉语研究集刊》2019年第28期，第41—62页。

③ 此处强调儒家所关怀的生命形态，并非标举着以人为中心的旗帜，却忽略了其他的生命形态；而是区别于不同学说系统的关怀对象，像道家观照万物，或佛家的"三界六道"的世界观，以突显出不同学说系统之间的差异，呈现儒家的特色。儒家也有重视自然环境、动植物的思想，如黄勇依据王阳明的思想提出儒家的环境美德伦理；李晨阳依据《易经》中"天""地""人""三才"的架构指出儒家是一种非人类中心的环境哲学，重视"天""地""人"的和谐关系。参见黄勇《美德伦理学：从宋明儒的观点看》，第323—356页；李晨阳《比较的时代：中西视野中的儒家哲学前沿问题》，中国社会科学出版社2019年版，第119—129页。

④ 牟宗三认为礼乐教化的世界是儒家之所以有别于其他学说之处，如其所云："要使周文这套礼乐成为有效的，首先就要使它生命化，这是儒家的态度。"参见牟宗三《中国哲学十九讲》，《牟宗三先生全集》第29册，第60—61页。

话的四层涵义。

其一，综观《论语》全书，讨论的焦点、示例，与实证修学成果的经验，皆环绕在与"生命世界"或"生活世界"而发言。《论语》之所以如此观看世界的依据，即在于生命世界与生活世界是由人与其他生命体共同生活所构成的，修学者在这样的世界当中，将面对各种问题与困难，于是提出实践的方法加以克服。

其二，人、马、羊泛指不同的生命形态，"爱"则意指喜好或有意愿。就引文而言，指的是以各种生命形态为考察对象，虽然孔子在面对不同的生命形态上有轻重之别，但终究不是采取无视或任意对待的态度，而是将各种生命活动的表现，放在生命世界与生活世界进行考察，在面对各种问题与困难的过程中，提出道德修养的道路，指引有意愿或已经从事实践的人①、提升生命质量与生命境界。

其三，在生命形态的抉择上，不论是对于人或人之外的动物，所带出的道路与导向的目标，皆超越形躯或外貌的限制，而是以长远、广大，能够随时代而调整的修学内容（"礼"），作为在世间实行的准则、依据，以及提升生命质量与生命境界的参考标准。《论语》中的"礼"除了指孔子当时既定的礼仪制度，也可以依据现实的情况而在行为规范上有所调整，而根源之处需把握制定礼节的精神，以及个人是否依据"仁"而实践"礼"。②

其四，从这两则引文来看，可说是孔子权衡了人、马、羊、礼的价值，

---

① 孔子既然在认定、取向上，将"礼"视为区别于马、羊等生命形态的选择对象，意味着"礼"当是对于修学者乃至于圣人所要抉择的对象。更进一步，可说"礼"有着更为值得努力学习的价值。此处并非将"礼"当作《论语》的教学最重要的一个环节或最核心的概念，成为与其他概念，像是"仁""勇""智"等的比较对象，而是就着《论语》的脉络，将"礼"视为修学的部分内容，以此对比于尚未从事修学活动的人。

② 关于"礼"的核心价值历来多有讨论，在《论语》中表示"礼"可因现实条件调整的记载，如子曰："麻冕，礼也；今也纯，俭。吾从众。拜下，礼也；今拜乎上，泰也。虽违众，吾从下。"（《论语·子罕》）"克己复礼为仁"（《论语·颜渊》）的意义历来更有许多讨论。林远泽则从"后习俗责任伦理"的视角解释"克己复礼为仁"的意义，并且整理了历来将"仁"解释为以个人道德修养的"克己"为根本，进而达到"复礼"的目标，以及透过社会、政治制度的"复礼"，以约束个人行为的"克己"等两种诠释进路，并结合两者以证明"克己"与"复礼"并重才是符合儒家思想与文本语境的诠释。参见林远泽《儒家后习俗责任伦理学的理念》，台北：联经出版事业股份有限公司2017年版，第239—295页。

而抉择所取舍的对象。若从其层次或《论语》的内涵而言，可以很明显地看出，孔子之所以重视人，是因为人对于"礼"而言，具备行使、发挥、开展的意义；而礼对于人来说，则呈现较值得抉择与更为深刻的内容。

不论孔子如何定位"礼"的意义与价值，从以上的要点可以看出，《论语》虽然是以人为主的思想系统，但对于世界的观察并不仅是片面地看到人，或是认为人可以任意地宰制其他物种，而是基于维护"礼"这一具有稳定社会秩序与功能的制度，才选择适当地使用或牺牲其他物种。这是在观察了生命世界与生活世界之后，而提出的实践方法。《论语》也并不是提出点状的实践方法，而是以其一贯的道德修养为主轴而展开人生的修学道路，以此引导心态与身体方面在能力与境界上的提升。

第三节 《论语》以道德修养之道打通生命的出路

从《论语》所关怀的世界可以得知，人生活在世界中，若想要在程度、格局、能力等各方面有所提升，则需要相应的实践工夫，乃至于完整且通达的修学道路，才得以面对生命历程中的各种困难。《论语》在这方面不仅提出系统的见解，并且许多对话是从生命与生活情境而发言，使得这样的观念，得以在实作上施展开来。即便《论语》记载的是孔子与时人的情境与语录，但实践的观点具有普遍性的意义。当然若要称为一套系统的操作工夫，还得在更多方面更加讲究。以下顺着《论语》文本，勾勒出道德修养的层次、维度与导向，进而带出后续所要探讨的，在心态与身体方面的论述。

"道德修养"可先拆分为"道德"与"修养"两个概念。"道德"一词，较为基础的意义是指对于生命的表现、行为、或所做成、引起的事件，进行是非、善恶、应不应该的论断或判断。[1] "修养"指的是"在生

---

[1] 如果依据不同的西方道德学说或伦理学理论，对于"道德"一词会产生不同的解释与讨论的议题，例如道德是相对的还是普遍的、道德上的善是依据行为的动机还是结果，等等。本章的重点不在于探讨这些相关的道德或伦理议题，而是认为《论语》本身的思想具有自身的背景与主体性，未必需要透过西方伦理学理论、议题或概念才能够解释，是故应致力于将《论语》的记载梳理、建构为有条理的实践观点，与西方伦理学的比较研究则待未来再行展开。

命历程中，运用方法，提升或培养生命体各方面的能力、心态、行为所进行的活动，例如道德、体力、技能、知识"①。将两者结合起来看，"道德修养"则意指在生命历程中，运用方法，提升或培养生命关于道德方面的能力、心态、行为所进行的活动。②

衡诸《论语》乃至于整个儒家的思想，几乎都是在为人们从事道德修养提供思想资源，使人在面对道德情境的困难时，能够选择正确的行为。《论语》各章虽然简短，但思想系统的一致性，以及可被诠释的空间广阔，既有个别行为的指引，亦有人格德性的刻画，依据不同的研究方法或视角，可以诠释出丰富的内容。本章试图将《论语》的道德修养建立在人一生的实践过程中，亦即将人一生的实践视为一条道路，而《论语》的道德修养就相当于在这条道路上提供行为的指引，使人终其一生能够知所抉择、无所畏惧地行走下去。这从孔子在遭遇生活上的磨难时仍恪守道德而行即可看出。③鉴于此，将《论语》关于道德修养的记载建构成一条人生的实践道路，可以从道德修养的层次、维度与导向三个方面来看。

其一，在层次上，若将道德修养视为有心从事生命质量的锻炼或提升的路径之一，则在这条道路的过程中，可以根据工夫、能力、技术，给予身份或境界上的一个名称，诸如"士""君子"，乃至于各方面发展完善的"圣人"。这些表示身份或境界的名称，并非表示修学到哪一个阶段，就只能停留在哪一个阶段，而且这些名称的内涵更胜于外表的样貌；有些表面看起来可能像是"士""君子"的样貌，但其内涵却称不上真正的"士""君子"。如《论语》所载：

> 子曰："士志于道，而耻恶衣恶食者，未足与议也。"（《论语·里仁》）

---

① 李明书：《论心之所向——〈论语〉与〈杂阿含经〉比较研究》，第 28 页。
② 关于"道德修养"详细的界说与厘清，可参见李明书《论心之所向——〈论语〉与〈杂阿含经〉比较研究》，第 28—30 页。
③ 《论语》中记载孔子在困顿时又能坚守道德操守的例子，莫过于孔子在陈国绝粮时，仍能说出"君子固穷，小人穷斯滥矣"一语，如此以身作则，为后世树立了一个以道德修养克服并渡过生活难关的榜样。（《论语·卫灵公》）

> 子曰："士而怀居，不足以为士矣。"(《论语·宪问》)

以上的第一则引文表示，若"士"已将生命的重心立定在修学的道路上，却讲究衣物、饮食之类物质的要求，耻于穿着粗糙的衣服、食用不够美味的食物，则在实际上不足以与其谈论儒家的修学内容。第二则引文更强调"士"若仅汲汲营营于住所的质量，就根本不能称为"士"。① 就此而论，可以看出《论语》对于修学层次的区分，一方面，根据各个层次所应具备的能力、态度而给予一个名称；另一方面，不断地反思这样的名称，是否符合其意义与内容。

其二，在维度上，《论语》涉及的内容相当广泛，诸如心态、身体、观念、伦理、文化、宗教等②，各个维度的内容虽有不同，但均围绕道德修养而展开，亦即透过《论语》所载的修学方法，可在各个维度排除道德上的缺失，以导向正确的道路。

其三，在导向上，《论语》根据各种境界的层次给予不同的称谓，并

---

① 《论语》中对"君子"的描述也是如此，君子固有其应有的德性与行为，但仍有不足之处，例如"子曰：'君子不重则不威，学则不固。主忠信；无友不如己者；过则勿惮改。'"(《论语·学而》)

② 《论语》关于生命与生活中所遭遇的各个维度之论述，皆有相对应的记载，并且许多语录不止于一个维度的意义。由于篇幅有限，此处不逐条处理，在心态与身体方面仅各举一则以表示《论语》在各个维度皆以道德修养为主轴而加以应对。
在观念上，孔子指出以"德"与"礼"教化人民，可使人民既知羞耻心又知如何自我规范，若仅以政治制度与刑罚威吓人民，则人民行为虽受约束，但无法内化为一个人的自我要求，只要外在规范不存在，就可能做出违背道德的行为，如"子曰：'道之以政，齐之以刑，民免而无耻；道之以德，齐之以礼，有耻且格。'"(《论语·为政》)这里也表示了孔子对于道德、法律、政治等关系的观点。
在伦理上，孔子认为人应该依据自身的身份和地位做好自己应尽的职责，如"齐景公问政于孔子，孔子对曰：'君君、臣臣、父父、子子。'公曰：'善哉！信如君不君，臣不臣，父不父、子不子，虽有粟，吾得而食诸？'"(《论语·颜渊》)
在文化上，孔子认为虽然朝代更替，但仍有些文化上的精神、价值值得保留，如"子曰：'周监于二代，郁郁乎文哉！吾从周。'"(《论语·八佾》)
在宗教上，孔子时代留有传统、朴素的信仰观念，但孔子将迷信的信仰转变成道德的意义，如"子曰：'天生德于予，桓魋其如予何？'"(《论语·述而》)关于儒家是否可被视为宗教，以及儒家在什么意义上可被视为一种特殊的宗教形态，可参见［美］杜维明《儒教》，台北：麦田出版社2002年版；牟宗三《圆善论》，《牟宗三先生全集》第22册，台北：联经出版事业股份有限公司2003年版，第296—324页。

且论述多个维度的意义。这些内容所要导向的目标，就是引领当前的修学者，以及后续的追随者，走一条长远、不间断、有目标的道路。这样的道路，若以目标作为导向而给予一个名称，或可称为"成圣之道"；若着重在修学的工夫与内容，或可称为"道德修养之道"。诚如《论语》之言：

　　子曰："若圣与仁，则吾岂敢？抑为之不厌，诲人不倦，则可谓云尔已矣！"公西华曰："正唯弟子不能学也！"（《论语·述而》）

　　曾子曰："士不可以不弘毅，任重而道远。仁以为己任，不亦重乎？死而后已，不亦远乎？"（《论语·泰伯》）

第一段话为孔子自谦不敢被称为圣人之词，由此可以看出孔子以不厌倦的态度实践修学的内容，教导学生，与学生共同朝向圣人的目标迈进。第二段话则是曾子指出修学者（"士"）的价值，以圣人的全部内容（"仁"）与长远的修学道路（"道"）自许，这样的责任与历程，不仅极为重要，而且意义深远，若人人皆能以此作为立身处世的道路，将得以永久地传承下去。

以上从层次、维度与导向三个方面通达地看待儒家的道德修养之道，可以显示《论语》文本中，有系统地统摄多样的操作工夫，以及对于各种情境的处理。这样的梳理有助于理解《论语》中的记载不论是从什么样的情境而发言，皆得以从层次的进程、维度的把握与导向的目标，确立出实践的主轴，而且这些实践的方法具有普遍性的意义，即使在今日仍可以动态地运用各式各样的工夫，不至于被特定的、历史的事件局限。

第四节　道德修养之道在心态方面的引导

以上两节勾勒《论语》所关怀的世界与修学道路的系统，接着聚焦在心态与身体两方面。这一节论述的主轴仍然是以儒家一贯的道德修养之道，并且着眼于生命世界与生活世界的世界观，提出在身心两方面的实践观点，并且将这样的观点视为具有普遍性的意义，而可以提供今人参考的依据。这一节以论述道德修养之道在心态方面的引导为主。

心态区别于物质的集合，可以当作知觉、认知、情意、态度等活动的总称。此处区别心态与物质，并不表示有个独立存在的心灵或灵魂之类的主体，而是特指抽象的或者由物质所衍伸出来的行为表现。在意义上，心与身可以个别解释；在实践上，儒家思想往往是将两者视为相互影响的关系。当然具体的行为，如抽象的知觉、认知、情意、态度等，必须依附在身体上才可以被感官觉察到。

《论语》依据道德修养之道而引导心态的活动，主要在于把握这条道路的主轴，再灵活地在各个维度与情境上运用各种方法，使人们在具体行为与观念上皆能做出正确的判断。这样的实践，在消极方面，排除个人道德上的缺失；在积极方面，不断地导正，并长远且通达地开展。

既然将把握修学的道路以作为个人实践的主轴，在心态上的要点，是在现实的生活世界中，提起意愿或意志以正向修学的道路，为提升境界层次铺路。毕竟不是人人都愿意依照儒家的实践方法而行，所以孔子特别提及如何对治以无所事事的心态虚度光阴之人，这种人难以过上积极的、提升道德境界的生活，还不如习有棋艺等一技之长的人。如孔子所说：

> 子曰："饱食终日，无所用心，难矣哉！不有博弈者乎，为之犹贤乎已。"（《论语·阳货》）

孔子指出，若将生活的重心仅放在维持饮食的生理需求满足上，而不投入更值得留意的对象上，那么生命的质量与境界要有所提升，恐怕是相当困难的。要使一个人提起原本不感兴趣或没有意愿去做的事情，本就是一件相当困难的事，孔子可谓清楚地认识到这一点。孔子有别于一般的教师之处，在于其不只是批评这样的心态，或者全然否定这样的人，而是仍提供了一个转换心态的途径，即不如去学习棋艺之类的技能。与其只求饮食上的享受，还不如专注于培养一技之长，也许这与道德行为有关，但至少是集中注意力在一件提升个人某方面的能力之上。这种提升注意力的培养，即使仍非直接地有助于提升一个人的道德境界，但却可以锻炼意志，提高这个人导向道德修养的可能性。

孔子所说的"无所用心"与"难"二语，皆未加上固定的或数量化的受词，而说成在什么方面"无所用心"，以及什么方面"难"，则意味着并不实指应在什么方面用心，以及只是难在什么方面；换言之，正由于不具有被限定的对象，而应该在各方面加以用心，否则将在各方面都难以提升。从"不有博弈者乎，为之犹贤乎已"与"无所用心"者的对比可以看出，最低的层次就是在生活中的任何一方面都不用心的人，稍好一点的则是至少在"博弈"等某一方面用心的人；前者肯定是不从事道德修养的人，后者则虽不从事道德修养，但至少是培养了某项才艺，并且在心态上有一定的专注意志的人。于是可以导出较高层次的人，就是其用心的主轴是儒家的道德修养之道，据此以提升生命质量与境界。

立志于实践儒家的道德修养之道，虽不表示一定可以达到圣人的境界，因为现实的因素、个人的素质等条件仍有一定程度的影响，但孔子依据自身的体验，表示立志的重要，以及正确的心态建立，如何有助于以后的实践，并且经由其自述，以及对于圣人的推崇可知，自身的努力是一个人能否达到圣人境界的充分且必要条件。孔子在实践过程中就是首先将心态朝向道德修养的道路，接着以一贯持续的观念，使个人生命中的实践皆有正向修学的目标。如孔子自述学思历程所云：

> 子曰："吾十有五而志于学，三十而立，四十而不惑，五十而知天命，六十而耳顺，七十而从心所欲、不逾矩。"（《论语·为政》）

这是孔子自述其十五岁至七十岁各个阶段的状况。孔子从十五岁起选择修学的道路，清楚地认知到在人生道路的起跑线上，应坚定地学习向上提升的资粮；三十岁时将立身处世的各种能力（包括心态与身体方面）办到手；至四十岁时不再困惑于一切道理，清晰透彻地了解自身的能力、志向，以及该做的事情；五十岁时体认到"天命"这样更为崇高的价值，使得生命活动的表现，充分展现其应有的定位与价值；六十岁时以耳朵这样的感官配备为接收信息的管道，不论信息如何多变、繁复、杂乱，皆不再影响其正向目标的心态活动，甚至不再将任何一般认为的负面信息视为是负面的，每一笔信息皆是促进成长的条件；到了七十岁的高龄阶段，已经积累了自十五岁以来的历练，其所提升的境界，不仅正面地应对所接触的一切，甚至已超越了还需自我提醒、学习、反省、砥砺的阶段,心态的活动随时是最适切的表现。若将孔子七十岁时的心态表现,视为相当接近圣人,或已经处于圣人的境界,则意味着这样的境界,与尚未成为圣人或距离圣人尚远时的区别,就在于其他人还须觉察到自己正在学习、用功,在意志不坚定时需要提醒自己,或采取其他方法提振意志。

孔子的人生历程除了在境界上不断地提升,也表示这样的过程,有其一贯的主轴,才能通达地应对生命中的种种问题,并且随时随地做适当的调整。这主轴就是本书所谓的道德修养之道。孔子在《论语》中常强调"道"的重要性,并且将"道"视为终身实践的道路与目标,以至于需要坚定地朝向这一道路而行。"道"既指儒家的道理,也指以儒家的道理作为人的一生应行走的实践之路,亦即道德修养之道。如果有人未能据此而实践,或许是如上所述,处于一种"无所用心"的状态,但若在实践过程中停止,孔子认为皆是自身的意志不够坚定所导致,不能归咎于外力的因素。以如下两则对话为例:

> 冉求曰:"非不说(悦)子之道,力不足也。"子曰:"力不足者,中道而废。今女(汝)画。"(《论语·雍也》)
>
> 子曰:"譬如为山,未成一篑,止,吾止也!譬如平地,虽覆一篑,进,吾往也!"(《论语·子罕》)

第一则引文是冉求向孔子表示自己无法实践孔子所说的道理,虽心向往之,但因能力不足而无法达到孔子的要求。孔子指出冉求自认为能力不足的根本原因并不是无力去实践,而是自己决定不去实践。冉求在目标尚未达到即已停止学习,是画地自限的行为。孔子这里所说的画地自限,表示冉求已经不愿意再借由锻炼而提升自己的能力,就认为自己已经无法提升。这并不是身心能力无法提升,而是冉求不愿意使其能力提升,是故引发孔子的批评。此处除了强调意志这一心态表现的重要性,也表示孔子一方面,在指正或提醒后学避免如此的情形;另一方面,则意味着实践者应在修正后,持续行走于成圣的道路。

第二则引文是孔子以堆土成山譬喻实践的道路。这段语录意指一个人已经提起意愿走在实践的道路上,是故中途遇到障碍或困难使人暂停时，不论是选择驻足不前甚至放弃，或是克服困难之后继续前进，皆是由自己所采取的心态所决定的。①

从以上的梳理可以看出心态对于实践道德修养之道的意义与价值，从一个人尚未实践儒家的工夫，到实践后遇到困难，再到孔子从心所欲的境界，提供给实践者多种选择与借鉴。孔子以自己的一生作为示范，表示只要愿意立志，即可随着年龄的增长，培养各种能力，可在各个年龄段提升到相应的境界。在生命中所遭遇到的状况不一而足，但立基于心态的坚定与端正，再配合《论语》中记载的各种情境，可学习应对困难的方法。②

第五节　道德修养之道在身体方面的引导

前文提及心态是区别于物质的集合，是知觉、认知、情意、态度等活动的总称。身体，则意指生命体由物质的积聚，所构成的集合体，通常是指具体的、感官可以知觉到的部分。《论语》在身体方面的教学，采取与心态上相当一贯的措施，也是以道德修养之道的贯通，作为生命体在生命世界与生活世界中的引导。以下先说明《论语》如何强调身体的体能与技巧上的锻炼，再逐步带出借由修学道路的引导，解开身体在生命历程中所可能引发的困惑。

《论语》对于身体方面的教学，有其一贯的理路，并且可说是循序渐进，又可针对每一段历程中所产生的问题，进而提出解决的办法。首先

---

① 这些选择或决定或许也可以以康德所谓的"自由意志"表示，不过本章更致力于《论语》义理的梳理，以及系统性地建构《论语》本身的思想，是故暂不援引西方哲学的概念解释《论语》的思想。

② 《论语》中尚有许多记载孔子或其门人以不同的心态面对所遭遇的困境，而根本上仍是围绕以坚定的意志与选择而实践。如以下几则语录所示："子曰：'笃信好学，守死善道。危邦不入，乱邦不居。天下有道则见，无道则隐。邦有道，贫且贱焉，耻也；邦无道，富且贵焉，耻也。'"（《论语·泰伯》）"司马牛忧曰：'人皆有兄弟，我独亡！'子夏曰：'商闻之矣：死生有命，富贵在天。君子敬而无失，与人恭而有礼；四海之内，皆兄弟也。君子何患乎无兄弟也？'"（《论语·颜渊》）"子曰：'莫我知也夫！'子贡曰：'何为其莫知子也？'子曰：'不怨天，不尤人；下学而上达。知我者其天乎！'"（《论语·宪问》）"在陈绝粮，从者病，莫能兴。子路愠见曰：'君子亦有穷乎？'子曰：'君子固穷，小人穷斯滥矣。'"（《论语·卫灵公》）

看《论语》教导如何锻炼身体的能力与技巧：

> 太宰问于子贡曰："夫子圣者与？何其多能也？"子贡曰："固天纵之将圣，又多能也。"子闻之，曰："太宰知我乎！吾少也贱，故多能鄙事。君子多乎哉？不多也。"牢曰："子云：'吾不试，故艺。'"（《论语·子罕》）

以上的对话，是孔子自述曾经广泛地学习、锻炼的缘由。文中的"贱"指低下的身份地位，由这个字所引申的卑下、微小的意义，可看出孔子这么说的深意，在于告知子贡，当各方面能力不成熟，所学不够多的时候，应该正视自己的不足之处，才能不为任何条件所限制，进而对身体所能锻炼出来的能力，做出极致的开展。子牢也表示孔子曾说过自己年轻时因尚未当官，所以积极地培养自己的才艺，不因任何处境而荒废各种能力的培养。

这段话历来有许多解释，均是对于孔子这样由学习而达致圣人境界的过程，究竟应该具备什么才艺、技能，以及以什么态度去学习才艺、技能提出说明。如朱熹认为孔子之所以广泛地培养才艺、技能，是由于年轻时地位卑下，所学习的都是一些微不足道的小事，而这也表示圣人并非天生就无所不能，而是应该多培养自己原本不具备的能力。朱熹解释《论语》这一章曰：

> 言由少贱故多能，而所能者鄙事尔，非以圣而无不通也。且多能非所以率人，故又言君子不必多能以晓之。①

朱熹在解释了圣人并非天生无所不通之后，接着又表示"多能"并非成圣或成君子的必要条件，所以孔子才说自己所学其实"不多"。朱熹确实发现了孔子所要表示的一项重点，就是学习诸多才能固然是有价值的，但却不可以为学习了各种才能，就必然与道德修养相关，也不必然成圣。然而，若再接着看"吾不试，故艺"一语，可发现孔子应是确实

---

① （宋）朱熹集注：《四书章句集注》，新北：鹅湖出版社1984年版，第110页。

学习了许多才能，但不以自己具备许多才能而感到骄矜自傲，于是才说不论具备多少才能皆"不多"，以保持谦虚而不断学习的态度。虽然各种才能与道德修养之间并非必然的关系，但习得越多的才能，越可能在更多的道德情境或一般生活中派上用场。① 如果再对照前述"无所用心"一章可知，锻炼各种才能一方面可以强化身体的素质，另一方面可以加强心态上的专注与意志，更有可能以坚强的意志从事道德修养。

杨祖汉在《论语义理疏解》中即立基于这一层解释，说明孔子不以所学为多，方能不断精进，遍习一切才艺。其言如下：

> 孔子说，多才多艺算得甚么呢？我之所以多懂了几项不足道的技能，只因为我少时贫穷，每样事情都要自己亲自去做。其实成德的君子是否必须懂这些技能呢？我想是不需要的。后两句（"君子多乎哉？不多也。"）亦可如此解：一个成德的君子，是否会认为多才多艺是值得称道，值得引以为荣的？我想是不会的，一个君子，是不会以此（才艺）为多的。后一解意思较为明显。②

从这样的解析来看，杨祖汉也认为孔子将一切的能力、技术、才艺的培养，皆视为身体锻炼的内容，即使是一般人认为的卑下的"鄙事"，仍有助于生命质量与境界的提升，各方面的学习，可谓多多益善。习得越多，助成道德修养的可能性也就越高。顺着这样的解释可知，孔子在能力尚嫌不足时，不仅不排斥任何学习的可能，并且竭尽所能地精进、开展。

孔子表示许多看似与道德修养无关的才能，仍有值得学习之处。然而，这或许还不足以强化身体锻炼与道德修养之间的联系。《论语》中尚有更为紧密、积极地说明身体锻炼如何直接关联到道德修养之上，赋予身体锻炼道德上的意义与价值。如《论语》以下两段语录所载：

---

① 孔子在知识学习上也采取相同的态度，孔子说"《诗》可以兴，可以观，可以群，可以怨。迩之事父，远之事君。多识于鸟兽草木之名。"（《论语·阳货》）学《诗经》的效果有许多，除了可习得事父事君等崇高的道德行为，在非道德层面则可以认识各种鸟兽草木的名称。

② 王邦雄、曾昭旭、杨祖汉：《论语义理疏解》，新北：鹅湖出版社2005年版，第126页。

> 孟武伯问孝。子曰："父母唯其疾之忧。"（《论语·为政》）
>
> 子曰："志于道，据于德，依于仁，游于艺。"（《论语·述而》）

第一则引文是孔子回应孟武伯问孝的内容。孔子表示父母唯一担心的是子女生病，也就是身体不健康。这一回答虽未直接说明应该锻炼什么身体上的技能，但其实蕴含了子女应该有基础的锻炼，以维持身体的健康，才不至于使父母担心，才是尽了孝。孝即儒家所认为的重要的道德修养的德目之一，是故此时的身体健康，已不再只是纯粹的物质意义上的，还有道德层次的意义，是一个人在道德修养之道上实践时不可或缺的条件。①

第二则引文，孔子将"道""德""仁""艺"并列，其中的"游于艺"可泛指关联于身体的一切技艺、技巧，如同前述的"吾不试，故艺"。②《论语》既然将修学的道路（"道"）、品德（"德"）、价值（"仁"）与身体的能力（"艺"）并列，则意味着身体的锻炼，并不只是提升身体素质而已，而是与道德修养的内容关联在一起，应在道德修养的过程中同步提升，再将所学的才艺用于辅助道德修养之上。

从以上的梳理可以看出，《论语》是以道德修养的道路为前导，将身体的功能竭尽所能地发挥出来，关联于身体的能力得以充分运用到生命与生活之中。尤有甚者，可以达到超越一般人所能承担的极限，也显示出儒家圣贤的与众不同之处。诚如《论语》的记载：

> 子曰："贤哉，回也！一箪食，一瓢饮，在陋巷。人不堪其忧，回也不改其乐。贤哉，回也！"（《论语·雍也》）
>
> 子曰："饭疏食饮水，曲肱而枕之，乐亦在其中矣。不义而富且贵，于我如浮云。"（《论语·述而》）
>
> 叶公问孔子于子路，子路不对。子曰："女奚不曰：'其为人也，

---

① 《论语·为政》中孟懿子、樊迟、孟武伯、子游与子夏向孔子问孝共有四章，此处仅选择一则与身体锻炼相关的文本进行解释。

② 关于《论语》中的"艺"，可视为以诗书礼乐的技艺，扩充成为整个生命的艺术，参见王邦雄、曾昭旭、杨祖汉《论语义理疏解》，第4—6页。

发愤忘食，乐以忘忧，不知老之将至云尔。'"（《论语·述而》）

上述三段引文，第一段说的是生活环境极其简陋的颜回，以一般人所难以承受的饮食条件，能持续居处在修学的道路而不受影响；第二、三段引文记载孔子已全然地超越身体在饮食（"饭疏食饮水"）、居处（"曲肱而枕之"）、岁月（"不知老之将至"）上所留下的刻痕，及其可能的限制，而以愉悦、舒适、正向、积极的态度，不断地提升、超越。

在今日的社会中，发愤忘食、过着简约的生活却仍能致力于学习、工作的人所在多有，今人并不缺乏这样的经验。孔子、颜回的特殊之处，在于其不仅在艰难的生活中持续学习、工作，还能够坚持道德修养，过着有道德质量的生活。以《论语》记述的情境对照今日来看，即可知这是孔子、颜回等圣贤的亲身经历，他们都超越了身体的限制；今人有相似的感受，则只要有意愿往道德修养之道的目标前进，亦有可能达到儒家圣贤的境界，超越身体的束缚与极限。

就此而论，以道德修养之道引导身体方面的运作，一贯的道理，就在于确切地了解身体所具有的意义与价值，借由身体的锻炼，在各项能力有所开展之后，可以锻炼身体以超越一般人的层次，不受衰老、疾病、饥饿等影响，而能够在道德的境界、程度上不断地精进、提升。

第六节　小结

本章以儒家经典《论语》为依据，看出儒家在生命世界与生活世界所观照的维度，提出在以人为主的关怀下，值得采取的道德修养之道或成就圣人的道路，以这样修学的道路引导心态与身体在各个维度的锻炼与开展。本章主要有五个要点。其一，从《论语》的文本，看出儒家对于生命世界与生活世界的观照，主要关怀的生命形态为"人"，而以此区别于道家与佛家的世界观。其二，从儒家对于生命世界与生活世界的关怀，发展出一条在生命与生活中的道德修养或成圣的道路，引导人们在各个方面均能有所成长。其三，儒家以道德修养之道在心态方面的引导，在消极方面，排除由于惰性、借口所造成的停滞；在积极方面，克服各种困难以向圣人的目标迈进。其四，儒家以道德修养之道在身体方面的引导，不将身体视为仅止于物质的形式或意义，而是洞察身体所具备的价值与功能，借由锻炼，超越身体的限制，更无阻碍地修学。其五，借由打通修学道路，确立修学目标，有效地处理过程中的问题，为生活在世界中，找寻一条在理论与实践上皆能通达运作的出路。

第三章

《论语》的"观看"思想

第一节 前言

第一章第四节在探讨东方哲学基本问题的建构过程中,以道家的《庄子》与佛教的《大般若经·第九会·能断金刚分》为依据,说明"观看"如何成为这两家经典中的哲学基本问题。除此之外,《论语》中的观看亦有相似的地位,笔者衡诸《论语》的思想结构之后,发现观看在儒家的实践过程中扮演着重要的角色。是故本章将依据《论语》,以观看为基础,带出儒家的修学成圣之道,以及如何借由观看的对象,洞察出深刻的内容。以下的论述,先界说并厘清"观看"的意义,从表层的观看到深层的观看,进而作为衔接儒家的道德修养之道的桥梁,看出构成修学之得以进展的理由、条件与根本,以助成生命质量与境界的提升。

由于观看一词并非《论语》文本中本来就有的概念,而是现代话语的表述。古代经典语言中通常以"观"表示观看的意义,但观与观看的日常与学术语境皆有一定程度的差别。是故下一节将先界说并厘清观看的意义,再解析《论语》中的观看意义,指出《论语》中的观看可作为导向儒家的修学道路的重要能力,与成圣成贤有着紧密的关系。观看的主要内容,在个人方面,是修学者自身及其关联的人,其心态与身体的运作,促使修学者调整自身的状态,以合于修学的道路。在社会、世界的运作上,《论语》强调透过观看以洞察时代的变化,以观看世界的时间流程为主轴,形成动态地观看时代变化的观念,使得身心的锻炼与世界接轨。个人身心与时代的结合,成为儒家立身处世的参考方向。

第二节 "观看"的界说与厘清

"观看"这一概念较为基础的意思，相当于日常用语中所说的"看"某个对象，但在看对象的基础之上，可产生知识、观念，以及其他与观看相关的能力。观看可初步理解为由眼睛这样的感官配备，对所接触的对象，所产生的捕捉的动作。从观看的动作之所以形成的条件而言，可以总摄为三者，其一是能观看的感官配备，其二是感官配备所能捕捉到的对象，其三是由感官配备捕捉到感官对象的过程。

进一步检视"观看"的三个条件。首先，就感官配备而言，如果缺乏眼睛这样的感官配备，则即便感官所能捕捉到的对象如何抢眼，在色彩、形状、角度上有着什么样突出的表现，皆不能为相对应的感官所知觉。其次，就感官配备所能捕捉到的对象而言，如果对象未被感官配备捕捉到，则不能够形成关联的意义。最后，就感官配备捕捉到感官对象的过程而言，如果感官配备不做出观看的动作，则不会与所能捕捉到的对象产生关联。

一般而言，眼睛主要捕捉的是对象的颜色与形状，在眼睛捕捉到对象的颜色与形状之后，对于对象形成分别认知、判断，把感官对象表述为什么样的颜色或形状。这样的意义或观念形成之后，只要观看持续运作，则不断地积累认知形成后的信息，可能成为印象、记忆或遗忘的部分。由观看所形成的信息在生命或心态上留下或多或少的吸收、消化后之痕迹，是故只要观看的过程不断地运作，相关的信息亦持续地积累、转化。除了对象的颜色与形状，知识的学习主要也是透过眼睛捕捉对象，不论是文字、图像的摄取，通常都是以眼睛为主，若眼睛失去既有的功能，才会以耳朵或其他感官的知觉能力去替代。

借由观看所积累的信息，内化或转化成生命的内容，诸如观看的能力、习惯、经验等。若以提升生命的境界或质量为导向，则可凭借所培养的观看之能力、习惯、经验等，从所要导向的目标，开发出相应的内涵。在深度上，借由观看，可以将生命的能力，尽可能无限地开发出来；在广度上，不只是一般视觉的能力，包括知识摄取、知人善用等各种能力，皆可经由观看来培养。例如，看到圣贤的行为，即透彻地看出圣贤之所以如此的来龙去脉与关联的网络,形成生命的借鉴或榜样,而不仅止于圣人的外表、穿着。

如果将观看的程度略做区分,可以将眼睛之于一般的物质对象的颜色与形状的捕捉,视为表层的观看;在能力有所提升之后,切入身心与世界的构成、根本、机制或道理,视为深层的观看。区分两层观看的意义,不在于先在地认定何种方式较为粗浅,或只能具备其中一种能力,而是借着如此的区分,可以从设定的生命目标,以及在达成目标的过程中,较为清楚、明确地观察所接触的对象,可以随之调整观看在具体实践上的操作方法。

为了较为清楚地显示观看乃至于观看的层次,可借由提问的方式,进一步厘清如下三个要点。其一,表层与深层的观看之于生命的意义与价值为何?其二,从表层的观看切换到深层的观看如何可能?其三,观看之范围为何?以下依次回答这三个问题。

其一,表层的观看之于生命,相当于对于形形色色之对象的摸索、捕捉,以及区分千差万别的对象,以便于沟通、表达。深层之观看,切入生命与世界的构成、根本、机制或道理,在面临一切看似难以撼动的障碍时,可以根据构成的条件,寻思应对的策略,而不至于认定什么样的难关永远无法跨越。

其二,在生命的历程中,若有意愿提升境界或质量,而设定朝向的目标,在儒家而言,像是圣人、君子,于是训练所需的能力,举凡所经历的一切、所摄取到的信息,皆能作为提升的促成条件。观看能力的提升,大致也是如此,只要观看的条件具足,正向实践的目标,不断地积累生命中的经历,提升观看的广度与深度,形成足够的条件,即可从表层的观看切换到深层的观看,而不必然需要特定的先天条件(诸如种族、身份、阶级)才得以具备深层观看的能力。

其三,观看的动作得以形成,基本的感官配备是眼睛。仅就眼睛来说,能看到的范围,通常在于物质的层次,或者如颜色、形状的捕捉,可能由于范围、角度、视力的局限,较容易看到片断的或局部的对象。如果在眼睛捕捉对象后收摄到心态的活动,诸如情意、认知、思维、感受等,切入心态所及的对象的构成、根本、机制或道理,则可尽可能地深刻、广泛,以至于无所谓边界或既定的范围可言;也就是说,要将观看的对象觉察到什么程度,端视观看者的洞察功力深厚到什么地步。

以上的界说与厘清,除了解释观看的意义,也显示出观看的动作或能力,不限定于特定的学说、系统、意识形态才能使用或谈论,而是借由清楚地把握观看的意义,更为明确地看出不同的学说如何运用观看,彰显各自的特色与旨趣。观看是具有实践意义的概念,除儒家,道家与佛教等具有实践特色的思想学说,均重视观看在实践过程中所发挥的功能。如第一章所述,道家与佛教的观看已有学者进行讨论,下一节则从儒家经典的《论语》中,梳理观看的意义与价值。

第三节 从观看导向儒家的修学道路

承接上一节对于观看的解释可以看出,观看的运作是生命体在接收一切信息的过程中,相当重要的通道。观看之于生命体在世间活动的意义与功能,像是在生活中避免认错人、眼前一片漆黑、走路跌跌撞撞等情况,均表示已将观看当作不可或缺的能力,即便只是习惯或不经意地随意浏览片断的或局部的影像、外貌,就已足以借由表象上的观看活动,而带来生活上的意义。

若进一步探问一个人的生命历程,要走出一条高质量、有方向的道路,需看出生命历程中的关联网络、来龙去脉与后续导向,则有心从事修学者不得不留意培养深层的观看能力。从捕捉片断的或局部的影像、外貌,进一步通达地看待生命的整个历程,观看即可以在导向生命所要朝向的目标时,扮演相当关键的角色。

儒家的修学道路是中华传统文化的重要内涵,影响国人生命实践,致力于提升生命与生活质量长达两千年的历史。以儒家思想作为生命实践的借鉴而言,即意味着儒家的修学内容可以随着不同的情况而被灵活地运用。修学内容应世变化而无穷,除了其道理本身深刻,也取决于生命体针对所接触的对象,究竟怎么去捕捉丰富的内容;换言之,就是生命体应该如何根据所接触的修学内容,尽其所能地充分、全面、通达地表现或发挥出来。

儒家的学说之所以值得长期被研究、注解，并且作为身体力行上的引导，相当重要的原因，就是为有心从事修学的生命体，提供一条长远的、值得投入终生的修学道路。儒家的修学道路皆关联于提升个人的道德能力，以有助于对生命与生活情境提出正确的道德判断。如上一章所述，儒家修学道路的名称，可以"成圣之道"或"道德修养之道"称之，其中包括这条道路所关怀的世界、设定的目标、关联的网络、修学的工夫，只要愿意尝试或下定决心，儒家就可以提供相应的内容，来助成生命质量与境界的提升。

从观看之于生命，切换到观看之于儒家的修学道路，相当于从漫无目的地观看，切换到以成圣为目标地观看。这种导向成圣目标的观看，在积极方面，可推进修学者不断地往前迈进；在消极方面，则借由对照所接收到的信息，反思自身尚且欠缺的能力与应当修正的过失。从《论语》中令人耳熟能详的一句话来看：

> 子曰："见贤思齐焉，见不贤而内自省也。"（《论语·里仁》）

孔子说，如果观看到比自己贤能的人，也就是在境界或层次上高于观看者，或者被观看的对象具备什么样值得效法的能力，则应思考并提起意愿来向对方看齐；如果被观看的对象在层次上低于观看者，或者具备不值得被学习的缺点，则可以省思观看者自己是否也有着类似的、应该改进的部分。

如果以儒家一贯的道德修养之道来判断所观看到的对象，大致可以区分"贤"与"不贤"两种类型的人，以作为是否符合修学的道路所应具备的条件或标准。若扩大观看的范围，"贤"与"不贤"可以当作将观看所形成的一切信息，概略地区分为正面的与负面的，类似于优劣、好坏的论断，从这样的论断，看出是否有助于导向修学的目标。然而，一个人只要具有辨识能力，或是依据儒家的道德标准进行判断，则即使是一些看似负面的信息，也可借由所学加以反思并且深入地探究，而彰显正确的一面，亦即透过负面的信息思考相对的正面信息为何，即可供自身作为借鉴，这样的信息也就无所谓正面或负面，而皆对于道德实践有所帮助。就此而论，一切信息其实皆有助于导向修学的目标，无须先在地拒绝接收所能观看到的对象，而是应培养正确、正向地判断一切信息的能力。

立基于正负的判断，如果从"见贤"而思索如何提升与进步，从"见不贤"而思索不足与缺点，则意指只要境界与层次可以借由观看而不断地提升，并且看出"不贤"的根本、理由与构成的条件，一旦深入观看，改过不足与缺点，则原本的不足与缺点相当于过往的陈迹，便可以转化成以后行为的借鉴。

《论语》重视培养观看能力的用意，或许是由于世间的事态、状况不断地涌现，应对的方法与态度，不采取回避或强势地压制或拒绝观看人、事、物的表现，而是不论周遭怎么变化，实践者应一概予以接收、观察，在适当的时候甚至可以引导对方或当下的情况以与修学的道路接轨。

经由这样的理路检视观看的意义与功用，以及如何借由观看导向儒家的道德修养之道，此处所要显示的，就是观看在儒家的修学道路上，扮演着观看者与观看对象之间的桥梁或枢纽。一个人若要开发出观看的能力，只要形成观看的条件具足，即可一路伴随着成圣的目标，通达且尽可能全面地促进修学成果的进展。

第四节 《论语》透过观看洞察身心的运作

厘清《论语》中的观看意义，可知观看在儒家修学上的重要性，不仅使人认知到值得去开发观看的能力，并且借由修学成果的进展，得以回过头来检视自己观看的能力已训练到什么程度。以观看作为儒家修学的桥梁或枢纽，若要进一步深入生命与生活的内容，促成个人境界的提升，可以运用深层的观看，洞察心态与身体的运作，看出身心运作的关联网络，以及积累了过去的多少条件，才得以造就目前的样貌，如果要往更高的境界迈进，可以从什么方向、方法入手。

此处将《论语》的观看着重于心态与身体两方面，主要的理由，在于生命体的构成，主要可以区分为心态与身体两大类①，而儒家的修学所要锻炼的内容，心态与身体在能力、质量、境界、程度各方面的提升。

儒家在观看身心方面的见解，在论理上不仅毫不含混，而且可以从所要导向的目标，整理出相当有条理的脉络。孔子提出观看的入手之处，应先认清如何思考观看的运作，诚如《论语》所说：

> 孔子曰："君子有九思：视思明，听思聪，色思温，貌思恭，言思忠，事思敬，疑思问，忿思难，见得思义。"（《论语·季氏》）

身为儒家修学者的"君子"，只要行走在儒家的修学道路上，其中一项需要深思熟虑的内容，就是清晰、通达地观看一切的对象（"视思明"）。修学者接收到的信息，若是符合修学的道理，则可以纳入积累的经验，或者成为学习的榜样；反之，则可以作为负面的教材或借鉴。只要观看的角度、方向、态度正确，不论看到正面的或负面的对象，皆有助于能力的培养与道路的拓展。如同上一节所说的，儒家的修学者看到的人虽有"贤"与"不贤"之别，但两者皆有助于修学者自身的道德修养，而无须加以拒斥。

《论语》中多有观看他人的过失以作为自身借鉴的记载，如"子曰：'人之过也，各于其党。观过，斯知仁矣。'"（《论语·里仁》）又如"孔

---

① 许多学者认为身心关系是中国哲学的基本或重大问题，如南乐山（Robert C. Neville）认为在中国哲学中，身心的关系形成四个重大母题："一、自然事物的阴阳理论。二、世界的起源来自天地之二分，在宋明新儒学中，则发展出理气二分的想法。三、是《中庸》里的人之两极性，此两极性见之于人居于万物之中与万物之关系间。四、'礼'构成了人文的基本内涵。"南乐山：《中国哲学的身体思维》，杨儒宾译，载杨儒宾主编《中国古代思想中的气论及身体观》，第194—195页。汤浅泰雄则认为："东方身心观着重探讨下述问题，如'（通过修行）身与心之间的关系将变得怎样？'或者'身心关系将成为什么？'等。而在西方哲学中，传统的问题是'身心之间的关系是什么？'换言之，在东方经验上就假定一个人通过身心修行可使身心关系产生变化。只有肯定这一假定，才能提问身心之间的关系是什么这一问题。也就是说，身心问题不是一个简单的理论推测，而是一个实践的、生存体验的、涉及整个身心的问题。"[日]汤浅泰雄：《灵肉探微——神秘的东方身心观》，马超等编译，中国友谊出版公司1990年版，第2页。笔者也同意身心关系在中国哲学之中具有重要的地位，尤其不只是解释身心的意义，更重要的是身心所关联的世界观、工夫实践、人际关系、伦理道德等议题。本章在此将"观看"思想纳入身心课题的探究，指出观看对于身心实践具有重要的、枢纽性的意义。

子曰:'见善如不及,见不善如探汤。吾见其人矣,吾闻其语矣。隐居以求其志,行义以达其道。吾闻其语矣,未见其人也。'"(《论语·季氏》)孔子有时仅说"观过"的重要性,有时则是将好的对象与不好的对象(这里特指道德上的好与不好)并举,"见贤思齐"与"见善如不及"皆有向好的对象效法学习之义;"见不贤而内自省"与"见不善如探汤"均表示看到不好的对象,应反省自己是否有相同的情况,如果有的话应如摸到热汤一般立刻收手改过。一般而言,看到好的对象,可使人直接联想到应效法学习,而且人较易于彰显或强化自己的优点,是故孔子不说看到别人有与自己相同优点时应该欣喜,反而是应该肯定别人的优点之后向其学习,而且应该要时时把对方的优点看作自己所不及之处。这也显示一个人的境界可以无限地提升,道德修养与圣人皆是可以无止境地追求的目标。进而言之,孔子特别强调"观过"可以"知仁",但却不说"见贤""见善"可以"知仁",足见观看不好的对象具有更强的学习效果,将这些缺失逐一排除之后,即可使自己的道德修养无所欠缺,充分展现"仁"的境界。

从两方面来看,正确地运用观看的能力,在消极方面,可以改进修学过程中的缺失;在积极方面,则借由如此的改进与正向的学习,可以持续往更高的境界提升。观看的方法正确,再进一步要探问的,就是从这样的观看中,究竟看出了什么?以及观看所要导向的目标为何?才得以使得观看的焦点集中,并且深化观看的内容。

面对如此的提问,《论语》中记载了如何洞察到生命体之所以如此显现,所积累的条件与未来的走向,以及每一个阶段如何安立在世间。如下所示:

> 子曰:"视其所以,观其所由,察其所安,人焉廋哉?人焉廋哉?"(《论语·为政》)

"视""观""察"皆指观看的动作。这段话可以再次看出《论语》主要的观看对象,是以"人"这种生命形态为主,但是观看人的内容,并不只是人的构造、外在的行为表现,而是要深入一个人之所以如此表现的原因与道理("观其所以"),并且看到对方基于现有的表现,所可能出现的后续发展与导向（"观其所由"），以及在世间安顿其生活的方式与凭借（"察其所安"）。若能看到一个人这三方面的内容，则被观看者也就没有什么可以隐藏的了。虽然孔子在这里省略了主词，而仅说被观看者这个"人"的受词，但观看者要具备这样的能力，表示已经是具有一定程度的儒家修学者，也可以说是达到"视思明"的程度，所以这里实可视为在教导修学者应具备什么样的观看能力，才是深入的、高层次的观看。

人既然是心态与身体的集合，那么观看一个人的内容，首先是将人拆解为心态与身体两部分，接着再看其中更为细微、深入的部分。除了观看的对象，观看者也是运用自己的身体构造与心理的思维能力在观看。眼睛的视野或许有所限制，但思维能力却可以不断提升。思维能力越强，则越有助于将眼睛捕捉到的信息转化成知识与道德修养的内容。

如此地观看，不停留在身体的外貌、动作，以及心态上一时的情绪起伏或片面的认知，而是深层地看身体与心态运作的构成、根本、机制或道理。虽然孔子并未具体展开"所以""所由""所安"的内容，但这却保留住儒家义理的开放性，亦即如果能力许可，或是观看的能力开发到一定的程度，则可以看到对方丰富的，甚至无限的内容，不只对于对方一览无余，而且所观看到的内容可以回过头来再给观看者自己作为学习与借鉴的资粮。如此一来，不论是什么样的人，不论这个人的身心状态为何，在这样的观看之下，对方的任何表现与后续的导向皆无所遁形。①

以上强调将观看的能力，锻炼到不只是表层的观看，随意捕捉一些片面、短暂、局部的影像即已足够。然而，只着重于观看能力的提升，仍不表示与儒家的修学道路关联在一起，还须将观看衔接上道德修养之道，才得以有目标地朝着圣人的境界去提升。《论语》中从观看身心的运作，导向修学的目标，可看如下的对话：

---

① 《论语》在观看上的谨慎态度，另可参见："宰予昼寝。子曰：'朽木不可雕也，粪土之墙不可杇也，于予与何诛？'子曰：'始吾于人也，听其言而信其行；今吾于人也，听其言而观其行。于予与改是。'"（《论语·公冶长》）

颜渊问仁。子曰："克己复礼为仁。一日克己复礼，天下归仁焉。为仁由己，而由人乎哉？"颜渊曰："请问其目。"子曰："非礼勿视，非礼勿听，非礼勿言，非礼勿动。"颜渊曰："回虽不敏，请事斯语矣！"（《论语·颜渊》）

"仁"既是《论语》中的核心概念，具有德性、仁爱、政治事业的完善等意义①，而且是接近于圣人的境界②，则意味着培养"仁"的内涵是成圣之道的一个重要环节或历程。就这段语录而言，"为仁"须"克己复礼"，"克己复礼"的一项具体行为要求是"非礼勿视"，说的是观看必须符合"礼"的规范。这表示观看的全部内容，必须导向儒家以道德为基础所建构的礼节制度。观看者应将自己的心态与身体的各种感官，皆用于导向修学的目标，并且以"礼"作为如何运用观看功能的标准，以达到"仁"的境界。这就是借由观看，衔接儒家的成圣之道，而不只是客观知识的摄取，更不是漫无目的地观看，仅捕捉表象上的形状或色彩而已。

第五节 《论语》透过观看洞察时代的变化

在修学的过程中，观看身心的运作以深入了解生命的表现、状况，并将观看导向与道德修养相关的内容，可谓《论语》观看的重点之一。然而，上一节所说的观看身心运作主要集中于个人，但是儒家的锻炼，

---

① 《论语》中"仁"的涵义颇为丰富，如孔子批评宰我不守三年之丧时说："予之不仁也！子生三年，然后免于父母之怀。夫三年之丧，天下之通丧也。予也有三年之爱于其父母乎？"（《论语·阳货》）这里的"仁"当指子女对于父母的亲情之爱。孔子曾批评管仲的品格说："管仲之器小哉！……管氏而知礼，孰不知礼？"（《论语·八佾》）但却以"仁"赞许管仲的政治事功曰："桓公九合诸侯，不以兵车，管仲之力也。如其仁！如其仁！"（《论语·宪问》）由此可见"仁"可以分指人的不同优点，或许要达到圣人境界才是各方面皆完满的人。

② 《论语》中区别达到"仁"的人与圣人的境界，如"子贡曰：'如有博施于民而能济众，何如？可谓仁乎？'子曰：'何事于仁，必也圣乎！尧、舜其犹病诸！夫仁者，己欲立而立人，己欲达而达人。能近取譬，可谓仁之方也已。'"（《论语·雍也》）此章中的"何事于仁，必也圣乎"意思是如果如子贡所说，人如果能做到"博施于民而能济众"，这何止是"仁"的表现而已，必定是达到圣人的境界了。由此看来，"仁"与圣人之间有着境界高低的差异，而且也表示两者之间是依序递进的关系。

不只是以人为观看对象，而是将人置于社会、国家、历史、文化等发展脉络之中，确定个人立身处世的位置，乃至于在各种环境之中安身立命。若要将个人的能力、涵养应用在世界上，还需要观看所居处的世界，洞察世界的变化，看出其变化的道理，对于后续产生较为精准的推论或判断，以使得个人在心态与身体上的锻炼，落实到应对、教育、生活、行事等各方面，均尽可能有效地发挥长处与理念，进而影响关联的网络，以导向儒家的修学目标。

就此而论，个人在修学过程中所习得的能力，必须衔接世界的变化，一旦在生活中遇到相对应的环境，值得投入以奉献、改善、教化时，应立刻义不容辞地将所学的内容发挥到极致。① 若要能够将个人的能力适时地运用到世界上，并且将影响所及导向儒家的修学道路与目标，准确地观看，就成为推论或判断世界变化的重要能力。观看世界的要领，在道理、思维、方法与态度等方面，皆同身心的观看相当一贯，一方面，不仅不局限于一时一地这种片面、局部、静态的观看；另一方面，应动态地看到变化的来龙去脉，以判断后续应该采取的行动，如孔子与子张的对话所言：

> 子张问："十世可知也？"子曰："殷因于夏礼，所损益可知也；周因于殷礼，所损益可知也；其或继周者，虽百世可知也。"(《论语·为政》)②

"世"与"界"通常连用在一起，"世界"基本意义通常指时间与空间所构成的范围或领域。对话中"十世"的"世"，即指"世界"的时间之义。孔子的学生子张问起往后十个朝代的变迁，是否能够深入地了解或推论出个所以然，孔子的回答，不陷落地观看一个特定的时间或范

---

① 在《论语》中孔子曾与子贡有过生动的对话，强调积极地提起意愿以将自身能力奉献于世间的观念，参见："子贡曰：'有美玉于斯，韫椟而藏诸，求善贾而沽诸？'子曰：'沽之哉！沽之哉！我待贾者也。'"(《论语·子罕》)

② 《论语》洞察时代变化的文本，虽然仅此一则，但关于历史或各个朝代较好的文化之重视，实可视为相关的论述。如"子曰：'周监于二代，郁郁乎文哉！吾从周。'"(《论语·八佾》)

围，而是以世界当中的时间之流程为主轴，看出一个接着一个的朝代，后起的如何就着前朝的内容，因袭、传承、改变、创新，以展现不同的面貌。

孔子着眼于时间的流程，不在于个别的朝代或几个朝代的区分，而是由于正确地梳理时代的内容与变化的理由，将既定的史实视为推动当前显现的样态之条件，当前显现的样态又成为后来的朝代如何发展之条件，是故只要考虑周全，大致的发展方向与脉络即可依此推论出来。

以如此的方式观看世界，殷、夏、周的朝代之概念，相当于为了方便称呼而给予暂时的区分，观看的重点在于不停滞于任何一个朝代之中，或是仅看在一段时间内发生了什么事即草草了事，而是看出在时间上接连不断地推动、影响，才能把握时代变化的根本或较为基础的道理。把握观看时代变化的根本或较为基础的道理，以形成全面的、动态的观看之观念，在于如孔子这样的圣人，将已经办到手的工夫或学习到的道理，教导给后世的修学者，以提供后人用功实践的方向。

如果对于时代的变化能够洞察其所以然的道理，以及后续的走向，再配合心态与身体的能力，在适当的时候，投入关联的工作或位置，在过程中所摄取的信息与经验，均可以持续地再成为观看的对象，或者在吸收内化之后能成为观看能力的一部分，以助成生命质量与境界的提升。

第六节　小结

本章首先界说并厘清观看较为基础的意义，以能观看的感官配备、感官配备所能捕捉到的对象，以及感官配备捕捉到感官对象的过程，三者共同构成观看之所以运作的条件。进而依据《论语》，将观看的运作，导向儒家的修学道路，亦即成圣之道或道德修养之道，阐发观看在儒家的修学道路上的意义与价值，以及如何借由观看，挖掘出修学的深度与广度。

本章所关注的焦点，在于将构成生命的心态与身体，以及时代的变化看到什么程度，以及如何较为全面、动态地观看，而不仅止于观看身心与时代的表面，形成只是片面的、局部的论断。

收摄全章，整理出五个要点。其一，观看的运作，可区别为表层的观看，如形状、颜色的捕捉，以及深层的观看，解开构成这些外表的要素，进而看出其来龙去脉、变化流程与关联的网络。其二，以观看作为衔接儒家修学道路的桥梁，深层地看修学的一切内容，使得所捕捉到的信息，皆转化为提升境界的动力与资粮。其三，《论语》中所论的心态与身体之观看，主要在于清晰、通达地观看一切对象，将观看的成果，导向成圣的目标。其四，除了生命的修学，《论语》对于世界的观看，也采取一贯的深层观看的方式，以时代的变化为主轴，动态且贯通地观看变化的道理。其五，共同培养深层地观看身心与时代的能力，以提供修学者立身处世的一套参考方法。

第 四 章

《孟子》的性善只能是"本善"或"向善"吗?

第一节 前言

孟子以"性善"定义人性的本质,经宋明儒者以解释孟子思想著书立说,再至当前学界的研究,从不同角度切入,由于引证的材料各有取舍,而且理解与诠释方法有所差异,于是出现不同的结论。在解释"性善"所代表的人性论立场上,曾有过"本善"与"向善"之争,亦即认为孟子所说的"性善"是"性本善"与"性向善"两种立场。无论持何种立场,目的都是希望能呈现经典的原意,达到适切诠释儒家经典的理想。有鉴于此,本章欲针对"性善"再次讨论,根据《孟子》文本,以"本善"论者与"向善"论者的论述为讨论对象,一方面肯定现当代研究者的成果,另一方面也提出值得再思考的部分,再次检视彼此的批评是否有失当之处,而将范围锁定于孟子论"性"的段落。

关于孟子"性善"是"本善"还是"向善"之争,"本善"论者中的几位学者有不同的观点。如牟宗三肯定人性为定然之善,根据人性本有的道德理性而言,据此推论出"本善"的定位;袁保新以历史省察为进路,以历代的孟子学研究为探索对象,顺乎此一思路而下,检视《孟子》原文,厘清心、性、天等概念之间的关系,指出人皆具有实现善的"本心真性",而此本心真性为道德善行的实现根源,基于此点而言性善,进而赋予"性善"以现代诠释,解释人之所以为恶的原因,进而提升人类心灵的道德层次;林安梧提出"人性善向论"者,以向为性,认为人的善行为"定向",以此定向为性的动力,而此"向"的动力即是善的。以上三者,无论是以本心真性为道德善行的实现根源而言"性本善",还是根据"以向为善"而说之者,皆是考虑孟子哲学的整全与一贯的理路而展开论述,扣紧《孟子》文本逐步分析,试图建构出孟子哲学的理论系统。

其中牟宗三并未直接提出"性本善"一词,但其以此性为全然的善或定然的善等说法,也就相当于对性善采取必然或全然的肯定,即可视为以"性本善"而与"向善"论者有别的立场。职是之故,本书将牟宗三的观点纳入"本善"的立场进行讨论。

将孟子所说的"性善"诠释为"向善"的学者之中,较具有学术影响力,并且建构出完备的体系者当数傅佩荣[1],其理论建构基于对"善"概念的定义,认为善恶的判断仅涉及外在的表现,就人性的内容来说并不存在所谓善恶的区分,并且善必须放到人与人的关系而言,即人与人之间呈现适当的关系而产生行为表现之后,才可对于这个人的行为进行

---

[1] 傅佩荣为儒家人性向善论研究的代表者,著作较为丰富,例如,傅佩荣《人性向善论——对古典儒家的一种理解》,《哲学与文化》1985年第12卷第6期,第25—30页;傅佩荣《儒家哲学新论》,台北:业强出版社1993年版;傅佩荣《解析孔子的"善"概念》,《哲学杂志》1998年第23期,第172—187页;傅佩荣《人性向善:傅佩荣谈孟子》,台北:天下远见出版社2007年版;傅佩荣《我对儒家人性论的理解》,《哲学与文化》2016年第43卷第1期,第27—40页。另外还有两篇未出版的会议论文也颇具参考价值,参见傅佩荣《孟子的人性向善论》,中、韩"东西哲学中之心身关系与修养论"学术研讨会论文,台北,2006年7月;傅佩荣《儒家"善"概念的定义问题》,传统中国伦理观的当代省思国际学术研讨会论文,台北,2008年5月。傅佩荣的立场明确,其对于儒家人性论的理解始终围绕人性向善论进行。其学生萧振声与许咏晴皆曾支持傅佩荣的儒家人性向善论立场,参见萧振声《荀子的人性向善论》,硕士学位论文,台湾大学,2006年;许咏晴《傅佩荣人性向善论的提出背景分析》,《哲学与文化》2021年第48卷第7期,第139—153页。许咏晴主要在于重申傅佩荣的立场,经由分析人性向善论的理论背景而强调此理论的重要性。较特别的是萧振声后来对于傅佩荣提出的人性向善论有所批判,并且也否定了荀子的人性向善论立场,参见萧振声《论人性向善——一个分析哲学的观点》,《"中央"大学人文学报》2012年第51期,第81—125页;萧振声《傅佩荣对"人性本善"之质疑及其消解》,《兴大中文学报》2015年第37期,第303—330页;萧振声《荀子性善说献疑》,《东吴哲学学报》2016年第34期,第61—96页。其中《傅佩荣对"人性本善"之质疑及其消解》一文针对傅佩荣批评本善论的"架空修养功夫""违反客观事实""混淆价值事实""引发理论两难""缺乏充分理据""失落'善'的资格"与"漠视人间恶行"七个论点,逐一予以驳斥,认为傅佩荣的七个主要批评观点皆不成立,这应是目前最为全面评论人性向善论的论文。由于本书的观点旨在从本善与向善的争论提出一个不同的思路,是故不再分析萧振声的批评是否合理,而仅就本善论与向善论的主要观点进行梳理。

价值判断，而后才说其行为是善的。因此，不可说人性本善。傅佩荣厘清"善"的概念，阐发孟子言"性善"的意涵，指出孟子言善必本于内在的真诚，而扣紧具体的行为，亦即外在的行为表现，加之以《孟子》各篇章为例，论证出孟子并非言人性本善或人性定向善行，而是人受外在环境的影响，而产生善的趋向，于是只可"由向说性"，建构"向善论"的诠释系统，并以此批判"本善"论者的观点。①

本章对于"性善"议题的探讨，即以上述的"本善"与"性善"为思考理路，以《孟子》作为检视的依据，针对个别的研究成果进行反思，对于"性善"的构成基础提出另一个思考的方向，即以条件的促成推动，试着安立"性善"的外在动力，以呈现不同于这两种说法的观点。

第二节 孟子说"性善"以及"本善"与"向善"的分立

孟子以"性善"解释人性，与当时不同的论人性者对辩，其目的之一就在于肯定人之所以为人的价值。人性论虽为孟子哲学的核心课题，为古今学者所重视，《孟子》中提到"性"的次数较多，但综观明确提到"性善"一词的却只有两处：

> 滕文公为世子，将之楚，过宋而见孟子。孟子道性善，言必称尧舜。世子自楚反，复见孟子。孟子曰："世子疑吾言乎？夫道一而已矣。……"（《孟子·滕文公上》）

> 公都子曰："告子曰：'性无善无不善也。'或曰：'性可以为善，可以为不善，是故文武兴则民好善，幽厉兴则民好暴。'或曰：'有性善，有性不善，是故以尧为君而有象，以瞽瞍为父而有舜，以纣

---

① 林安梧与傅佩荣于1992年5月8日在中国台湾地区的花莲函园对人性问题进行论谈，其内容同步刊登于《鹅湖月刊》与《哲学杂志》，本书采用版本为林安梧、傅佩荣《人性"善向"论与人性"向善"论——关于先秦儒家人性论的论辩》，《鹅湖月刊》1993年第2期，第22—37页。另可参见傅佩荣、林安梧《"人性向善论"与"人性善向论"关于先秦儒家人性论的论辩》，《哲学杂志》1993年第5期，第78—107页。这两种诠释孟子"性善"的立场，其实也代表着中国港台新儒家学者与傅佩荣之间的学术对话。

为兄之子且以为君,而有微子启、王子比干。'今曰'性善',然则彼皆非欤?"孟子曰:"乃若其情,则可以为善矣,乃所谓善也。若夫为不善,非才之罪也。恻隐之心,人皆有之;羞恶之心,人皆有之;恭敬之心,人皆有之;是非之心,人皆有之。恻隐之心,仁也;羞恶之心,义也;恭敬之心,礼也;是非之心,智也。仁义礼智,非由外铄我也,我固有之也,弗思耳矣。故曰:'求则得之,舍则失之。'或相倍蓰而无算者,不能尽其才者也。"(《孟子·告子上》)

第一则记载孟子论"性"的主张,主要是表明孟子论性的立场,前后文均未再解释"性善"的意义与论证其合理性。引起较多讨论的通常是第二则与公都子的对话材料。

第二则是公都子对于孟子提出的性善说提出疑问,引发孟子对此主张的申论与解答,"性善"一词是由公都子所说出。"性善"一词虽非直接由孟子口中说出,但对于人"性善"的说法,确实是孟子所提倡以解释人性本质的方式,并对于当时告子所主张的"性无善无不善",以及时人倡言"性可以为善,可以为不善""有性善,有性不善"三种说法的回应。

孟子即当时的"性善"论者,并以此一立场批判前述三者的观点。孟子顺着公都子的提问,以"仁""义""礼""智"之心解释"性善",指出人只要顺着"情"而动,便能表现出善的行为,正因为有此"四端"①,而可以说人性是善的。换言之,也就是以"四端之心"为人所固有,以作为界定"性善"一词的意义。孟子同时也解释了人做善的行为与做不善的行为之原因,人之所以为善,正是由于顺着人之"情"而动;人之所以为不善,则是因为"不能尽其才",也就是不能充分发挥与生俱来即具备的才能之缘故,这里的"才"有依着人天生的性质而产生的能

---

① 孟子此处并未直接将"恻隐之心""羞恶之心""恭敬之心""是非之心"合称为"四端",而是在论"不忍人之心"与"不忍人之政",进而带出四种心时,才以"四端"称之。如孟子所说:"恻隐之心,仁之端也;羞恶之心,义之端也;辞让之心,礼之端也;是非之心,智之端也。人之有是四端也,犹其有四体也。"(《孟子·公孙丑上》)这两处此四心的结构与意义相通,故文中为便于表示,径以"四端"或"四端之心"合称这四种心。

力之义。①

后世学者关于孟子人性论的争议，便是基于对"性善"的不同解读，这在历代注解中便已呈现相异的诠释系统。首位将孟子"性善"解为"本善"的应是宋儒朱熹②，如上引两段《孟子》的文本，朱熹在《四书章句集注·滕文公章句上》注解说"故孟子与世子言，每道性善，而必称尧、舜以实之。……时人不知性之本善，而以为圣贤为不可企及"。《四书章句集注·告子章句上》这一章之下的注解说："人之情，本但可以为善而不可以为恶，则性之本善可知矣。……盖气质所禀虽有不善，而不害性之本善；性虽本善，而不可以无省察矫揉之功。"③ 朱熹以"本善"定义"性"的内涵，接着再带出人之所以为不善的原因，以及为什么需要做工夫与需要做什么工夫以维持既有的善，或是将不善导回善。其间的层次暂时不在此处展开。

当代的新儒家学者牟宗三将宋明理学分为"五峰蕺山系""象山阳明系"与"伊川朱子系"④，认为朱熹是宋明理学中的"别子为宗"⑤，亦即朱熹不是正确地继承先秦孔孟思想的发展路径，而是另外开辟了一条解释的进路，而不如"五峰蕺山系"与"象山阳明系"的理学家的思想高度。牟宗三主要是以道德的自律与他律作为判断的标准，"五峰蕺山系"

---

① 这里的"才"通"材"，有质料、材质的意思，与作为本质意义的"性"有相通之处。然而，"才"与"性"毕竟不同，历来多将其视为依据"性"而表现出来的能力。赵法生与车小茜综合了赵岐注与朱熹的解释将"乃若其情，则可以为善矣"解释为"如果说到人性的天然真实状况，是可以为善的"，文中参酌了许多历代注解与当代诠释，参见赵法生、车小茜《孟子性善论中的性、情与理》，《杭州师范大学学报》（社会科学版）2019年第5期，第29页。本书对于"乃若其情，则可以为善矣"一句主要依据此文的解释。

② 刘振维也指出后人多依据朱熹的"性本善"观点理解孟子"性善"之义。自孟子到朱熹的人性论发展与演变虽具有哲学史上的重要价值，但两者的意义不同，须明辨清楚。参见刘振维《从"性善"到"性本善"——一个儒学核心概念转化之探讨》，《东华人文学报》2005年第7期，第86—122页。

③ （宋）朱熹撰：《四书章句集注》，载朱杰人、严佐之、刘永翔主编《朱子全书》第6册，上海古籍出版社、安徽教育出版社2010年版，第399—400页。

④ 牟宗三对于宋明理学的分系主要在《心体与性体》中有详细的梳理与论述，主要的段落可参见牟宗三《心体与性体（一）》，《牟宗三先生全集》第5册，台北：联经出版事业股份有限公司2003年版，第45—64页。

⑤ 牟宗三在《心体与性体》中多次提及，如其所言："伊川是《礼记》所谓'别子'，朱子是继别子为宗者。"牟宗三：《心体与性体（一）》，《牟宗三先生全集》第5册，第58页。

与"象山阳明系"在实践成圣上是逆觉体证的自律道德,而"伊川朱子系"则是受外在规范约束的他律道德,是故境界不如自律道德来得高。牟宗三的理论体系宏大,而且接续其研究的支持与反对立场皆有许多讨论,由于并非本章所要论述的重点,是故仅交代这一思想背景。此处所要指出的是牟宗三的后学对于宋明理学的理解在很大程度上受其影响,但在孟子"性善"的解释上,却采取了与朱熹相同的立场。牟宗三等人也并未强调这是朱熹的诠释,而是认为"本善"即孟子"性善"本来的意思。下一节将再论牟宗三等人的观点,由于本书主要着重于当代学者的论述,暂不梳理朱熹等历代注解的观点。

将孟子"性善"解释为"向善"者,最早应是钱穆。钱穆在《中国思想史》中解释"乃若其情,则可以为善矣,乃所谓善也"时表示:

> 人性可为善,也可为恶,但就人类历史文化之长程大趋势而言,人性之向善是更自然的。此即孟子性善论的根据。人性之趋恶,是外面的"势"。人性之向善,则是其内在的"情"。①

在《四书释义》论述孟子性善论时,引用了朱熹《答梁文叔》所说的"孟子见人即道性善,称尧舜,此是第一义"②之语解释《孟子·滕文公上》的"孟子道性善,言必称尧舜"。钱穆接着朱熹《答梁文叔》之后的解释说:

> 朱子此说,发明孟子性善之旨,最为简尽。盖孟子道性善,其实不外二义:启迪吾人向上之自信,一也。鞭策吾人向上之努力,二也。……人人同有此向善之性,此为平等义。人人能达此善之目标,此为自由义。……爰特揭此二义于先,以为考论孟子性善论之

---

① 钱穆:《中国思想史》,《钱宾四先生全集》第24册,台北:联经出版事业公司1998年版,第32页。
② (宋)朱熹撰:《晦庵先生朱文公文集(三)》,载朱杰人、严佐之、刘永翔主编《朱子全书》第22册,上海古籍出版社、安徽教育出版社2010年版,第2026页。

大纲焉。①

《四书释义》中解释"性善"如何解释尧、象、瞽瞍、舜等行为表现差异极大的人时，更表示人性不是全部的善，其云：

> 孟子之意，仅主人间之善皆由人性来，非谓人之天性一切尽是善。吾所谓启迪吾人向上之自信，与鞭策吾人向上之努力者，必自深信人性皆有善与人皆可以为善始，否则自暴自弃，不相敬而相贼，而人类乌有向上之望哉？②

由这几段解释可知，钱穆显然未考虑朱子人性论的理论系统，才会顺着朱子的一些论述就转化成人性向善的观点。虽然朱子在《答梁文叔》中未论及性本善之义，但是综观朱子的人性论诠释，应置于其一贯的本善论立场来理解才是。

进而言之，钱穆虽然指出孟子所言的"性善"有方向之义，而且是为了使人在实践过程中可以不断向上发展，而不是由于人性是全然的善，人就可以自以为是而不做儒家的实践工夫。钱穆实是带着一种对人的行为的期许而以向善解释人性，其解释的进路并不是严格的哲学论证，在进行哲学讨论的空间亦较小，其后学也未接着阐发这一观点。

傅佩荣提出人性向善论时并未参考钱穆的观点，而且论述的进路也不一样。傅佩荣更着重于概念的界定与儒家文本的哲学分析，可对话的空间较大，故后文将主要讨论其向善论的观点。以下先讨论"性本善"的观点。

第三节　中国港台新儒家的"性本善"诠释

中国港台新儒家几位学者虽然都主张"性本善"是孟子言"性善"

---

① 钱穆：《四书释义》，《钱宾四先生全集》第 2 册，台北：联经出版事业公司 1998 年版，第 252 页。

② 钱穆：《四书释义》，《钱宾四先生全集》第 2 册，第 254 页。

的本义，但在概念界说上，却有不同的说法。以下先就牟宗三的说法论起，理由是牟宗三在儒家人性论的义理研究上甚具代表性，接着再举出袁保新与林安梧的观点，以与性向善论者进行论辩的说法做出说明，试着从不同角度检视"性本善"诠释方式。

一 牟宗三对"性善"的诠释

牟宗三是中国港台新儒家的巨擘之一，对于孟子人性论的问题建构出完整的理论体系，在《圆善论》中对于人性课题做出颇为全面的处理，将"性"解释为人本有的性能。由于孟子所言的性，并不是告子所谓"生之谓性"的性，所以不可以视为人之生而就有的本质，而是以理性存有之实来界说此"性"，将此性赋予理性与超越的意义，于是此"性"是全然的善；"性"的全然的善落实下来，而成为超越且普遍的道德意义之心。

牟宗三对孟子言"乃若其情，则可以为善矣，乃所谓善也。若夫为不善，非才之罪也"中的"情""才""性"等概念与关系均有清楚的说明，其言：

> "人之情"即是人之为人之实，情者实也，非情感之情。才字即表示人之足够为善之能力，即孟子所谓"良能"，由仁义之心而发者也，非是一般之才能。故情字与才字皆落实于仁义之心上说。……"情"是实情之情，"其情"就是人之为人之实情。……"人之实"是就其"可以为善"说；可以为善即表示人有其足可为善之充分力量，而才字即呼应此力量，故此力量即良能也，才即良能之才。……"性"就是本有之性能，但性善之性却不是"生之谓性"之性，故其为本有或固有亦不是以"生而有"来规定，乃是就人之为人之实而纯义理地或超越地来规定。性善之性字既如此，故落实了就是仁义礼智之心，这是超越的、普遍的道德意义之心，以此意义之心说性，故性是纯义理之性，决不是"生之谓性"之自然之质之实然层上的性，故此性之善是定然的善，决不是实然层上的自然

之质之有诸般颜色也。①

根据牟宗三的说法,"性""情""才"皆是人所本有,而且皆是善的,只是进而分疏出来的意义有区别。

"情"是就实情而言,"才"指的是能力,而"性"则为人本有的性能,此三者皆扣紧"善"而言。"情"表示为人之所以为人之最真实内在的情感,而人性为善,故这样真实的情感也是善的。"才"意味着人具有足以为善的充分力量,也就是良能,人既然有这样一种能力,那么就可驱使人往善的方向,乃至于做出善的行为。孟子所说的"性"并非生理本能,仁义礼智之心普遍表现在每个人身上。依据人人皆有的仁义礼智之心,以至于可以说明"性"也是善的。人的本性无法用感官觉察而得知,但是透过人表现出来的善的能力("才"),以及真实的人之情感("情"),这些是可以透过观察而知的,并且普遍于每个人身上都可以观察得到,由此推知人之"才"与"情"必定是依据本来就是善的"性"而产生出来。由于推论的过程涉及观察、理性的反省,而且儒家有超越意义的"天"作为道德的根源,与"生之谓性"纯粹就生理本能而言的行为不同,故不可以当作同一层次的内容。

牟宗三虽未明确提出"性本善"一词,但就其言"'性'就是本有之性能……故其为本有或固有亦不是以'生而有'来规定,乃是就人之为人之实而纯义理地或超越地来规定",可以得知这是本善论的立场。这一立场必须回应的重要疑问就是恶到底从何而来?牟宗三接着说:

> 依人之实情,人既"可以为善矣"(有足可为善之充分力量以为善),他当然能充分行善。此即表示他的性是定善。至若他有时"为不善",这乃由于其他缘故而然(依《孟子》后文即是由于陷溺其心或放失其本心而然),并非其良能之才有什么不足处(有什么毛病)。②

---

① 牟宗三:《圆善论》,《牟宗三先生全集》第22册,台北:联经出版事业股份有限公司2003年版,第22页。

② 牟宗三:《圆善论》,《牟宗三先生全集》第22册,第25页。

这里明确说出人性是"定善",人会做坏事则是由于本心陷溺或放失,具体而言则是外在环境影响,加上自己未曾自觉或反省所致,但不能因为环境影响或自己未自觉就说本性并非全然是善。

二 袁保新对"性善"的诠释

袁保新明确使用"性本善"一词,以确立孟子言性善的本义。① 袁保新将孟子"即心言性"的理论形态,收摄为孟子"性善"的内涵;其对于性善的意涵,着重在心的功能上讲,此心"具有明照存在界及人伦社会之价值秩序的功能"②,而人本有的"四端之心"则是觉察人性本真的能力。袁保新根据孟子的"人禽之辨",厘清"性"的意涵,其云:

> 孟子是扣紧着人具体而真实的生活来区别人与禽兽的不同,因此他的人性概念指的是那贯穿于人的价值实践生活中的动力或本源,以及人之所以为人的"实现之理"。……如果利用孟子自己的语言来表达,它指的就是"由仁义行,非行仁义"的道德心灵。③

从这一段文字可以清楚地看出袁保新对于孟子所说的人性之诠释,将人性提升到先验的层次,可实现人之所以为人之理,肯定人性中的道德心灵,为性本善的说法定立理论依据,再借由"道德心"与"实存心"的分别,解释人之所以为不善的原因。

袁保新对于孟子所言的心,析论出"道德心"与"实存心"的区别。"道德心"是先验的,是道德生命实现的可能性基础,不受形躯物欲与外在世界的影响而有所变动,透过道德心的确立,使道德实践有先验的根据,同时也是道德实践的动力;"实存心"则是人的行为的主宰,可能受到外在环境的影响,而表现出不符合道德本真的行为。而"道德心"与"实存心"虽然可能造成不同的表现,但是在实际行为的主宰上,其实只

---

① 参见袁保新《从海德格、老子、孟子到当代新儒学》,第246页。
② 袁保新:《孟子三辨之学的历史省察与现代诠释》,台北:文津出版社1992年版,第48页。
③ 袁保新:《孟子三辨之学的历史省察与现代诠释》,第47页。

是一心,也就是说,"当它顺其内在的先验理则而动时,它就是'道德心'、'本心',或'仁义之心';但是当它不免受到形躯及外在世界的诱动,每每彷徨于真正自我之时,它就只是'实存心'而已"①。透过两个层次的"心",除了解释人之所以为不善的原因,同时也为"性本善"的理论建构提出根本上的依据。

分析出孟子言心的两层意义,除了对建立由心说性善的理论形态,也对人之为不善的原因从人性的内部进行寻索,抽绎出人之为不善不可仅就追逐耳目之欲而言,因为孟子并未否认生理官能的需求,亦即生理上的需求,不能用价值的标准进行分判,只要依据于内心,对于环境的需求有其道理可言,便不可骤下判断,说耳目声色的追求是不善的。就此而论,人之为不善必须再往内探索。

根据《孟子》文本,袁保新提出"弗思"才是孟子论述人为不善的根本原因。②"弗思"是指对于关联于自身的一切,乃至于立身处世的根本、人性的本质不用心思考,因此,造成本心陷溺,而陷溺的其实是"实存心"的层次,尚未牵涉"道德心",如此说法,再次确立了以"道德心"作为人性本善的保证与内在的根源。

三 林安梧对"性善"的诠释

林安梧在孟子人性论的处理上,提出"人性善向论"的说法,与傅佩荣的"人性向善论"进行论辩。在概念的界说上,林安梧提出将"性"作为本质义来理解。就孟子以水之定然向下而言,比喻人性之定然向善③,如果将"本善"理解为"人的本质是善的",则不合于孟子以水之就下比喻人性之善,也就是说,水既是定然向下,人性也定然向善。于是林安梧重新对"本善"进行界说,将这一个概念解释为"纯粹经验上

---

① 袁保新:《孟子三辨之学的历史省察与现代诠释》,第83页。
② 参见袁保新《孟子三辨之学的历史省察与现代诠释》,第68—74页。
③ 此处的文本依据是:"孟子曰:'水信无分于东西。无分于上下乎?人性之善也,犹水之就下也。人无有不善,水无有不下。今夫水,搏而跃之,可使过颡,激而行之,可使在山,是岂水之性哉?其势则然也。人之可使为不善,其性亦犹是也。'"(《孟子·告子上》)

的一个向度，而此向度本身为善"①。以孟子探讨的见孺子入井为例②，林安梧举《孟子·公孙丑上》的孺子入井一例表示，人只要见到小孩遭遇危难，善心必油然而生，由此善心而生起的纯粹经验，朗现了人性为定然向善的表现。③再回到水之就下的比喻，则人性定然向善，而不是以可善可恶的形态呈现。

　　林安梧认为中国哲学与文化为"气的感通"的传统，也就是人与人、人与物、人与天是合而为一的，根据《孟子》《中庸》与《易传》的宇宙观，反映出此万有合一的"整体的根源性动能"即是"诚"。④就孟子所说的"万物皆备于我矣，反身而诚，乐莫大焉"（《孟子·尽心上》）观之，透过自我反省而能察觉"诚"感通于天地之间，以"诚"作为这一整体功能的动力，亦即"向"而言，此动力本身即是善的。⑤林安梧顺着如此思路而证成人性"善向"的根源，由此强调儒家必然是重视实践的，在实践与根源必然得以确保的情况下，才能够以"善向"说"本善"，据此而完成其"人性善向论"的理论系统。

　　以上扼要介绍学界对于"性本善"所提出的三种说法，在此依序收摄以上三者的观点。其一，牟宗三以人之性为定善，并且为人所本有，虽未使用"性本善"一词，但既然提出人性的善的本质为人所本有，则其言论可明确看出应为本善的立场。其二，袁保新分析孟子所言的心具备"道德心"与"实存心"两个层次，而以"道德心"作为性善的保证与内在的根源，据此而言性本善。其三，林安梧以人之定然向善，并且透过强调儒家对于实践的必然要求，在实践与根源皆得以确保的情况下，才可说人性为本善。

---

① 林安梧、傅佩荣：《人性"善向"论与人性"向善"论——关于先秦儒家人性论的论辩》，第25页。
② 孟子曰："……今人乍见孺子将入于井，皆有怵惕恻隐之心。非所以内交于孺子之父母也，非所以要誉于乡党朋友也，非恶其声而然也。"（《孟子·公孙丑上》）
③ 参见林安梧、傅佩荣《人性"善向"论与人性"向善"论——关于先秦儒家人性论的论辩》，第25页。
④ 林安梧、傅佩荣：《人性"善向"论与人性"向善"论——关于先秦儒家人性论的论辩》，第25页。
⑤ 参见林安梧、傅佩荣《人性"善向"论与人性"向善"论——关于先秦儒家人性论的论辩》，第26页。

第四节 "性向善"的提出与理论依据

傅佩荣质疑"性本善"的说法，对于儒家人性论从根本处加以反思，对历来将孔孟人性论解读为"性本善"的诠释系统进行检讨，重新界说"性""善"等概念，赋予人性论以新义，试图为人之为不善寻出理论的依据，于是提出"人性向善论"。傅佩荣虽然对人性向善论的研究耕耘许久，已有可观的成果，但其理论系统的建立方式与诠释的脉络其实大同小异，是故这一节将引出其主要的观点以说明。以下从人性论所涉及的概念着手，再分析各个概念之间的关系，进一步呈现人性向善论的理论架构。

一 "性""善"与"向"的界说

傅佩荣以人具有自由选择的能力解释"性"概念，由于人具有这样的能力，所以能够对外在世界的事物进行认识与分辨，这样的能力也就是"性"之所在。人必须借由"心"来观照、主导，以心的觉知察照的能力，作为性的动力。因此，"性"有自由选择善恶的能力，自身即可辨别并选择方向，而得以成立"以向说性"的说法。傅佩荣在《孟子的人性向善论》中复以孟子言"四端"为例，说明"四端"就像人之四体（四肢），人虽然具备行善的能力，但是必须透过"扩充"才能表现成善的行为，是故心有"四端"仅是具备行善的能力，而不是心本身即是善的。傅佩荣至此已初步否定人性本善的观点，以下再对"善"与"向"的概念再做厘清。

傅佩荣将"善"定义为"人与人之间适当关系的实现"①，并且避免采取西方哲学对"善"概念的界说方式，而直接以《孟子》文本为例，指出善只适用于人与人之间的关系，也就是说如同"孝悌忠信"的表现，在于与父母、兄弟姊妹、上司、朋友之间的关系成立之后才出现②，而善

---

① 林安梧、傅佩荣：《人性"善向"论与人性"向善"论——关于先秦儒家人性论的论辩》，第22页。

② 参见傅佩荣《儒家"善"概念的定义问题》，https://blog.sina.com.cn/s/blog_4a57bcc90100g3nq.html。

的表现者是人，唯有人能自由选择行善避恶，人与人之间的适当关系建立起来之后，才可视为善的表现。由是言之，不能就性与心而言善，必须就行为表现出来之后，所建立起适当的关系，才可说是善的。

在解释"性"与"善"的意义与关系之后，便须透过"向"将"性"与"善"两个概念联结起来，傅佩荣在与林安梧的对谈中明确指出其所言"向"的意义：

> "向"就代表人性的可能性，人性是一种趋向，没有固定下来，唯其并非固定不移，所以才可能反其道而行，因此，以"向"说性，才能够顾及人性之自由选择的可能性。①

简而言之，此向即为人性的趋向，以向说性则表示人受外在环境的牵引时，必然产生一定的趋向而落实成为行动。相对于性本善论而言，人性向善论的说法指出，善恶的价值判准并非根于心，而是依据外在实际的状况，才可进行善恶的价值判断，人的心性所负担的功能只是在方向上做抉择，而朝向善的一方发展，因此，对于人之为恶也得出合理的说明。这样的说法，不同于此性为定然之善，或价值判准根于心而言性本善，也有别于人性定向善而行。

傅佩荣对人性论相关字词的界说大致如上，其历来的著作亦多以概念的界说与厘清入手，就着已建立的理论架构，诠释孔孟人性论，将孔孟的人性论皆建构为"人性向善论"。以下再就孟子的人性向善论做探讨。

二 孟子"人性向善论"的建构

以上厘清"性""善"与"向"之间的关系，其实已可看出"人性向善"的思维模式，傅佩荣即以此思维模式对孟子人性论再行诠释。傅佩荣举出《孟子》中的许多例子，说明孟子言性善为向善而非本善，首先是依据"善"的概念界说，善并不是本心所具备的价值判断标准，必

---

① 林安梧、傅佩荣：《人性"善向"论与人性"向善"论——关于先秦儒家人性论的论辩》，第22页。

须落实为生活的实际经验与行为方可言善，如果没有实际经验与行为，则无法判断善恶，是故仁义礼智根于心皆不可视为善，必须在将"四端之心"推扩而出之后，成为人与人之间的适当关系，才可以善说明这样的关系。

傅佩荣认为由于善端正是既发自内心又可自由选择的表现，是故在面对环境时，君子可以保存人与野人、禽兽之间难以觉察到的善端，而庶民则较难以保存，但仍可以借由工夫实践而找回善端。① 其举孟子原文为例：

> 孟子曰："舜之居深山之中，与木石居，与鹿豕游，其所以异于深山之野人者几希。及其闻一善言，见一善行，若决江河，沛然莫之能御也。"（《孟子·尽心上》）

> 孟子曰："人之所以异于禽兽者几希，庶民去之，君子存之。舜明于庶物，察于人伦；由仁义行，非行仁义也。"（《孟子·离娄下》）

舜是具有良知良能之人，具备高度的自觉能力，在儒家一直被视为圣王。然而，即便如舜这样的人，居于深山之中时，与野人差别极小，必须在"闻一善言，见一善行"时，方能引发内在向善的力量，这时向善的力量强大到如同江河溃堤般难以抵御其流向。由此可见，孟子并未以善解释舜的抽象之人性，而是以善形容具体的言行，是故善应落在具体的行为而言，而非用于解释抽象而不可以感官知觉的人性。

孟子说人与禽兽之别极小，只是一般人会把这一点差别抛弃，而君子会保存下来。由下文可知，这一点差别就是仁义的行为。如舜这样的圣王，尚且必须鉴察庶物与人伦，才能明白自己有行仁义的能力，仍是透过外在的行为表现以确定什么是仁义的行为。

如以上二例所示，傅佩荣认为这已充分说明人性向善，而非人性本善。这样论理的程序，是先建构"性""善"与"向"之间的关系，再引孟子所举的例子为证。就其理论架构而言看似无误，至于这样解释孟

---

① 参见林安梧、傅佩荣《人性"善向"论与人性"向善"论——关于先秦儒家人性论的论辩》，第29页。

子人性论是否适切,下节将继续探讨。

第五节 对"性善"的重新思考：条件的促成推动

以上对于"性本善"与"性向善"的理论形态做出扼要的说明,以下试着提出各种说法在哲学研究上的价值。

牟宗三等人以"性本善"诠释孟子人性论的说法,皆肯定人之为善的内在根据,而表现出来的善行,具有内在的根源作为保证,同时对于孟子言"性善"的义理解析得十分透彻。此处再列出以做对照。牟宗三贞定人的道德主体性,人性既为道德主体,则无有不善,就此而言性为定然之善。袁保新透过"道德心"与"实存心"两层的区分,道德心是人之所以为人的根本,是本善的;人之所以为不善是在实存心的层次,以此解释孟子言人之所以为不善的原因是心思的陷溺,亦即"弗思",是故只要人能反思自己的人性,即可证明道德心的存在。透过道德心的确立,即可证成"人性本善"的观点。林安梧是以"人性善向论"说明人性定向善,以此界说"性善",也是在说明人性向善的必然性,区别于傅佩荣所谓的向善并不是必定如此。

根据以上三位的理论,可以抽绎一个共通点,即界说"性善"的意义皆由性之本质而言,人之为不善的理由可能有如下两点：其一,由于人在起心动念时,无法全然表现善性,在"心""情""才"的层次有可能表现出偏差的行为,但不能据此说明"性"不是本善的;其二,由于环境的影响而导致行为的偏颇,但同样地,"四端之心"虽然是依据本善的"性"而发动,但可能由于环境的限制而无法落实成为善行。就此而论,善在性上而言是不被环境所决定的,环境至多只能影响具体的行为,不能影响人本性上是善的论证。

傅佩荣的理论架构立基于厘清"性"与"善"的概念,说明善不可能就人之性上说,只能就人与人的关系与人的行为落实而言,此概念的厘清是傅佩荣备受质疑之处,亦是其据以质疑本善论者的观点。性本善论者的疑问在于"向善论"的解释不合于孟子哲学的论述系统,在概念界说的方式上采取西方哲学的诠释方式,对于《孟子》原文的引证有所取舍，或者说傅佩荣将《孟子》解释得过于平浅，而未能在超越的、形上的层次上理解《孟子》的深意。

不论是上述的哪一种说法，皆是本于经典，展开论理程序之后，所得到的结论，纯就经典文本的诠释而言，皆有一定的道理。尤其今日的儒家哲学研究已经难以避免采取西方哲学的语言或思想解释儒家经典，但儒家经典却不能完全以西方哲学任一种理论形态定位，只能说是与西方哲学某一种理论相似或相关。牟宗三一系的学者多以康德解释儒家虽然达到了一定的高度，但对于《孟子》文本亦应保留一定的开放程度。傅佩荣虽自言是依据儒家经典的思路而提出人性向善论，但孟子毕竟未在"人性"之间加上"向"字，而且傅佩荣也避免不了在界说"善"时引用了西方学者的观点①，但这并不妨碍傅佩荣确实提出了一种有别于自朱熹以来对于"性善"意义的思考，并且引发相关的讨论②。是故笔者更倾向于承认双方立场的研究价值与贡献，但也应该在既有的研究成果之上，提出一些不同的想法，而在此之前，或可再回到《孟子》的文本解读来看。

首先，孟子言"性善"既然是在回应公都子的提问，也就是针对当时三大论性的主张做出回应，如果孟子将自己所言的性善立场解释为"向善"，代表此性仅有善的趋向，对于人为恶的解释只是受外物影响，而不能实现向善的行为，固然内在有向善的动力，但对于性既已解释为具有选择善恶的能力，如果仍将行善视为只是受到环境条件的驱使，那么动力的来源就没有必然的保证，如此一来，为恶或为善，似乎都只是

---

① 参见傅佩荣《儒家"善"概念的定义问题》，https：//blog.sina.com.cn/s/blog_4a57bcc90100g3nq.html。

② 萧振声在批评傅佩荣误解中国港台新儒家的实体论时即提到："傅先生虽谓本善论者把善性视为实体是一大困难，但遍观主张人性本善的学人，似乎都没有抱持'性善是（西方哲学意义的）实体'这一观点。也就是说，傅先生对人性本善论的第一项理解是不合乎学界通例的。"萧振声：《傅佩荣对"人性本善"之质疑及其消解》，第309—310页。萧振声认为中国港台新儒家所说的实体概念与西方哲学所说的实体概念有别，而傅佩荣则是依西方的实体概念批评中国港台新儒家，于是不符合学界通例。萧振声这一批评固然有其道理，但亦不能据此用来断定傅佩荣的观点是否合理，因为许多有创见的观点往往是不符合学界通例的，否则也就不足以称为新的见解甚至创见。当然，是不是新的见解或创见，与理论优劣并非必然的关系，新的见解在于有别于前人的观点，而理论优劣则是要依据论证的合理性进行判断，中国哲学则还要具有基本的文本解读能力之后才足以建构为哲学论题并论述。

偶然的情形。就此而论，似乎与"性可以为善，可以为不善"的说法没有什么差别。其次，若只能说人不行善而心不安，所以人会向善；但是如果人心不安却受限于环境而无法做出实际的行为，那么又该怎么去判断是否为善？由是言之，对于"性向善"的说法，恐怕有值得再做补充或修正的地方。

关于"性本善"的说法亦有值得再思考之处。中国港台新儒家肯定道德内在而为善的理论形态而对孟子人性论进行解析，但是在检视《孟子》文本时，发觉似乎并非一味地强调性善，而是至少具备两项以上的条件而促成，才产生关联于性善的行为、心念、情意等种种表现。像是孟子谈到当人面对"孺子将入于井"的情境时之反应，或是舜"闻一善言，见一善行，若决江河，沛然莫之能御也""舜明于庶物，察于人伦"等，都不仅是单一因素就能促成的，而是舜面对情境之后才使善性表现为善行。舜看到善行却不为恶，说明舜是善性被诱发，而不是恶性与善行相抗，善行的影响大过于恶性才导致舜表现善行。是故"性善"倾向于"性本善"之义是较为明显的，但孟子毕竟就是说"性善"，而未在"人性"之间加上"本"字。如果再考虑善向论与向善论的观点，孟子言"性善"也确实有方向的意义，但若在不同层次定向善或偶然向善，则需要依据人性与环境接触之后才能判断。职是之故，条件促成而推动"性善"的成立，可能是一个更适切地理解"性善"的思路，这不论是在道德根源或道德行为上，均可从《孟子》文本中找到依据。

再以另一种方式而言，透过"性善"的确立，为实践的道德行为找到内在的根据，但孟子既已肯定人性为善，那么环境的诱发，例如配合相应的场景，而使得解救孺子脱离危难的本意得以化成具体的行为（如《孟子·公孙丑上》"孺子入井"一章），或者当一个人的内心受到善言善行的影响，而随着表现出来，皆是至少在两项条件的促成之下，才得以实际表现出本于人性的行为。其中的条件，当然也包括外在诱发的动力。如果不具备环境、人性、善心、才能等诸多条件的促成，那么人性无论为何皆无法落实成实际的行为，即使就心而言，也无所谓主宰、判断、认知的可能，如此则失去了儒家哲学重视实践的工夫理路。当然，也不可据此而言人仅受外在的影响就能够朝着善的方向行动，否则也只是偏于一端，落于人性是否必然向善的说法。

第六节　小结

本章对于孟子"性善"议题的讨论暂时到此做个收摄，归纳以上的论点，分别从"性本善"与"性向善"两个思考理路着手，对于现当代学者的理论形态做出说明。从孟子对"性善"的界说延伸出"性本善"与"性向善"两种理论形态。性本善论者中以牟宗三、袁保新与林安梧三位学者的观点为主，分别陈述其对性本善的理解，呈现其理论架构，接着提出傅佩荣的"人性向善论"的诠释系统与本善论者进行对比。以这两种形态进行讨论，指出两者对于孟子论性的探讨，皆有可再反思与讨论的空间。面对"性善"的说法，提出以条件的促成推动为切入的视角，强调外在环境的重要性，与人性共同构成善行的完成，也证明"性善"的成立。

第 五 章

牟宗三的生命伦理学建构

第一节 前言

　　牟宗三作为中国港台新儒家的代表人物之一，对于当代中国哲学的发展有着重要的地位，无论如何批判其理论的瑕疵，皆无法抹杀其对于当代中国哲学的影响。然而，在牟宗三的《时代与感受》中显示出强烈的时代关怀，不禁令笔者思考一种情形，牟宗三的理论是为了回应时代问题而提出，那么在时代变迁之后，这样的理论是否还能够回应后来的问题？如果答案是肯定的，则牟宗三的理论对于现今的意义与价值是什么？是作为历史性的研究对象？还是其中有些内容是透过时代性的关怀，而提出具有普遍性意义的解释？从牟宗三对于许多问题的探讨中，我们可以发现其在人性、理性、德福一致、圆善、圆教等的论述上，都是试图为人类诸多方面的意义，找到普遍的理解与解释。若是如此，即便时代变迁，牟宗三的理论依然可以持续回应不同时代的问题，只是如何从其庞大的理论体系中整理出适合且有系统的论述，是需要谨慎处理的。本章即从牟宗三的关怀与圆善论体系，对应于当今的生命伦理学理论，以证明牟宗三的理论足以回应当前的问题，并且可建构出具有中国特色的生命伦理学理论。

第二节 牟宗三的现实关怀

　　牟宗三在《时代与感受》与《时代与感受续编》等书中皆强烈表现出其对于时代问题的关怀，有着迫切想要解决问题的态度与情怀，于是在思想与理论上提出了尖锐的观点。牟宗三透过对于西方哲学与中国儒、道、佛三家的判教后，指出最能解决当时问题的是儒家思想系统。立基于当时中国面临西学东渐的思潮，冲击中国的思想与文化，熊十力、牟宗三等新儒家学者有感于中国哲学在这个过程中所可能受到的伤害，遂试图全面且系统性地建构中国哲学体系，以回应西学的冲击。牟宗三透过全面地翻译康德与梳理中国思想经典，建立中国哲学的体系与发展脉络，展现中国哲学的主体性与特殊性，不仅足以与西方哲学分庭抗礼，并且有着西方哲学所不能及的维度。

在这样的背景下，牟宗三指出中国哲学起源于先秦时期的"周文疲弊"[1]，一路到宋明理学的发展，而有三系说的提出。在中国哲学的发展脉络中，儒、道、佛三家各有其背景与走向，并且在历史的长河中不断交融、对话、会通。三家之间的互动是既定的事实，但彼此之间的区别也必须清楚地认知，以避免系统上的混淆。就牟宗三的分判而言，儒家与道家同属于"纵贯纵讲"系统，佛家则为"纵贯横讲"。"纵贯纵讲"指的是由形上的本体创生道德主体，如儒家的"天命""天道"，以及道家的"道"，为人作为理性的存有者找到根源性的依据与说明，而道家的创生为"不生之生"，"道"虽有本体的意义，却在创生之后不再对人的理性与道德发挥影响和作用，是故只具有存有的姿态，而不如儒家的天道不断对人产生根源性的影响。佛家则不建立形上的本体，万物存在的意义并非透过创生而得，而是任凭自身的因缘而发展，借此说明一切法存在的依据，故仅是"纵贯横讲"系统。康德哲学在牟宗三的理解下，地位更是不如中国哲学的任一系统，因为康德的理论必须透过上帝存在的预设才能保证理性的实践，即使是纵贯横讲的佛家，均不需要透过上帝即能为成佛建立理论的依据。

除了三系说、纵贯纵讲、纵贯横讲等各种问题的探讨，牟宗三也意识到纯理论的建构，至多只能回应理论问题，对于现实情况难以改善，于是认为在儒家内圣与外王的基础上，应开出民主与科学，才能解决其

---

[1] 牟宗三:《中国哲学十九讲》,《牟宗三先生全集》第29册，第60页。

所认为的问题。① 牟宗三重视民主与科学的程度可见一斑，即便在实践上的影响有限，但仍无碍其对于时代问题的感受与回应。本章不拟评价牟宗三对于内圣与外王的分判是否合理与正确，而是要指出牟宗三为回应一个时代所做的努力，时至今日，是否也可以为吾人回应当今的问题提供一些可参考的思想材料与框架。

基于不同的关注视角与时空背景，从牟宗三的材料中可以进一步挖掘的议题也相当多样，而在我国近来备受关注的哲学议题之一，即生命伦理学方面的探讨，尤其是 2018 年贺建奎基因编辑事件与 2019 年邱仁宗、翟晓梅、雷瑞鹏与朱伟共同于《自然》（Nature）期刊所发表的"Reboot Ethics Governance in China"② 一文，对于新技术生命伦理更有重要的影响，表示我国未来面对生命伦理议题，不只是理论的探讨，还有个案与政策的考虑，而这也是伦理学从理论走向实践之后，又紧密结合政策考虑的一个新方向，标示着生命伦理学在这一个时代，对于哲学甚至全人类，将产生重大的影响。

就此而论，如果牟宗三的理论要继续回应未来的问题，其对于中国哲学的理论建构，是为中国哲学进行普遍性的解释，而中国哲学亦是为人性、世界、社会、实践等方面提供普遍性的解释，则应为牟宗三思考其理论如何回应在他之后所产生的问题，而不是仅止于理解其思想内容而已。今人或可换个方式询问牟宗三，如果在当今之世，出现了如生命伦理一般的问题，而生命伦理亦密切与人性、世界、社会、实践等方面相关，则其所提出的圆善论、纵贯纵讲、纵贯横讲等，如何为生命伦理提供判断的依据、实践的参考呢？既然牟宗三因对于其时代的重视，产生了庞大的理论建构，则今人若重视牟宗三，亦应如其重视自己的时代一般，也关注今日的问题，才能使牟宗三的研究走出时空背景的限制。

---

① 参见牟宗三《时代与感受》，《牟宗三先生全集》第 23 册，台北：联经出版事业股份有限公司 2003 年版，第 337 页。
② Ruipeng Lei, Xiaomei Zhai, Wei Zhu & Renzong Qiu, "Reboot Ethics Governance in China", Nature, Vol. 569, May 2019, pp. 184–186.

第三节　牟宗三的圆善与圆教理论

诚如前述，牟宗三的理论有着相当丰富的内容，如杨泽波即将其分成"坎陷论""三系论""存有论""圆善论"与"合一论"五大部分①，事实上，这五个理论之中还包含诸多的问题可更细致地探讨，甚至可能还有些论述不能归属于这五个理论之中。然而，如果要将牟宗三的理论进行一个整体性的把握，或者说是其论述最终所要完成的目标，即是"圆善论"的提出，因为终其一生，不论是对于康德、儒、道、佛，以及中国各哲学家的阐述，皆是要证成最圆满的善如何可能、是否可能等相关的问题，其中即涉及各家的系统与论述方法的完整性与圆满性，亦即圆教的问题。而圆善与圆教的论述，与生命伦理学的基本论述进路有着不谋而合的高度相似之处，关于此点则容后再述。是故若要整体性地把握牟宗三学说的理想形态，及其与生命伦理学的相关性，则应理解牟宗三的圆善与圆教内容。

牟宗三在《圆善论》《中国哲学十九讲》《时代与感受》等书中皆对圆善与圆教的内容进行阐述。依照《圆善论》，圆善字面上的意义即"圆满的善"，但是什么才是圆满？总而言之即"德福一致"，而使圆善能够成就的就是圆教②，也就是圆满之教、圆实之教。如牟宗三所言：

> 凡能启发人之理性，使人运用其理性从事于道德的实践，或纯净化或圣洁化其生命之实践，已达致最高的理想之境者为教。圆教即是圆满之教。圆者满义，无虚欠谓之满。圆满之教即是如理而实

---

① 参见杨泽波《贡献与终结：牟宗三儒学思想研究》，上海人民出版社2014年版；杨泽波《走下神坛的牟宗三》，中国人民大学出版社2018年版。关于杨泽波这两部专著的评述，参见陈迎年《儒学·道德本体·存在论——评杨泽波〈贡献与终结：牟宗三儒学思想研究〉》，《思想与文化》2015年第17期，第297—317页；杨少涵《书评：杨泽波，〈贡献与终结：牟宗三儒学思想研究〉》，《哲学与文化》2015年第42卷第12期，第167—172页；李明书《书评：杨泽波，〈走下神坛的牟宗三〉——方法论的反思与批判》，《哲学与文化》2020年第47卷第2期，第185—189页。

② 如牟宗三所说："德福一致是圆善，圆教成就圆善。"牟宗三：《圆善论》，《牟宗三先生全集》第22册，第264页。

说之教,凡所说者皆无一毫虚歉处。故圆满之教亦曰圆实之教。①

圆教可在理论与实践上证成圆善的可能,只要教法圆满而无虚歉,理论与实践皆完美地达成,则导致的结果,亦必然是善的。当然这必然的善,不表示现实环境、实际生活的改善,而是境界、心境上的完善。

牟宗三进而区分了康德与中国哲学的差异,康德与中国的儒、道、佛三家系统各有其圆善与圆教的论述。牟宗三的论述进路,是先从康德的圆善入手,接着依序转入中国佛教、道家,最后则是儒家。在康德,"圆满的善(圆善)是纯粹实践理性之对象与最后目的"②,但必须透过上帝存在与灵魂不灭才能达成。

佛教在华严宗的发展并未达到真正的圆满,至天台宗依《法华经》而确立了圆满之教,透过"即"将看似相对的概念衔接起来,如"烦恼即菩提""生死即涅槃",牟宗三称为"诡谲的'即'"。③ 由于天台宗不立根源性的说明,也无建立本体、主体的论述,故两者并非独立体,亦非在一个独立体中所形成的两种对立的概念,所以可以如此相即而成立。虽然天台宗言"一念三千",借此说明世间存在("一切法")的依据,但由于并未建立本体、主体的论述,"一念"亦无根源的依据,则也相当于未对"一切法"进行根源性的说明,于是牟宗三将佛教判定为"纵贯横讲"的系统,"可达至佛教式的'德福一致'之圆善"。④

道家的教法类似于佛教"诡谲的即",因为道家多从否定的"无"以肯定"有",如牟宗三所举的"绝圣弃智,绝仁弃义,绝学无忧"(《道德经·第十九章》),却能达到人民、社会、修养上的提升。⑤ 道家虽言创生的意义,如"道生一,一生二,二生三"(《道德经·第四十二章》),但是由于道家未从正面肯定创生的意义,而是从否定以肯定正面的"有",故较之于佛教,似已有对于存有的根源性说明,但却只是作用上的保存,而非如儒家一般,从正面的道德意识入手。

---

① 牟宗三:《圆善论》,《牟宗三先生全集》第22册,第260页。
② 牟宗三:《圆善论》,《牟宗三先生全集》第22册,第181页。
③ 参见牟宗三《圆善论》,《牟宗三先生全集》第22册,第266—267页。
④ 牟宗三:《圆善论》,《牟宗三先生全集》第22册,第278页。
⑤ 参见牟宗三《圆善论》,《牟宗三先生全集》第22册,第281页。

牟宗三定位儒家为圆善与圆教的最理想形态，相较于康德、佛教与道家，儒家直接从道德意识入手，不需要透过上帝存在与灵魂不灭的预设，可由人的无限智心创造万物的意义。并且从正面肯定万物的存在，而不如佛教仅是透过因缘解释万物的存在，却无根源性的依据，因为儒家的根源是人的无限智心，亦可上推至天道直接下贯于人心；也不如道家仅是作用的保存，虚化实体的意义。儒家的圆教显得直接而正面，又能落实到具体的人伦日用，不如佛、道来得迂回（"诡谲"），即可证成圆善。《圆善论》中有多处将儒家与佛教、道家对举，而指出差别之处，例如下面两段文字：

> 儒家义理之圆教不像佛道两家那样可直接由诡谲的即，通过"解心无染"或"无为无执"之作用，而表明，盖它由道德意识入手，有一"敬以直内，义以方外"之道德创造之纵贯的骨干——竖立的宗骨。①

> 在心意知物浑是一事之情形中，好像不是纵贯纵讲，而是纵贯横讲，这样便与佛老无以异。实则仍是纵贯横讲，只因圆顿故而"纵"相不显耳。因为此意知仍是创生一切存在之心意知，而且亦仍是以"敬以直内义以方外"为其基本底子，并非只是"无为无执"之玄智，亦非只是"解心无染"之佛智。此后两者皆是无创生性之无限智心也。……在道家只是玄德，在佛家只是清净德。此只是消极意义的德，非正物，润物，生物之积极意义的道德创造之德。故仍非大中至正保住道德实践之真正圆教，实只是解脱之圆教。②

从这两段话以及前文的论述来看，即可明显地看出牟宗三对于三教的定位与优劣分判，即以康德作为西方哲学代表，提出了具有普遍性意义的哲学问题，在中国哲学面对这个哲学问题时，如何建构回应的理论。

这样定位与分判固有许多再议的空间，学界也有许多讨论与反思，例如牟宗三对于康德、中国哲学的理解是否正确，或是其语言概念之间

---

① 牟宗三：《圆善论》，《牟宗三先生全集》第22册，第305页。
② 牟宗三：《圆善论》，《牟宗三先生全集》第22册，第327页。

的模糊性，导致后人理解牟宗三的困难。诸如此类的问题，固然造成认识牟宗三理论体系一致性的困难，却也是研究一个庞大哲学体系的重要材料。然而，若同情地理解牟宗三的现实关怀，则或可暂时不需对其理论的正确性与一致性进行太过严厉的批评，而是应看到其理论的有效性，是否确实为其所关怀的现实问题提供了具有影响力的回应。若从牟宗三在学术上的影响而言，自其以后，引发了我国学界在许多理论层面回应西方哲学问题，以及国人至西方"取经"之后，丰富我国研究成果，则确实是达到了一定程度的影响与效果。就此而论，牟宗三的圆善与圆教理论是否还足以回应今日的问题，是其理论价值是否得以延续的关键。

第四节　生命伦理学的两种论述路径

如前所述，不论是牟宗三的理论体系，或是当今的哲学问题丰富而多样，本书自是不预设牟宗三的理论足以回应所有的哲学问题，但是从众多的问题中，挖掘到密切相关的部分，却是吾人可以尝试的工作。

从上一节的梳理可知，圆善是透过圆教而达成的理想形态，各家各有其圆善与圆教的形态，彼此之间虽可比较高低优劣，但牟宗三亦不否认各家可自行证成自己圆满的系统。圆善与圆教之间的关系，则是各家透过不同的教法，而证成的理论上的圆满，进而在实践上亦可达成圆满的境界形态。这种关系架构与生命伦理学的证成关系之间，有着可相呼应的联结，并且可从牟宗三的圆善与圆教论述中，提供生命伦理学以一种中国哲学系统性的建构。

自比彻姆（Tom L. Beauchamp）与邱卓思（James F. Childress）撰写《生命医学伦理原则》（*Principles of Biomedical Ethics*）[①] 以来，其中的生命伦理四原则，以及伦理学理论与生命伦理议题之间的思考和应用关系，引起重大的反响。其中不乏支持、修正与增补的讨论，如李瑞全从儒家的立场出发，在"尊重自主原则""不伤害原则""有利原则"与"公正原则"上，加上"各尽其性分原则"与"参赞化育原则"，作为儒家有

---

① 参见［美］汤姆·比彻姆、詹姆士·邱卓思《生命医学伦理原则（原书第8版）》，刘星等译，科学出版社2022年版。

别于西方观点下的生命伦理原则，更能彰显儒家特色，以及实践上的应用。① 在《生命医学伦理原则》中，伦理原则与理论的建构皆需导向伦理议题的应用与实践层面，因为生命伦理议题所要解决的，不能单是理论问题，而是必须达到一定程度的应用效果，因此理论的完备程度也许不如传统的理论建构，但在生命伦理的讨论上，是可适当地被允许的。尤其生命伦理议题推陈出新，过往的理论本就不是为了新兴的议题与情境而准备的，是故势必在理论上有所调整，以实现最大的解决效力。

在《生命医学伦理原则》第十章中，探讨生命医学伦理原则的方法和道德论证，指出"自上而下"与"自下而上"两种模式，"上"指原则、理论，"下"指案例、个人判断。由于生命伦理案例与情境的独特性，新议题的产生往往是由少数个案逐渐受到重视而形成的，因此不能仅止于理论的套用，必须兼顾伦理原则与案例的对应，于是形成了从原则演绎地推论个案的解决方法（"自上而下模式"）②，或是从归纳案例推论出适合某一案例类型的伦理原则（"自下而上模式"）③。这两种方法各有利弊，前者是伦理原则难以处理所有的、细化的案例，却能为相似的案例整理出一种可供参考的模式；后者虽可逐一处理不同的案例，却因不同案例之间的差异，而可能无法归纳出一致性，每个案例都只能个别处理。为了解决这两种模式的困难，比彻姆与邱卓思提出了一致性理论与公共道德理论，指出伦理原则之间以及伦理与个案之间冲突时，决策者可以提出一个尽可能符合不同原则与案例之间的方法。④

此处暂不细究比彻姆与邱卓思的解决方法是否得当，及其理论至今是否还须进一步调整，还有这些原则在中国文化背景之中的适用性如何。无论如何，生命医学伦理四原则，以及在西方伦理背景下提出的自上而下与自下而上两种模式，都标示着这是生命伦理学面对案例时的基本思

---

① 参见李瑞全《儒家生命伦理学》，新北：鹅湖出版社1999年版，第63—66页。
② 参见［美］汤姆·比彻姆、詹姆士·邱卓思《生命医学伦理原则（原书第8版）》，第459—466页。
③ 参见［美］汤姆·比彻姆、詹姆士·邱卓思《生命医学伦理原则（原书第8版）》，第466—473页。
④ 参见［美］汤姆·比彻姆、詹姆士·邱卓思《生命医学伦理原则（原书第8版）》，第473—489页。

考模式，也是当我们在举出任何案例时，即会依据四原则的架构，对应案例的情境，评估处理的方法，进而在原则与方法之间进行调整。如果案例常见，或已有借由某些原则以解决的先例，则从既有的原则演绎推论处理方法，可达到一定程度的效果；如果案例特殊，或是首例，则以个案本身可被解决的程度为评估的基础，逐渐归纳出相似案例的解决方法。

生命伦理学因考虑案例，而有别于一般的伦理学理论，至少抽象程度或解释效力而言，不如功利主义（utilitarianism）、义务论（deontology）之类来得普遍。然而，在问题的解决上却较为及时，并且富有较强的实践意义与价值。就这一点而言，与中国哲学较强的实践性格相似，在建构理论的过程中，皆不断与实践紧密地关联在一起，而不仅抽象地思考哲学问题而已。牟宗三提出圆善与圆教理论，即是为了回应康德实践理性而立论，借由圆教而达成圆善，不只是理论上的证成，更有实践上完成的意义。圆善与圆教之间的关系，即有如生命医学伦理的"自上而下"与"自下而上"两种模式，使得牟宗三的理论可以在回应当代生命伦理问题时，提供一种崭新的思考。

第五节　从圆善与圆教建构生命伦理学理论

经由以上两节分别论述牟宗三与生命伦理学的理论内容，这一节即将在两者之间进行有机的融通与对话，以证明牟宗三的理论若进一步延伸，有助于回应当代的哲学问题，继续实现其对于现实的关怀。

在《圆善论》中，虽然可见牟宗三对于康德与儒、道、佛三教的分判与评价，但其同时也保留了一种态度，就是在各家系统中，可以自圆其说，达到自身系统的圆满。如其在《圆善论》中解释"迹本圆"所说：

> 迹本圆融亦名曰"体化合变"，会通万物而无隔。故"至高之所以会者为下"。"会者"即那"能体化合变会通万物而无隔"者。会通无隔，则在视听之表者亦在视听之内，最高者亦最低，亦"当下即是"之义也。此在儒家名曰"极高明而道中庸"，在道家名曰"和光同尘"，在佛家名曰"烦恼即菩提，生死即涅槃"，一是皆可以迹

本圆（迹本相即）表达之。①

"迹本圆"在儒、道、佛三家皆可表现，只是各自使用的概念与具体实践行为不同，而在牟宗三设定的以道德创生、道德意识作为标准的前提下，能满足其标准的才是最高级、圆满的系统。纯就理论的标准而言，此点固有待商榷，事实上学界也已有许多讨论，这里就不再深究。然而，就其同意各家理论的圆满而言，其实满足了生命伦理学在理论与实践上的某些要求。

牟宗三在《时代与感受》中，落实到文化与实践层面时，更显示其对于不同文化与思想系统之间的包容。其言曰：

> 你可以信仰佛教，信仰基督教，或是其他的宗教，但不管你信仰那种宗教，总要肯定普遍的人道……中华民族的圣贤历代都自觉地有这种各部门各归其自己的要求，他们有一凌虚的理性，使得各部门各得其所。这凌虚的理性不能对象化，也不能特殊化。家庭、社会、国家等都各有客观的地位，各有特殊的意义，理性却在此之上，使各部门各得其恰当的地位，各得其所。再扩大来说，理性就是《中庸》所谓的"致中和，天地位焉，万物育焉"。②

在不违背人道、理性的要求下，牟宗三认为各种文化与思想系统有其适用的范围，可安立个人与家国天下各得其所。亦即即便可制定一些标准而评判不同的思想系统，但是只要这些思想系统不违背人道或理性的基本要求，则并无绝对的对错可言。如同儒、道、佛在牟宗三看来虽有优劣，但也只是理论上的圆缺，并非道、佛系统有着什么逻辑证成上的谬误。既然承认三教系统各有其价值，则其价值则体现在理论的深度与实践的应用上，也就是三教的圆善与圆教理论，对于理论于实践究竟提供了回应当前问题的什么贡献？

再从圆善与圆教的关系来看，圆善所要保证的是理论上的圆满，圆

---

① 牟宗三：《圆善论》，《牟宗三先生全集》第22册，第286页。
② 牟宗三：《时代与感受》，《牟宗三先生全集》第23册，第116—117页。

教则是证成圆善的方法；一个系统的理论圆满形态，通常只有一种；但是圆满的教法可依据特定的情况、个人而异。如孔子是儒家理想圆满的圣人形态，但是如何成为圣人，在实践上可以透过一些原则来把握，却不能执守于固定的方法。即使有些方法是常道、常态，但是遇到特殊的个案时，亦须有所调整或通融。儒家常言的经权关系，佛教的随缘示现，以及道家的自然，皆是在表达这些道理。一旦个案情况特殊时，在实践过程更需要时刻检视这样的方法是否有违各家的基本原则，孟子的"嫂溺援之以手"（《孟子·离娄上》），目的在于"仁"的体现，即便一时有违社会风俗，但"仁"才是更高的、更普遍的原则。在生命伦理上，救人是医生首要考虑的目的，而不是以既定的风俗或个人名誉、利益为优先，再考虑救人与否。

进而从生命伦理原则而言，上一节论及生命医学伦理的"自上而下"与"自下而上"两种模式，前者是以一种原则、理论的把握以应对所有相似的案例，后者则是以案例为基础，逐渐归纳出对同一类案例的应对方法。在圆善与圆教的理论建构下，儒、道、佛的圆善，或者最基本而不可违背的原则，即相当于生命医学伦理的"自上而下模式"，如同我们认识并学习儒家的"仁""圣人"之表现，可以理解儒家的理想形态，可由人的道德意识直接发用而使所有行为圆满而无虚歉。若这是对于人的普遍性解释，则今人在面对新出现的生命伦理案例时，亦应朝这个方向实践，才能达到儒家的圆善。然而，古人毕竟未能经历现今的时空，则在分析与归纳新出现的各种案例时，须检视应对的行为是否有相似的模式，或相当程度的一致性，甚至无形之中契合于某种文化背景，当相似案例积累到一定的数量时，对于某种案例的行为亦将可能越来越圆满。

虽然圆善与圆教理论可与生命医学伦理学两种模式对照，而提出具有中国哲学或牟宗三哲学特色的生命伦理学理论，但不可忽视的是两者之间仍存在着明显的差别。生命医学伦理的"自下而上模式"尤其明显，此模式的提出，即是在不具有任何理论背景的情况下，以案例的决策实践为优先考虑，重视案例本身的处理及其问题的解决。[①] 相较于圆善与圆

---

① 参见［美］汤姆·比彻姆、詹姆士·邱卓思《生命医学伦理原则（原书第8版）》，第466—467页。

教的关系，即使在圆教上可接受各种不同的方法，并且可因时因地制宜，但皆是在既定、已承认的理论系统下，而提出的教法，势必带有对于一种理论优先的理解，以此理论为背景，再思考所有的决策实践行为是否符合这种理论。若是如此，在圆善与圆教的关系上，并无纯粹的圆教可言，而是必须以圆善为基础，进而思考是从圆善下贯而来的圆教，还是受到圆善影响之后再不断强化的圆教实践。前者固是较为接近"自上而下模式"，后者则事实上并非一般生命医学伦理上的"自下而上模式"，而是有着本质上的改变。

这种本质上的改变，虽与比彻姆、邱卓思的观点有别，但无碍于以圆善与圆教建构一种具有中国哲学特色的生命伦理原则，因为中国文化影响所及，中国传统思想对于国人的影响甚为深远，很难说有一个中国人是从未接受过任何一种思想的影响，只是影响的深浅与复杂程度不一而足，需要自身反思才能够进一步地厘清。一旦稍加厘清，即可自觉自己的行为是受哪一种圆善系统的驱使，而可一一导向圆善而实践。

第六节　小结

本章从牟宗三的现实关怀论起，笔者认为可以以其理论回应现今的问题。因生命伦理学是今日重要的理论与实践问题之一，并且在形式上有着与牟宗三圆善论相似之处，故本章分别论述两者的理论内容，进而论述其相似之处。圆善与圆教的关系，有似于生命伦理学中的"自上而下模式"与"自下而上模式"，但圆善论涉及对于一个思想背景的基本认识后，才能提出的实践模式，相较于"自下而上模式"，并非全然地对应。虽是如此，却也是牟宗三哲学中别具特色的一环，可用以建构出具有圆善论色彩的生命伦理原则。本章之作只是初步的构想，还须理论的细化与案例的补充，才能更为充分地展现牟宗三与生命伦理学之间的特色，尚待未来持续完成。

应用篇

第 六 章

消解超越性的价值：
儒家角色伦理学的实践与应用

第一节　前言

安乐哲长期以来借由大量翻译儒家经典，以及从事儒、道、佛哲学的研究，将中国哲学向海外推广，具有相当程度的贡献。其用力较多且受到广大回应的，主要在于儒家哲学关于"超越性"①的见解，以及"儒家角色伦理学"（Confucian Role Ethics）的提出。从稍早与郝大维（David L. Hall）合著的《通过孔子而思》②一书，直到近期出版的《儒家角色伦理学——一套特色伦理学词汇》，历经二十余年，坚持其一贯的消解儒家形上思想的立场，并且将此一立场论述得更加完备。安乐哲除了陆续回应长期以来所接受的批评，也通过该书的出版，细腻地解读先秦儒家经典，以证明这一理论受到相当程度的文本支持。

安乐哲认为儒家思想是"关联性思维"（correlative thinking，也作"关系性思维"），不存在任何对立、二元的观念，是故不应将儒家的

---

① 《儒家角色伦理学——一套特色伦理学词汇》中将"超越"（transcendence）皆译作"超绝"。本书为求行文上的一致，除征引部分，一律使用"超越"。参阅 Roger T. Ames, *Confucian Role Ethics: A Vocabulary*, Hong Kong: Chinese University Press, 2011；[美] 安乐哲《儒家角色伦理学——一套特色伦理学词汇》，[美] 孟巍隆译，田辰山等校译，山东人民出版社2017年版。

② David L. Hall and Roger T. Ames, *Think Through Confucious*, New York: SUNY press, 1987；[美] 郝大维、安乐哲：《通过孔子而思》，何金俐译，北京大学出版社2005年版。

"天""道"等概念理解为超越性的存在,以免造成二元式的思维。① 例如《论语》中的"天"往往不是以与人相对的超越性存在出现,而是拟人化的,内在于人(孔子)之中的情意或理想的投射。② 安乐哲采取这一严格意义的超越性概念,称为"严格的超越"(strict transcendence),借由此一超越意义,指出儒家哲学甚或中国哲学皆不存在这种严格的超越,推论出儒学不具有形上思维的立场,以及儒家角色伦理学的合理性。

儒家角色伦理学依据先秦儒家的背景,建构从家庭扩展到社会,乃至家国天下的各种角色,故其立论的基础,在于证明家庭角色是儒家思想的核心。人的重要性在于成人的过程,儒家重视的是如何将一个人培养成在家庭与社会中皆能应对自如、充分发挥角色功能的人,而不在于探索人的本质,为人下本质性的定义。成人的起点在于一出生所接触的家庭,家庭即儒家角色伦理学论述成人与各种关系的起点,以此辐射社会、国家等关系的建立。③

当代学界常以西方的规范伦理学(normative ethics)如康德义务论伦理学、美德伦理学(virtue ethics,也译作德性伦理学、德行伦理学)等理解儒家哲学,但安乐哲认为角色伦理学是一种不需借由西方理论与哲学思维方式即可理解儒家哲学的一种理论,有别于规范伦理学,将儒家的概念视为伦理原则,以规范人的行为④;也不同于美德伦理学,将人性

---

① 关联性思维与下文将提及的"过程哲学"(process philosophy),皆取材于怀特海(Alfred North Whitehead)的论述。参见[美]安乐哲讲演《理性、关联性与过程语言》,载[美]安乐哲著,温海明编《和而不同:比较哲学与中西会通》,北京大学出版社2002年版,第51—82页。

② 参见[美]安乐哲《孔子思想中宗教观的特色——天人合一》,《鹅湖月刊》1984年第12期,第43页。

③ 参见[美]安乐哲《儒家角色伦理学——一套特色伦理学词汇》,[美]孟巍隆译,田辰山等校译,第110页。

④ 如安乐哲所说:"儒家'角色伦理'当然给出了对行为的指导性规则,但是它不是求诸'抽象'的'原理'价值或者'德行'(virtue),而是从根本上根据我们实际熟悉的、社会的'角色'而找到'指南'。"[美]安乐哲:《儒家角色伦理学——一套特色伦理学词汇》,[美]孟巍隆译,田辰山等校译,第178页。

第六章　消解超越性的价值：儒家角色伦理学的实践与应用　/　81

中的德性视为优先于行为的善。① 虽如此，为了强化家庭角色在儒家思想中的重要性及其现实意义，并且反思西方个人主义的问题②，安乐哲引入了杜威（John Dewey）的"实用主义"（pragmatism，或作实验主义）、怀特海的关联性思维与过程哲学，以及桑德尔（Michael Sandel）的"社群主义"（communitarianism）③ 等观点，并且在唐君毅的学说中也得到相应的支持④，以此强调儒家哲学和这些哲学系统有着相似之处，将人视为家庭、社会的成员，不能脱离其中而单独成立。儒家角色伦理学是一个可以充分表现儒家哲学特色的学说，具有经典上系统性的支持，不须在西方伦理学的脉络下，进行削足适履的调整或修正。

这一立场与中国港台新儒家如牟宗三及其后学透过康德理解儒学，极力探讨人的理性本质、人之所以为人的理由，以及以"天"作为人存在的保证等观点有着截然不同的区别，也因此招致许多的批评。批评的要点，多是针对安乐哲对于超越的定义与选用过于狭隘，不能确实把握儒家思想的深刻意涵。有些学者虽看到安乐哲理论的特色，却多是重申其与众不同之处，并未试图为其辩护或接续其研究，也未能开展儒家角色伦理学在实践方面的指引，如何如安乐哲所重视的生活中的角色一般，为人际关系中的各种伦理建构一种模式或思路，以发挥儒家哲学在今日

---

① 黄勇与沈顺福皆曾以美德伦理学立场对角色伦理学进行批评，参见沈顺福《德性伦理抑或角色伦理——试论儒家伦理精神》，《社会科学研究》2014年第5期，第10—16页；黄勇《儒家伦理作为一种美德伦理——与南乐山商榷》，《华东师范大学学报》（哲学社会科学版）2018年第5期，第16—23页。安乐哲表示："儒家角色伦理并不与德性伦理（virtue ethics）或其他什么伦理'理论'搞竞争，其实它更是一种道德生活观，它不接受'理论/实践'二元对立。"［美］安乐哲：《儒家角色伦理学——一套特色伦理学词汇》，［美］孟巍隆译，田辰山等校译，第5页。更为详细地批判儒家不应被理解为规范伦理与美德伦理，可参见［美］安乐哲、罗斯文《早期儒家是德性论的吗？》，谢阳举译，《国学学刊》2010年第1期，第94—104。

② 参见［美］安乐哲《儒家角色伦理学：挑战个人主义意识形态》，《孔子研究》2014年第1期，第7页。

③ 安乐哲强调社群主义对于建构角色伦理学的重要性，可参见［美］安乐哲《儒家民主主义》，载［美］安乐哲著，温海明编《安乐哲比较哲学著作选》，孔学堂书局2018年版，第315—316页。

④ 参见［美］安乐哲《儒家角色伦理学——一套特色伦理学词汇》，［美］孟巍隆译，田辰山等校译，第90页。由此可知，儒家角色伦理学其实杂糅了中西方的思想背景，而不止于在中国语境下提出概念。虽然安乐哲极力排除"超越"这样较明显的西方概念，但在全球化的当代语境下，中西方概念的交互使用若能呈现思想的深度，实也有可取之处。

的现实意义，是本书较为关心的问题。

安乐哲的儒家角色伦理学重视角色与关系的建立，使角色伦理学所把握的儒家思想之现实意义，得到充分的展开，例如家庭角色如何尽孝，人如何择友而处，孺子将入于井时救人者和孺子的关系如何呈现，等等。虽然儒家角色伦理学的应用性十足，但我们从安乐哲的研究中始终未看到其对于现实议题的处理与回应，仍然停留在儒家伦理学形态的建构层次，这或许是其理论至今未能有所突破的部分原因。鉴于此，本章将再次评估儒家角色伦理学的理论意义与价值，从其所具有的实践与应用之思想内涵，指出儒家角色伦理学应把握其核心角色与关系意义，从而发展出具有实践价值的伦理思想。以下将先评估其理论优劣，接着为其重视实践的一面进行辩护，再证明儒家角色伦理学对于个人实践，以及伦理道德在日常应用方面确有一定的指导作用。最后，由于家庭是儒家角色伦理学展开的基础，是故在评估其理论之后，将着重于以儒家角色伦理学建构具有儒家特色的家庭伦理，为今日安顿家庭生活提供思想上的指引。

第二节　儒家角色伦理学的理论评估

一　儒家角色伦理学的价值来源

儒家角色伦理学建立在消解儒家形上思考的超越意义之基础上，亦即价值的来源并非诉诸超越的形上主体或实体，这一基础又建立在安乐哲对于超越一词的定义之上。自《通过孔子而思》至《儒家角色伦理学——一套特色伦理学词汇》，安乐哲皆坚持这样的立场，并不断为此进行解释，如其所言：

> 尽管这似乎已是一个被广为接受的观点："严格的超绝性"在认识古代中国宇宙论上没什么用处；可我们还是有必要一开始就尽可能做到明明白白，即明白这个"严格哲学超越性"是什么意思，因为这个"超绝性"在西方是随处可见的哲学蕴含。……"严格"哲学或神学"超绝性"，就是声称一种独立和地位高高在上的原则"甲"，它始作、决定着、主宰着"乙"，而这是不可颠倒的顺序。这是我们1987年完成的《通过孔子而思》一书首次给出的定义，之后

发表的所有论著中我们一直都坚持用这个"超绝性"含义。①

基于上述，安乐哲认为儒家的"天""道"等概念不符合严格的超越性之定义，不能等同于西方上帝的概念，并非如西方哲学般，将"天"（甲）视为与人（乙）相对的，对于人有决定、主宰等作用的对象。即如此，则一个人举凡在家庭、社会、国家等方面，均不须仰赖超越意义的对象作为根源性的保证。借此推论儒家乃至整个中国哲学，是以"人"为中心的"成人"过程，中国哲学的价值建立于人的社会性角色的安立，而非超越性意义的探求。

安乐哲对于价值来源的理解，乃至于道德判断的来源，也未采取由"心"而发的解释，而是认为道德判断与价值皆来自"关系"，亦即各种角色在不同的关系之中，做其应做的行为。因此安乐哲在解读伦理关系的文献时，多采用具体情境的文本，例如"弟子入则孝，出则弟"（《论语·学而》），"父为子隐，子为父隐"（《论语·子路》），及其对于《论语·乡党》的重视，皆有意忽略"心"的根源性意义，而偏重各种角色在具体情境中的关系，即可指引人做应做的行为。如其所言：

> 以儒家视角思考，如果非得说"勇气"或"正义"确有它所指的东西，那么根本上，它是人从家庭与社会关系中的勇敢或正义性行为归纳而来。②
> 被如此理解的"价值"本身，无非是提高关系之所值。当我们意识到，价值其实是从对每天做得不错的行动方式的简单特征概括中而来，而不是根植于或从先觉原理起源而来。……人，作为关系的构成，其人格的持续不断改善与"价值"提高能在人们的分享性活动与共同经验环境内发生。③

---

① ［美］安乐哲：《儒家角色伦理学——一套特色伦理学词汇》，［美］孟巍隆译，田辰山等校译，第232—233页。
② ［美］安乐哲：《儒家角色伦理学——一套特色伦理学词汇》，［美］孟巍隆译，田辰山等校译，第176页。
③ ［美］安乐哲：《儒家角色伦理学——一套特色伦理学词汇》，［美］孟巍隆译，田辰山等校译，第177页。

"勇气""正义"即"四端"中的"义"。如同上述消解"天"的超越性意义一般,安乐哲显然不将"心"视为具有主体性或超越性的意义,与中国港台新儒家心性论中心的诠释截然不同。① 依据安乐哲的观点,"四端之心"必须落实到"孺子入井"的具体情境中才能发挥作用,而非凭空想象、建构"四端之心"应该借由什么样的角色,在什么样的关系之中呈现。同理,承载"四端之心"的人,也是具体、实在的人,只有在现实生活的关系中,以各种角色呈现,才是人的意义,及其发挥作用的价值。

为了确立儒家安立各种角色的思想基础,安乐哲在《儒家角色伦理学——一套特色伦理学词汇》中以"正名"思想为基础,透过定义儒家经典中的许多概念建立伦理关系,安顿个人、家庭到国家中的所有角色,而个人在不同的关系中,以不同的角色呈现。② 进而指出儒家经典在探讨"孝""仁""礼"等概念时,皆不脱离具体情境而强调各种角色的重要性,以此证明儒家思想的基础,是在确立各种角色的名位之后,使每个人能够充分发挥自己在生活中的各种角色之意义与功能。毋庸置疑,这种理解和安乐哲受实用主义的影响有关③,因此极其重视现实生活处境,导致安乐哲忽略形上思考的效用,因为在现实处境中,不论是面对一般性的道德抉择或道德两难,如果透过诸如"天"之类的根源性思考,恐怕更难以即时而有效地面对这样的道德情境。

安乐哲将价值来源于人与人处于现实生活中的关系,与其排除超越性的理解密切关联在一起。由于在人事的相处应对与生活各方面,皆不能脱离人与人之间的关系而独立,而不需要借由超越意义的"天"或上帝才能得到现实的安顿。是故"关系"才是安乐哲所认为的儒家哲学之核心精神与要旨,儒家是为了安顿人与人之间的关系而建立的学说,也是建立家国天下的基础。儒家提供安顿人际关系的方法,是透过在各种

---

① 参见郭齐勇、李兰兰《安乐哲"儒家角色伦理"学说评析》,《哲学研究》2015年第1期,第42—48页。
② 参见李文娟《安乐哲儒家哲学研究》,中国社会科学出版社2017年版,第143页。
③ 参见[美]郝大维、安乐哲《汉哲学思维的文化探源》,施忠连译,江苏人民出版社1999年版,第153页;[美]安乐哲《儒家角色伦理学——一套特色伦理学词汇》,[美]孟巍隆译,田辰山等校译,第177—178页。

关系中明确地认知自己的角色定位，充分发挥角色功能，使人人能各尽其分。《论语》《孟子》《易经》等儒家经典的价值，就在于为后人提供在各种关系之中学习立身处世的依据。儒家经典中关于各种角色的探讨，即构成其所谓儒家角色伦理学。当然强调角色之间的关系之重要性有其价值，例如社会建构即无法脱离人与人之间的联系。然而，儒家所重视的"慎独"不仅是自我与自我的关系，还包括自我与宇宙整体之间交融、互动的状态，甚至达到一定程度的超越境界，以及据此而带出的功夫修养，这部分可能是排除超越性之后较难带出的高度。于是在理解儒家角色伦理学之余，我们也必须认识到其理论的不足之处。

经由以上的整理，可以将安乐哲儒家角色伦理学的观点收摄为两个要点：第一，透过严格的超越之定义，消解儒家形上概念的超越意义，将儒家思想围绕在具体的事上进行探讨；第二，儒家角色伦理学的价值来源于关系，透过儒家重视的各种关系以安立关系中的角色，学习各种角色在现实生活中的能力，以作为儒家的成人之学。对于安乐哲的批评亦多围绕这两点，故以下即进一步分析关于这两点的批评，并尝试从安乐哲的立场予以回应。

二　消解儒家超越意义的理论问题与批评

针对安乐哲以儒家角色伦理学消解儒家超越性的批评，可以李明辉、郭齐勇与钟振宇等人为代表。李明辉与郭齐勇皆认为安乐哲未能充分把握儒家哲学乃至于中国哲学既内在又超越的特色，而只承认儒家哲学的内在性[1]，李明辉进而指出安乐哲仅举出了西方哲学中对于超越意义的严格理解，而忽略超越的多义性，钟振宇则梳理了西方哲学史与近现代中国哲学论及"超越"一词的不同意涵，而不仅如安乐哲所认为的仅具有严格意义的超越概念而已。

先就郭齐勇的批评而言。郭齐勇与李兰兰指出儒家角色伦理学的三

---

[1] 李明辉指出安乐哲对于中国哲学与儒家哲学等相关概念的使用有时模糊不清，会视论述脉络而有所改变，"他们（指郝大维与安乐哲）有时的确谨慎地将孔子思想与其后的儒家思想加以区别，但有时又不加区别地大谈'中国古代哲学'或'中国古典哲学'"。李明辉：《再论儒家思想中的"内在超越性"问题》，载刘述先《中国思潮与外来文化》，台北："中央"研究院中国文哲研究所2002年版，第228页。本章为求聚焦探讨，后续行文皆仅指儒家哲学。

点局限：第一，以角色伦理评价儒家伦理忽视超越角色之外的"道"，消解了儒家对超越性的追求；第二，儒家不仅关注现实生活与特定场景，尚有终极性、普遍性的一面，仅强调现实的一面容易落于相对主义或特殊主义；第三，儒家角色伦理主张以中国的思维方式与话语体系理解儒家伦理，此举过分夸大中西伦理思想的差异，违背"人同此心，心同此理"的原则。① 这三点论述虽不甚深入，却已将儒家角色伦理学的主要问题一一指出。依郭齐勇与李兰兰看来，第一点是最关键的问题，因为儒家角色伦理学消解了超越性，导致第二点，不能抽象地建立终极性和普遍性，进而造成第三点，儒家角色伦理所认为的角色都被限定于特定场景之中，忽视人具有共同的本质这一特点，也就是不将人抽象化为一种类概念，并无普遍而抽象的人，人只是现实的、具体的个体而已。人之所以为人，就在于其能够表现在现实生活中的角色功能。

李明辉虽早于郭齐勇对安乐哲的批评，但较为集中地分析安乐哲关于"超越性"的用法，及其解释中国哲学的适用性问题，是故以上借由郭齐勇与李兰兰的观点作为批评安乐哲的纲领性意见，再接着以李明辉的观点强化论理。

李明辉先是指出儒家的超越性是"内在超越"，而非如西方的"外在超越"；外在超越是将上帝视为超越于人的外在对象，内在超越则如中国哲学的"天"的意义与价值直接存在于人的现实生活之中，而不必往彼岸或天国去追求。② 安乐哲将超越定义为具有决定、主宰的意义，仅把握了"外在超越性"的一面，自是无法呈现儒家哲学的深刻意涵。如李明辉所言：

> 当他们（指郝大维与安乐哲）将"超越性"与"内在性"视为互不兼容的矛盾概念时，他们是依最严格的意义来理解"超越性"底概念。……但问题是，新儒家学者是否依这种严格的意义来使用

---

① 参见郭齐勇、李兰兰《安乐哲"儒家角色伦理"学说评析》，第47—48页。
② 参见李明辉《当代儒学之自我转化》，台北："中央"研究院中国文哲研究所2013年版，第132页。李明辉所著的《当代儒学之自我转化》一书的初版是在1994年，依照撰文顺序而言，《再论儒家思想中的"内在超越性"问题》一文较早于《当代儒学之自我转化》一书，故本书先引其《当代儒学之自我转化》一书中的观点以论述。

第六章　消解超越性的价值：儒家角色伦理学的实践与应用 / 87

"超越性"与"内在性"呢？……今既然牟（宗三）先生所使用的"超越的"一词不完全等于康德哲学中的 transzendent，亦不完全等于 transzendental，显然他之使用"超越的"一词并未预设"超越性"与"内在性"之不兼容性。……如果我们摆脱这种二元论的架构来了解"超越的"底概念，则"超越性"可以表示现实性与理想性或者有限性与无限性之间的张力。按照这个较宽松的意义，"超越性"与"内在性"这两个概念未必构成矛盾。其实郝、安二人并非不知道，西方现代哲学所理解的"超越性"亦近乎此义，因为在存在哲学中，作为"行动者"（agent）的人被视为"超越性原则"。而在儒家"天人合一"底思想中，天之超越性只能透过人之道德主体来理解，人之道德主体亦因而取得超越意义。因此，无论在儒家还是存在哲学，"超越性"和"内在性"二者并非相互矛盾的概念。①

李明辉指出牟宗三在使用超越性概念时，已经转化了康德哲学使用这一概念的意义，并非西方那种人与超越对象（一般而言指的是上帝）二元对立的用法，而是人与超越对象（"天"）合而为一，透过个人实践即可达到超越的境界。

李明辉又言：

郝（大维）、安（乐哲）二人与当代新儒家关于"超越性"的争论在很大程度内是字面之争。郝、安二人坚持西方传统哲学中严格意义的"超越性"概念，反对将此概念用来诠释中国哲学。而在笔者看来，在不同文化频繁互动的当今世界，这种坚持不但没有多大的意义，而且不利于文化的交流与创造。其实，他们自己也承认：在西方现代的存在哲学中，作为行动者（agent）的个人被视为超越性原则，而就个人与社会的相互关系而言，存在哲学与古代儒学有相合之处。如果当代儒家学者能够清楚地掌握"超越性"一词在西方哲学中的不同意涵，并且选择性地借用此概念来诠释中国传统哲学，而此一借用又确实有助于说明相关的问题，我们有什么理由坚

---

① 李明辉：《当代儒学之自我转化》，第142—146页。

持非采用严格意义的"超越性"概念不可呢?①

李明辉认为安乐哲的诠释不够深入,显得有其局限和偏颇,理由在于安乐哲仅选取了西方超越性一词的严格意义,但超越性一词在西方具有不同的、多重的涵义,中国港台新儒家可以借由超越性一词解释儒家更为深入的意义,而不能如安乐哲一样,说超越性一词完全不适合解释儒家,或者说儒家完全没有超越性的意义。

其后李明辉提出以"内在超越性"理解中国哲学,才能将中国哲学的丰富意蕴充分展现出来,而且当代已有许多学者借由超越性探讨中国哲学,如张灝、李振英(李震)、项退结、刘述先等,借由对于超越性的各种解释,使中国哲学的意蕴更加深厚,并不必然只能依据安乐哲的理解,认为超越一词仅有严格的意义,而导致所有以超越理解中国哲学皆是错误的、不必要的。

虽是如此,李明辉也意识到一个问题,就是这些讨论都是建立在理解中国哲学的意义之上,而且是基于概念使用的差异,造成理解思想内涵的解读不同②,可以判断深浅、优劣,但并不能完全说是解读错误或是论证谬误。李明辉更愿承认郝大维与安乐哲的坚持,其实是字面之争,而且是为了证明超越一词完全是西方的概念,不适合中国哲学的使用,才采取的诠释策略。如果中国哲学之中本就具有丰富的超越意义,只是并非使用超越一词,则在运用当代话语探讨时,以超越解释中国哲学反而更精准有效。如同"中国哲学"的"哲学"一词,也是借用西方的哲学概念表示中国思维的逻辑、论证之普遍性、有效性之后的结果,而安

---

① 李明辉:《再论儒家思想中的"内在超越性"问题》,第229—230页。此处补充说明本书对于"当代新儒家"与"中国港台新儒家"的用法,李明辉提及的"当代新儒家"一词,在本书中均以"中国港台新儒家"一词,以区别于大陆新儒家和其他新儒家学派。早期牟宗三、唐君毅一系的学者自称为当代新儒家,主要在于以一种有别于传统的新的进路研究儒家哲学,然而,并不只有牟宗三等学者如此研究,尤其在大陆新儒家兴起之后,这一对比更为明显。本书不在此梳理大陆新儒家与中国港台新儒家之别,也无将中国港台新儒家贬低为区域性的学者之意,而是以此特指牟宗三及其后学,或是所持理论基础相近的学者或理论,如郭齐勇及其弟子的观点基本上即顺着牟宗三的思路而展开。

② 参见李明辉《当代儒学之自我转化》,第140页。

第六章 消解超越性的价值：儒家角色伦理学的实践与应用 / 89

乐哲显然并不反对中国哲学一词的使用。①

钟振宇考察了自柏拉图至中世纪康德、海德格尔，乃至牟宗三、安乐哲等人对于"超越"概念的定义，并严格区分"超越"与"超绝"的差异，以此挖掘出超越一词丰富的意义，并非仅能如安乐哲一般，采取"严格的超越性"，而且如李明辉所指出的一般，在解读中国哲学时，对于超越的解释仅采取西方历来最为严格的一种，亦即将超越视为如上帝、神一般具有决定、主宰的意义。然而，儒家的"天""道"并非人格神意义的存有者，是故不能以"严格的超越性"解释，因此也就导出儒家不具有超越性的结论。② 于是钟振宇表示："无法得知，为何安乐哲舍弃西方哲学与宗教中诸多对于'超越'（如海德格）一概念之理解，只强调这种所谓之'严格超越'？"③ 但或如本章第一节所说，安乐哲建构儒家角色伦理学试图使用中国话语体系，不采取西方的规范伦理学、美德伦理学等立场解读儒家伦理，而不论是超越或超绝，都带有强烈的西方哲学话语色彩，因此唯有将此概念消解之后，才能以中国话语体系建立儒家伦理学系统。

对于儒家角色伦理学的批评而言，李明辉等学者对于安乐哲的批评确有重要的理论价值，当代学者引入内在、超越等概念以解读儒家哲学之后，确实挖掘出在以往的中文语境下难以呈现的义理内涵与理论深度。然而，从安乐哲之所以如此独排众议的理由来看，其尝试在脱离了具有强烈西方哲学色彩的概念之后，是否还能以及应该如何理解儒家哲学，因此安乐哲虽常提及实用主义的背景，但在文本解读中，多采用不具有明确西方理论色彩的语词，以避免流入不同文化的概念与理论，使得儒家哲学失去了自身的特色。④ 在今日的学术语言上，语词概念的使用很难全面地摆脱西方术语的使用，但是如何在借由可对话的语言基础之上进行阐述，又能够充分地展现该哲学系统的观点与特色，仍是值得不断尝

---

① 参见李明辉《再论儒家思想中的"内在超越性"问题》，第240页。
② 参见钟振宇《跨文化之"超越"概念：海德格、牟宗三与安乐哲》，《中国文哲研究通讯》2017年第27卷第4期，第117—132页。
③ 钟振宇：《跨文化之"超越"概念：海德格、牟宗三与安乐哲》，第128页。
④ 虽是如此，安乐哲使用的"全息"（holographic）、"场域"（field）等解释儒家经典，也难以脱离西方哲学概念的使用，参见［美］安乐哲、王堃《心场视域的主体——论儒家角色伦理的博大性》，《齐鲁学刊》2014年第2期，第5—16页。

试的工作。若是如此，是否有可能将安乐哲视为只是诠释立场的不同，或者说其解读在某种程度上不够深入，而不能说是逻辑上的矛盾或谬误。

若从安乐哲的立场反思批评者的观点，则不只可以表明这是基于不同立场的诠释，甚至可以反思儒家哲学是否必然要透过超越概念才能解释得精准且深入？一旦失去了超越性，儒家哲学必然会失去立论基础与普遍性的意义吗？下一节会更详细地为儒家角色伦理学的立场辩护。以下先探讨儒家角色伦理学的另一个特点，以关系作为儒家思想的核心与基础，并指出家庭是关系的起点，至第五节再尝试建构家庭伦理。

三 以关系作为儒家思想核心的文本解读

上文已经提到，儒家角色伦理学认为的价值来源是关系，是故安乐哲不厌其烦地强调关系之于儒家哲学与文化的重要性，甚至指出关系才是人的道德本质。为了证明儒家思想的这一特点，其引用许多儒家经典以证明，称之为"互系宇宙观"（correlative cosmology，或作"互系宇宙论""关系宇宙论"）。以下面的两例来看：

> 儒家角色伦理学，则是基于将人视为处于互系的观念，将人家庭角色及关系作为修养道德能力的起步；这样，它在精神上呼唤道德想象，并能激励通过人的相系而生成的道德力。①
>
> 儒家提倡的是从认识人类经验的整体性和人类经验的关系性相互构成性质出发。而且因为一个人及一件事本身就是由相互依存的关系网所构成，对某一事物发生之影响，必然在某种程度或意义上对所有事物都有影响。……"互系性"宇宙论为儒家思想发展与进化提供了一个域境；在这一互系的宇宙之内，没有事情是自己产生的。②

从上引之文可知，由于各种关系都是不断变化的，从关系中学习成

---

① ［美］安乐哲：《儒家角色伦理学：挑战个人主义意识形态》，《孔子研究》2014年第1期，第7页。
② ［美］安乐哲：《儒家角色伦理学——一套特色伦理学词汇》，［美］孟巍隆译，田辰山等校译，第84页。

长是一个永不停歇的过程,所以这种本质的理解并不同于固定的、永恒的或普遍的概念。正是因为这一立场,引发许多学者的批评,认为儒家哲学并不如安乐哲所认为的一般,缺乏本质性的意义,而只落于不稳定的、随时处于变动中的关系。

许多儒家学者认为"心""性"独立或先在于人的性格、能力的产生,而"心""性"才是人之所以为人,以及儒家理论的核心与根源之处,这才能保证人不论处于任何环境,皆能从事道德的行为。除了透过牟宗三及其后学的相关论述可以看到这个观点,郭齐勇与李兰兰也指出儒家角色伦理学的这点局限:

> 在解读儒家伦理学时,还要注意两个方面的问题:第一,血缘亲情、家庭道德在儒家伦理中占有重要地位,但同时儒家也非常重视个体性人格的培养和塑造,这体现在"为己之学""慎独""修身"等方面。人有与生俱来的内在独立的"心"与"性",而不仅仅是处于各种社会关系和角色之中。第二,儒家伦理学不是从功能性的关系角度来建构伦理学基本规范的,而是根植于人性之中,并有超越的天道根据。①

郭、李二人不同意安乐哲将关系视为儒家伦理的重点,而忽略心、性的主体性意义。中国港台新儒家的立场固然不否认社会现实的意义,例如牟宗三对儒学如何开出民主与科学的重视②,但更为强调的是当人面对各种不同的环境时,如何秉持生而有之的心性从事道德行为。如果顺着安乐哲的思路,不仅不能为人性找到根源性的解释,而且从中国港台新儒家的立场来看,这不符合儒家的核心思想。据此而言,安乐哲透过各种关系而推论的角色之重要性,无法进一步解释行善的依据,只能依据当下所处的环境决定一个人的行为。

可想而知,安乐哲依然可以坚持,即便儒家重视心性,强调主体性,

---

① 郭齐勇、李兰兰:《安乐哲"儒家角色伦理"学说评析》,第48页。
② 牟宗三论述儒学如何开出民主与科学,参见牟宗三《时代与感受》,《牟宗三先生全集》第23册,第337页。

但是不能否认家庭与社会角色的重要性。安乐哲重视的"孝""悌"等概念，即是依据《论语》的有力证明。固然仅从后天的关系论证人应该行孝悌显得有点薄弱，但孔孟在进行道德判断时，也常常是从家庭与社会的关系之中学习到人应做的行为。如果不能对于家庭与社会情境给出一些参考的方向，而不断地诉诸心性甚至"天"以寻求超越的解决之道，似乎使得儒学过于忽略现实层面。为了强调关系的现实性与必要性，安乐哲不止一次提到这样的主张："我们在家庭和社会生活中所扮演的各种角色不过是由关联生活的特定模式所规定了的：母亲和孙子，老师和邻居。"① 据此可知，如果不透过这些关系的呈现，一个人如何得知自己当下应该将什么样的角色充分发挥？也就是心性是否能够预先设想作为一个父母、子女、教师等身份应该具备什么条件？显然，透过以往的经验学习，或者从经典中传授的知识、道理，可为参考的依据。

上述固然还有可以争议之处，例如心性结构中是否存在成为某些角色的结构或可能，以至于在特定情境下能发挥该角色的功能，而非仅由后天的关系决定一个人的角色。然而，安乐哲似乎不打算进行这些相关的争论，而是从解读文本而言，一再强调关系之于儒家的重要性，并尝试从关系建立角色伦理学。是故与上一小节论及对儒家超越性的理解相同，即便如郭齐勇等批评安乐哲的观点具有相当程度的局限，但仍未从逻辑上指出由各种关系而推论出角色的重要性有着什么样的矛盾或谬误。

透过这一节的梳理可知，或许安乐哲的诠释忽略了儒家思想的一些重要维度，也未能超越中国港台新儒家、儒家美德伦理学等的高度，但作为一个思想系统而言，儒家角色伦理学确实给出了一种截然不同的思路，并且有着一贯的立场。相较之下，如王堃、温海明、李文娟等支持安乐哲观点的研究，皆指出了安乐哲的理论特色，及其带出的全新思维。② 美中不

---

① ［美］安乐哲、罗斯文：《〈论语〉的"孝"：儒家角色伦理与代际传递之动力》，载［美］安乐哲著，温海明编《安乐哲比较哲学著作选》，孔学堂书局2018年版，第264页。

② 王堃与温海明皆认为透过角色与关系理解儒学，是有别于以往的新思维，值得持续深化与探究；李文娟认为儒家角色伦理学确实可以带领个人主义走出理论困境。参见王堃《角色：全息呈现的儒家生活世界——安乐哲"儒家角色伦理学"评析》，《齐鲁学刊》2014年第2期，第23—27页；温海明《论安乐哲儒家角色伦理思想》，《中国文化研究》2019年第1期，第41—48页；李文娟《走出个人主义的理论困境——安乐哲〈儒家角色伦理学〉解读》，《汉籍与汉学》2017年第1期，第153—155页。

第三节　为儒家角色伦理学辩护的有效性

足的是皆未能看到儒家角色伦理学除了提供理论上的新意，更有其重视实践的一面，意即重视家庭与社会角色的关系，为当代社会在应用的层面究竟提供什么思想的养分，以至于可作为实践上的参考。

承上所述，如同以各种伦理形态定位儒家伦理学一般，儒家美德伦理学以康德义务论伦理学解释儒家哲学，乃至于儒家角色伦理学，皆有一些难以全面定位的部分，毕竟儒家伦理本身涵盖的维度，本就难以用一套既定的理论去解释。[1] 相较于以上的批评，有些学者则侧重于儒家角色伦理学的理论优点，试图为其辩护。

以温海明而言，其基本同意儒家角色伦理学的观点，同意儒家对于角色的重视，在接受儒家角色伦理的基础之上进行了补充。其补充的内容主要有三点。第一，同意儒家角色的多样性，但并不认为一个人的角色处于一种不断变化的状况，例如五伦的角色之名即不可轻易改变。第二，安乐哲认为形成角色的关系是不断变化的，但温海明则认为角色是由"关系本身或者相对稳定的关系长期决定的"[2]，如同父子之间的关系不会改变一般。第三，安乐哲认为角色是本来具有的，进而在生活中不断成就，而温海明则认为角色在社会中呈现，皆是人进入社会之后才产生的，并无先天的角色。[3] 从这三点看来，温海明是从解读儒家思想的视角，认为角色是人在社会生存的基本形式，而儒家可以提供人扮演适当角色的方向。

自一个人出生开始，不论说的是一般的情境，或是儒家思想的框架之下，我们都可以充分理解角色的重要性。一个人在很大程度上必须将当下的角色内容表现好，进退得宜，合情合理也合礼，才能在生活中过得安适自得，或是符合儒家成德的指导。从安乐哲本人的观点而言，其

---

[1] 如杨国荣所言："以儒学的某一个方面作为儒学的全部内容，往往很难避免儒学的片面化。"杨国荣：《何为儒学？——儒学的内核及其多重向度》，《文史哲》2018 年第 5 期，第 12 页。

[2] 温海明：《论安乐哲儒家角色伦理思想》，第 47 页。

[3] 参见温海明《论安乐哲儒家角色伦理思想》，第 46—48 页。

花费很多心力强调角色的重要性,理由即在于此。我们可以从《儒家角色伦理学——一套特色伦理学词汇》中的一段论述来看:

> 以家庭个体成员视域为前提,我们则可说,具体人的团结、正直与价值,是家庭及其展开的社会中具体人所生活的各种"角色"与关系都达到实际协调状态的效果。人的一生,时时刻刻都是在所有这样"角色"及其关系中度过的;而且每一"角色"都发生在对任一其他"角色"起到决定作用的活动中。我是母亲和父亲的儿子,同时我也在调整与增强作为哥哥对妹妹的关系和作为弟弟对哥哥的关系。①

我们难以否认这种关系的呈现如何具体地贴近所有人的生活情境,进而也难以否认儒家给予家庭个体成员,也就是一个具体的人所具备的父母、儿子、兄弟姊妹等角色身份许多的行为指引。不论是具有规范意味的五伦关系,抑或是具体的视、听、言、动等行为表现,皆同角色之间的关系紧密关联在一起。

再观察一些将儒家视为重视关系性的观点,只要不刻意强调儒家形上超越的立场,均可发现安立角色与定位身份的重要性。如引入关爱伦理学研究儒家的李晨阳,在探讨社会性别的过程中,即常强调角色的重要性,如其所言:

> 社会性别(gender)指一个社会对人们在生理性别(sex)基础之上的对于人们的个人特点和社会角色分功的定位。中国古代关于"淑女"和"女德"的理念即是社会性别的理念。②

这是李晨阳探讨儒家阴阳与男女两性关系所言的,由此可知其认同中国古代思想(包括儒家)对于角色的定位。儒家强调的女德,即基于社会角色的判断,从女性应具有的角色特质,而制定相应的道德规范。

---

① [美]安乐哲:《儒家角色伦理学——一套特色伦理学词汇》,[美]孟巍隆译,田辰山等校译,第194页。

② 李晨阳:《儒家阴阳男女平等新议》,《船山学刊》2018年第1期,第14—15页。

第六章 消解超越性的价值:儒家角色伦理学的实践与应用 / 95

李晨阳以关爱伦理学所重视的关系性探讨儒学时,更直接引用了安乐哲"焦点—场域"(focus-field)的观点①,指出儒家修身成德的环境,是从家庭逐渐延伸至整个社群。在整个社会中生存,即依据于具体的情境,以及处于其中的角色。李晨阳进一步申论:

> 这样一个关系性的自我绝不是一个抽象的自我。它总是通过具体的关系而存在。……切断了人的社会关系,也就失去了真正的自我。人通过特定的社会角色进入并存在于特定的社会关系,比如作为孩子与父母关系中的儿女或者父母,或者师生关系中的学生或老师,等等。除去了人的种种家庭和社会的角色,就只剩下了一个实际上并不存在的抽象的超越的自我。所以,这些社会角色决定人的人格性。虽然人可以发展新的社会角色,但是,任何新发展的角色都必须建立在人们已有的社会角色的基础之上。②

透过关系性强调儒家角色的定位和对待,表示儒家思想对于角色本有一定的重视。然而,有意思的是,李晨阳虽强调角色与关系,却并不直接表示儒家是与美德伦理、规范伦理有别的角色伦理立场,可推测的理由在于儒家不论在历史、文化、思想方面,可解读的空间和内涵的意蕴丰富而无穷尽,试图以一种既定的伦理学形态限定儒家思想的定位,多少有点不适合的情形。也就是说,即便儒家对于角色和关系有许多的描述和探讨,但并不因此而成为只重视角色,或角色本位的立场。如李晨阳一般,许多学者也不能避免用角色解读儒家,只是将儒家思想核心全部归于角色的立场似乎显得太强了。

以这种方式理解各种儒家伦理形态不难发现,儒家确实有如康德般重视义务、动机的成分,如孟子论孺子入井之例,孟子显然重视救助孺子的动机是否纯粹、良善。若论及外王的事功,孔子所说的"为政以德,譬如北辰,居其所而众星拱之"(《论语·为政》),或者孔孟对于圣王的描述,皆是强调圣王内在的德行可以转化为外在的具体事业,多少带有

---

① 参见李晨阳《比较的时代:中西视野中的儒家哲学前沿问题》,第72页。
② 李晨阳:《比较的时代:中西视野中的儒家哲学前沿问题》,第73页。

后果论、目的论的倾向。孟子和齐宣王论辩"好勇""好色""好货"（《孟子·梁惠王下》），虽是要求齐宣王培养正确的好勇、好色、好货的品德和态度，但孟子也表示古代圣王培养了良好的品德之后，结果自然也是好的。由这些例子可以看出儒家思想内涵的丰富性，可以包含许多伦理形态的特点，同时也不受单一伦理形态的限制。

由此可知，西方的概念、语言、理论皆可适当地被运用于挖掘儒家的思想内涵，但是采取一种较强的理论定位，在建立儒家的理论形态时，实容易造成较大的争议。鉴于此，儒家角色伦理学的系统性或许还有可争议之处，但不可否认的是深入思考角色的意义，对于儒家思想在今日的实践与应用，有着一定程度的启发，而启发的内容，则是以下将接续论述的部分。

第四节　儒家角色伦理学在实践与应用层面的展开

如果可以稍微放开对于儒家超越性的坚持，并且承认角色在儒家伦理中的重要性，则儒家角色伦理学所提供给儒家思想最重要的资源，就在于其实践与应用的层面，这或许也是运用实用主义的观点，将儒家思想从形上的层次落实到形下层次的重要维度。安乐哲透过许多经典的解读，强调以关系构成角色不仅得到儒家文本的支持，也可以提供现实生活明确的指导。就现实层面而言，儒家角色伦理学未能受到肯定与认同，很大程度与其在今日的实践和应用上尚未带出明确的指导有关。

安乐哲建构并提倡儒家角色伦理学的目的，除了解读儒家文本，甚而认为儒家角色伦理可以带领西方世界走出个人主义的困境。排除个体化思维，以家庭作为社会的基本单位，重视角色关系在家庭、社会、国家等群体中的作用，人与人之间的关系是互动的、互相联系在一起的。① 李文娟曾对此表示附和，其认为重视个人主义的结果，易于以个人利益为优先考虑，忽略人伦复杂而动态的关系。如果将儒家角色伦理学落实到人伦日用之中，则可以在理论和实践层面弥补西方因个人主义所导致

---

① 参见［美］安乐哲、田辰山《第二次启蒙：超越个人主义走向儒家角色伦理》，《唐都学刊》2015年第2期，第53—56页。

第六章　消解超越性的价值：儒家角色伦理学的实践与应用　/　97

的文化价值缺陷。①

在理论层面是否能够达到安乐哲所预期的效果，除了论证上的强化，还需要评估一个群体所能接受的思维；在实践层面，真正缺乏的是在文本解读与思想系统建立之后，尚未能有效回应今日的伦理问题。举例而言，安乐哲对于孔子思想曾有过生动的描述：

> 其实在阅读《论语》时，我们所感知的是个关系构成性的孔子，用一生的时间，尽可能成功地"活"他的许多角色；作为关爱的家庭一员；作为良师益友；作为慎言慎行仕宦君子；作为热心邻居与乡人；问政事常为持异见者；作为对祖先感恩戴德的子孙；作为文化遗产的热忱继承者；甚至作为"冠者五六人，童子六七人，浴乎沂，风乎舞雩，咏而归"中之人。他为后世留下值得效仿的榜样，而不是"原则"，是劝诫而不是命令。②

在角色伦理学视角下解读的孔子形象，不在于优先考虑孔子具有什么美德，也不在于孔子的行为带出了什么普遍的伦理原则，但我们可以清楚地看到，孔子作为家庭成员、教师、朋友、官员等角色，皆能如此得宜而无所偏差。这样的人格形象，是有志于儒家的学习者共同向往的目标。值得进一步思考的是安乐哲指出了这一点的重要性，却未能告诉后人应该如何做，以及这种观察应如何应用于解决今日的道德困境、道德抉择，而这些现实层面的回应，似乎才是安乐哲引入实用主义，提高儒家实用价值和功能的主要原因。

安乐哲似乎认为对儒家经典和文化的学习，只要充分认识角色的重要性，自然而然就可以习得这些能力③，而以往的个人主义困境，除了西

---

① 参见李文娟《走出个人主义的理论困境——安乐哲〈儒家角色伦理学〉解读》，第153—155页。
② [美]安乐哲：《儒家角色伦理学——一套特色伦理学词汇》，[美]孟巍隆译，田辰山等校译，第108页。
③ 如安乐哲所言："通过在家、国、自然关系中的成长，立志学习圣贤之人的最高追求是宇宙精神的螺旋形上升。儒家圣人与普通人并无两样，只不过他们通过对亲属与国家关系的全神贯注与勤勉律己，学会如何以最非凡的方式去做最普通的事。"[美]安乐哲：《儒家角色伦理学——一套特色伦理学词汇》，[美]孟巍隆译，田辰山等校译，第148页。安乐哲认为，圣人从日常生活中学习，而今人同样可以从自己的日常生活中加以学习，但究竟应如何学习，以及成圣的保证是什么，并未进一步解释。

方本身的因素，还以规范伦理学和美德伦理学解读儒家，皆避免不了个体化的缺失。如果采取角色伦理学的立场，这些缺失即可获得改善。若是如此，从儒家角色伦理学回应今日的伦理问题，仍是充分展开其理论实用性的重要环节。

诚如前述，安乐哲认为角色关系的起点是家庭，人在日后的经验和学习，家庭具有极其重要的地位。从《论语》《孟子》《荀子》对于"孝"的探讨，可以看出儒家将家庭关系置于核心的位置。从文化、政治的角度而言，中国传统的国家也是以家庭为中心向外辐射的。今昔对比，今日的家庭观念与重要程度已与古时有极大的差异，因此以儒家的"孝悌"思想运用于今日家庭关系的维系，势必需要一定程度的转变。王堃即曾指出儒家角色伦理学中的"全息"（holographic），有助于思考今昔家庭形态的差异①，下一章将会详细探讨如何将儒家角色伦理学的思想资源，用于维系今日的核心家庭关系，故此处暂不赘述关于"孝悌"方面的应用。

安乐哲对于各种道德概念的论述，都围绕着关系式的思维，因此任何概念都以透过分辨古今的异同，在不同的情境中，重新思考角色的定位，以达到在今日实践和应用的效果。若从家庭关系往外推一步，"友"可能是一个人出了家庭或家族之后，首先要面对的角色，因此，安乐哲认为友谊"可以大力弥补亲属关系的局限性"②。在先前一胎化政策的影响下，更可以看出友谊对于同侪之间、人际网络的影响，甚至在兄弟情谊的学习上，很多时候是以朋友之间的关系为基础。《论语》中对于益友、损友、择友的记载，可以采取关系式的解读，亦即在交友的过程中，每个建立友谊关系的角色，应该采取什么样的态度和行为。安乐哲曾引常见的《论语》记载而言：

> 子曰："三人行，必有我师焉。择其善者而从之，其不善者而改

---

① 参见王堃《角色：全息呈现的儒家生活世界——安乐哲"儒家角色伦理学"评析》，第23—27页。

② ［美］安乐哲：《儒家角色伦理学——一套特色伦理学词汇》，［美］孟巍隆译，田辰山等校译，第131页。

之。"(《论语·述而》)

孔子曰:"益者三友,损者三友。友直,友谅,友多闻,善矣。友便辟,友善柔,友便佞,损矣。"(《论语·季氏》)

安乐哲不将从善、改不善的择友标准视为择友的伦理原则,也不将益友、损友的内涵视为德行,而是认为益友、损友和择友的记载,表现出朋友之间相处的特殊性关系①,也就是在一个特定时空中,基于一些人之间的相处关系,有些人表现出善或不善的行为,而另一个人在这关系中,可以选择与之继续交往,或者作为借鉴甚至远离他。

此处固然不排除可以将这种择友的标准做原则性的思考,也就是不论善和不善的实际内容为何,善和不善作为具有形式意义的标准是确定的。然而,很显然,安乐哲不拟回应这种类似的提问,而是将这样的分析,置于各种特殊情境下,动态地判断当下应该采取什么行为。进一步而言,即便接受了孔子所说的标准,但在今日的时空背景下,必须为当下的关系,填充善、不善,以及"直""谅""多闻""便辟""善柔""便佞"的内容,才能在今日使这些思想资源确实发挥实用的效果。更具体言之,以"多闻"为例,古时由于信息、知识取得不易,"多闻"特指朋友之间相处,能够发挥互相交换信息、知识的功能;今日的信息、知识随手可得,好的朋友关系就不止于互相交换而已,还应能借由各自所知,讨论出信息、知识背后更为深刻的意义,进而表达不同观点。一群人作为朋友的角色,如能将这样的关系充分表现,才是将儒家角色伦理学应用于今日的伦常日用之中。

第五节 以"孝"作为当代家庭伦理的关系性概念

上一节以《论语》记载的师生相处与择友为例,说明儒家角色伦理学在实践与应用层面的价值。对于安乐哲而言,其所认为的儒家伦理在

---

① 参见[美]安乐哲《儒家角色伦理学——一套特色伦理学词汇》,[美]孟巍隆译,田辰山等校译,第132页。

教人成人以面对生活、社会、政治等各种伦理情境的过程中，家庭伦理才是起点。不论是行为举止的学习，或是待人处世的道理，均是从家庭关系之中，每个家庭成员充分发挥自己角色的定位与功能，才能够逐渐往家庭之外的群体延伸。建构良好家庭观的方法，是通过"孝"概念的提倡，省思儒家以家庭为关系之本，如何在现今的中西社会中应用。

安乐哲称孝是"代际传递之动力"①，"孝"可以作为儒家角色伦理在家庭关系建构上的重要概念，"孝"是直系亲属之间适当关系的呈现，透过"孝"的表现，基于血缘而成立的家庭才可以在一代与一代之间稳定、良序地传承下去。与"孝"相关的"悌"，则表示同一代家庭成员之间的手足关系。如《论语·学而》所说："孝弟（悌）也者，其为仁之本与！""孝悌"的实现，就个人而言，是修身成人、培养"仁"的根本与起点；就人际而言，是家庭乃至国家关系稳定的根本与起点。中国古代立国是以血缘所形成的宗族关系，建立整个庞大的国家体系，家庭是国家关系的缩影。安乐哲以下的两段文字刻画了一般性的家庭关系，以及孔子如何在家庭乃至国家中生动且具体呈现这种关系：

> 以家庭个体成员视域为前提，我们则可说，具体人的团结、正直与价值，是家庭及其展开的社会中具体人所生活的各种"角色"与关系都达到实际协调状态的效果。人的一生，时时刻刻都是在所有这样"角色"及其关系中度过的；而且每一"角色"都发生在对任一其他"角色"起到决定作用的活动中。我是母亲和父亲的儿子，同时我也在调整与增强作为哥哥对妹妹的关系和作为弟弟对哥哥的关系。②

在阅读《论语》时，我们面对的是个以关系而构成的孔子，他一生的道路都是在以最大努力履行许许多多身份角色之中走过的：他是个充满呵护之心的家庭成员；他是个严格的先生、导师；他是个一丝不苟、拒腐蚀的士大夫；他是个热心的邻居和村社一员；他

---

① ［美］安乐哲、罗斯文：《〈论语〉的"孝"：儒家角色伦理与代际传递之动力》，载［美］安乐哲著，温海明编《安乐哲比较哲学著作选》，第274页。
② ［美］安乐哲：《儒家角色伦理学——一套特色伦理学词汇》，［美］孟巍隆译，田辰山等校译，第194页。

是个永久批评型的政治顾问；他是个感恩祖先的子孙；他是个特殊文化遗产的热忱继承者；其实，他也曾是个快乐少年以成人歌唱群的一员，在沂水畔嬉戏之余，唱着歌回家。①

从《论语》与孔子的相关记载，不难发现孔子在表现各种角色于关系中时，皆能进退得宜。孔子的一生也是以家庭角色与关系的学习为起点，逐渐培养成可以应对更为复杂的情境之人。就此而论，"孝"即是用来表示良序的家庭关系。作为儒家的学习者，人人都可以从儒家经典中关于如何行"孝"的记载，推论出什么才是适合于自己所面临的处境时，应从事的行为与道德判断。

安乐哲不认同以规范伦理学与美德伦理学为儒家哲学找到一个奉行的伦理原则，或是将某个概念视为人应发挥的美德，因为任何关系都是处于不断的变动之中，是故到底什么才是绝对的孝行，对于安乐哲而言并无定准，而这也是令人感到在面对角色伦理学的实用层面时，无所措手足之处。因为安乐哲既认为透过角色的学习，可以指引人的行为，却又为了维持其理论的一致性，而未提出明确的行为准则或美德，如果提出行为准则或美德，则成为儒家规范伦理学或美德伦理学，而偏离角色伦理的立场，是故安乐哲总是保守地指出只要在各种关系中学习，相应的能力就能有所提升。

顺着安乐哲的思路而下，应该在实践或应用的层面提供一些参考的方向，而不只是强调"孝"作为良好家庭关系的重要性。至于究竟应该如何既不将"孝"视为一种伦理原则或先在于人性之中的美德，亦即"孝"到底表示什么样的关系，以至于可以维系家庭的运作，并使人在家庭中学习以成长，又能使其理论发挥作用，这些方面是我们希望在安乐哲的学说中，可以带出的维度。安乐哲除了援引《论语》，也重视《孝经》《礼记》的身体观，因为身体是一个人可以在各种关系中表现的基本条件。重视身体就是"孝"的初步表现，进而才能展现各种孝行。安乐哲引用"身体发肤，受之父母，不敢毁伤，孝之始也"（《孝经·开宗明

---

① [美]安乐哲、田辰山：《第二次启蒙：超越个人主义走向儒家角色伦理》，《唐都学刊》2015年第2期，第56页。

义》），以及"天之所生，地之所养，无人为大。父母全而生之，子全而归之，可谓孝矣。不亏其体，不辱其身，可为全矣"（《礼记·祭义》）串联儒家对"孝"的基本态度而言：

> 儒家传统中，身体发肤受之父母，同时受之的是一种血脉的涓涓不息之流，渊源追溯至祖先，贯穿其中的是一种延续感、归属感与宗教感（这些情感之中有着祖先的存在）。对人体的尊重，是尊重人的祖先，尊重与他们的相系不分；而对身体的不尊重，则是可耻的亵渎祖先的血脉。……身体毫发无伤，这个责任是贯穿整个儒家经典的重要观点。①

"孝"的基础在于认识到身体所能承担的责任，以应变家庭中的情况。对于身体的尊重，相当于培养承担责任以面对各种关系的态度和能力。儒家极其重视身体的重要性，有良好的身体才能顺利地齐家、治国、平天下，而起点仍在于透过身体而完善家庭中的关系。至于究竟应如何对待身体，亦即做最基本的孝行，在儒家经典中有多种方法，如同《孟子》谈"养气"之难言一般，基于身体的复杂性以及每个家庭形态的差异，对于身体与"孝"的具体要求也不能整齐划一地看待，据此排除了以原则规定行孝的方法，也不应预设什么才是优先于行孝的美德，而应视出生后的身体状况与家庭形态而定。②

观察今日的家庭形态不难发现，由夫妻和其未婚子女组成的核心家庭为常态，独生子女的情形更是普遍，与古时多代同堂、生养众多的家庭形态有着极大的差异。古时的家庭组织庞大，关系较为复杂，每个成员在家中的角色也较为多样，尤其长时间同处于一个屋檐下，可以频繁地培养、练习、思考处于家中各种角色时的定位、功能、能力等。然而，在今日的家庭中，即使一个家族的血脉源远流长，但是对于角色的学习，

---

① ［美］安乐哲：《儒家角色伦理学——一套特色伦理学词汇》，［美］孟巍隆译，田辰山等校译，第120—121页。

② 安乐哲否定儒家美德伦理学的一个理由，是美德的善不应优先于行为，这一点引起许多争议。例如，金小燕：《〈论语〉中"孝"的德性期许：道德感与行为的一致性——兼与安乐哲、罗思文商榷》，《孔子研究》2016年第3期，第5—13页。

往往较为贫乏而单调。回到承担家庭角色的身体而言，缺少认识承担各种责任的条件，连带影响对于身体的照顾、爱惜，以及未能扩展身体的功能。从近来盛行的"小确幸"文化、沉迷电玩等造成的影响，固然可推给父母的教养问题，或是其他的家庭因素，但是不可否认的是，儒家思想的材料，提供了丰富的经验，而角色伦理则强调在核心家庭之中，也可通过儒家思想的学习，从过往的复杂关系中，应用于今日的情境。具体而言，若能清楚地认识到身体的重要性，不论处于何种家庭形态，都继承着家族的文化，并肩负传承的责任，即行孝的态度。

若在这样的基本态度上，从儒家文献中寻找借鉴的材料，则如《论语·为政》常见的论孝四个著名章节：

> 孟武伯问孝。子曰："父母唯其疾之忧。"
>
> 子游问孝。子曰："今之孝者，是为能养，至于犬马，皆能有养，不敬，何以别乎？"
>
> 子夏问孝。子曰："色难，有事弟子服其劳，有酒食，先生馔，曾是以为孝乎？"
>
> 孟懿子问孝。子曰："无违。"樊迟御，子告之曰："孟孙问孝于我，我对曰：'无违。'"樊迟曰："何谓也？"子曰："生，事之以礼；死，葬之以礼，祭之以礼。"

以上皆可看出孔子论孝往往围绕在身体的养护上，不仅重视肉体的健康，还有精神、文化等多方面的意义，以及其中蕴含的代际关系。可想而知，当时应该有更多人向孔子问孝，这些只是被记录下来的部分事件，因此必须保留行孝的开放性与变动性，不须将这些行为视为绝对的标准，在今日的家庭中可依据实际的情形而表现适当的行为。

从安乐哲对于"孝"的理解应用在当代家庭伦理，除了走出既有的文本解读，尚可再回应上一节关于超越与关系的讨论，亦不透过超越的理解，儒家的"孝"概念是否失去价值？以及将"孝"理解为开放的、变动的家庭关系，是否完全不符合文本中的"孝"之意义？若答案是否定的，则表示即便这样的解释还有可深化之处，却仍可发挥一定的实践或应用上的价值。

第六节　小结

安乐哲消解儒家"天""道"等概念的超越意义，以及有别于规范伦理学与美德伦理学，而建构出的儒家角色伦理学立场，受到许多反思与批判。笔者赞同其消解超越意义的部分确实可能使儒学的义理解读得不够深刻，以及仅借由关系而建构的角色伦理难以为人性找到根源性的依据，导致将道德要求落于外在的、后天的学习。虽是如此，本章试图从角色伦理的实践与应用层面强调其理论的价值，或可作为当代家庭伦理的参考资源。也就是说，笔者认为儒家角色伦理学更好且更直接地提供实践与应用的参考方向，但在理论深度的部分确实有所不足。

儒家角色伦理学重视"孝"概念，"孝"是良序家庭关系的呈现，以身体作为行孝的基本条件，承担各种家庭角色应具备的责任。今日的核心家庭形态相较于大家庭的复杂性不足，成长过程失去学习往后应对更复杂的社会、政治、国家关系之条件，是故可以透过儒家经典所记载的孝之意义、行为、文化等内容，学习如何应用于今日的家庭生活，但不可将任何记载视为必须遵守的规范或准则，以免流于僵化的教条，才能不断展现儒家思想在各个时代的开放性与灵活性。除了《论语》《礼记》《孝经》中常见的论孝文本，如果能够确实理解孝的关系性意义，则更可从丰富的文献记载中，挖掘应用于当代社会的养分。

基于安乐哲的研究取向，始终未能给予当代家庭伦理一个具有步骤性的架构或说明，因此总令人感到虽有实践的价值与理念，在实际的操作上却仍显得抽象而模糊。然而，也许儒家角色伦理学还有相当大的扩充或延伸空间，并且需要更为深入的解释，甚至更有力地回应他人在论证上的批评，但难以否认的是安乐哲确实提供了一个独特的思维方式，如同许多当代的哲学家一样，借由其思想的资源，如何"接着讲"以展现儒学更为丰富而深刻的面貌，是研究者可以不断探索的课题。

第七章

当代儒学对于性别歧视的讨论与回应

第一节 前言

儒家是不具有或是不是一种性别歧视思想的议题由来已久，从早期的两性关系，至近来多元性别议题所受到的关注，使性别议题与儒家思想之间的关系受到更多的重视。在同性恋与同性婚姻受到重视之前，关于儒家性别的讨论集中于两性上，但自 2015 年 6 月 26 日美国通过同性婚姻合法之后，由于安东尼·肯尼迪（Anthony Kennedy）大法官所执笔的通过同性婚姻判决书中，引用《礼记》中记载孔子所说的话，指出婚姻是政府的基础[1]，使得性别议题与中国传统思想之间的关系受到更多的重视。这充分展现儒家思想的现代意义，在性别的讨论范围上，需要重新开拓不同的视角与视野。亦即儒家思想中具有歧视女性倾向的记载与讨论，至今或可再重新进行一番检讨，反思儒家经典本身，以及学界对于儒家性别歧视观点的研究。

以美国通过同性婚姻合法为分野，在此事件以前，许多研究从儒家经典中所记载的两性关系进行分析，以两性之间的对待为探讨的话题，

---

[1] 该句原文为："Confucius taught that marriage lies at the foundation of government. 2 Li Chi: Book of Rites 266 (C. Chai & W. Chai eds., J. Legge transl. 1967)", *Syllabus of Supreme Court of The United States*, No. 14-556, Argued April 28, 2015 (Decided June 26, 2015), https://www.law.cornell.edu/supremecourt/text/14-556#writing-14-556_SYLLABUS, 2023.2.1。

可发现儒家看待两性，往往区分为男主外、女主内的行为模式①，虽然在儒家思想的脉络之中这是习以为常的观点，但并不表示这是一种平等而无歧视的性别伦理。曾春海即指出，《周易》记载的家庭生活与两性关系，产生了男尊女卑、夫主妇随、男外女内等思想与影响，在中国思想与社会结构上皆对女性造成压迫，因此在当代社会，两性之间的对待应进行适当的调整，依据各自的情形，在家庭中调和互补。② 安乐哲③、张祥龙④、梁理文⑤、杨剑利⑥等皆从不同角度论述中国性别歧视在思想与历史上的表现情形，虽然视角与进路不同，但皆指出了中国思想或文化中的性别歧视之表现。在美国同性婚姻立法之后，对于儒家性别思想的探讨，即不再限于两性，而是扩展到儒家思想如何看待两性以外的群体。相关的论述，形成儒家究竟应该对何种性别的人开放之思考，较之于两性的关系又更进了一步。除张祥龙从《周易》中"阴阳"与"道"的形上论述，证成儒家反对同性恋与同性婚姻⑦，方旭东也发出了同样的声音⑧。这些观点共同指向一个立场，即儒家不支持同性恋与同性婚姻。

　　本章不拟探讨儒家对于同性婚姻应表明何种立场，而是要指出这些立场隐含着一种预设，就是儒家思想对于性别是有所选择的，亦即有些性别的人被认为是不适合于儒家思想的实践者。而这样的预设，一方面

---

① 参见［美］罗莎莉《儒学与女性》，丁佳伟、曹秀娟译，江苏人民出版社 2015 年版，第 80—108 页。

② 参见曾春海《论〈周易〉家庭生活的两性关系及其对中国传统社会的影响——以伊川〈易传〉为据》，载《〈易经〉的哲学原理》，台北：文津出版社 2003 年版，第 135—155 页。此文规划了儒家思想在当代社会的应用，对于儒家思想的现代性具有相当程度的贡献。

③ 参见［美］安乐哲讲演《中国的性别歧视观》，载［美］安乐哲著，温海明编《和而不同：比较哲学与中西会通》，北京大学出版社 2002 年版，第 148—183 页。

④ 参见张祥龙《"性别"在中西哲学中的地位及其思想后果》，《江苏社会科学》2002 年第 6 期，第 1—9 页。

⑤ 参见梁理文《拉链式结构：父权制下的性别关系模式》，《广东社会科学》2013 年第 1 期，第 242—250 页。

⑥ 参见杨剑利《规训与政治：儒家性别体系探论》，《江汉论坛》2013 年第 6 期，第 94—101 页。

⑦ 参见张祥龙《儒家会如何看待同性婚姻的合法化？》，《中国人民大学学报》2016 年第 1 期，第 62—70 页。

⑧ 参见方旭东《儒家再发声：同性婚姻不符合传统儒家对婚姻的理解》，《澎湃新闻》2015 年 6 月 28 日，http：//www.thepaper.cn/news Detail_forward_1346237，2023 年 2 月 2 日。

与儒家思想的关怀有所冲突，另一方面则显示儒家思想不能动态地达到改变、改善、教化的目标，只能将不适合的人拒斥于外。这样的预设将局限儒家思想的开放性，使得有些有可能从事儒家工夫修养的人，将因性别倾向或特征，而无法被认同与被接纳。

在儒家经典中，《论语》与《周易》是较常被用以探讨的文本。《论语·阳货》中孔子所说的"唯女子与小人为难养也，近之则不孙，远之则怨"，显示出儒家对待女性的态度；《周易·系辞上》的"一阴一阳之谓道，继之者善也，成之者性也"，以及相关的记载，更多被用以探讨儒家支持两性关系的合理性。前者代表的是性别对待的态度，后者则涉及行为规范的形上依据，皆透露或隐含对于女性或其他性别的歧视或排斥。

在这样的背景下，本章试图透过当代的研究成果，再次检视《论语》与《周易》关于对待性别的文本，进而从文化上的观察，指出儒家虽有性别歧视的观点，但思想与文化上皆有修补、调节的机制，并且不应如一些学者认为的，在性别上具有局限与拒斥的情形，而是对所有人开放的。借此凸显儒家性别伦理观在当代的重要性，以及儒家思想足以不断回应时代问题的实践性价值，同时亦可展现儒家思想可供全人类实践的普遍性。以下将从常见的《论语》与《周易》的文本进行分析，再逐步提出反思。

第二节 《论语》与《周易》的性别诠释

《论语》与《周易》是最常被据以探讨性别观点的儒家经典。在多元性别议题受到关注之后，《周易》对于性别范围的限定，更是被视为儒家性别范围的标准，用以排除两性以外的人。虽然《周易》在儒家或道家的归属上有所争议，但是既然许多学者借此支持儒家的性别立场，则以下即以文本的诠释与相关的研究，指出若依一些学者的解读，将过度强化儒家的性别歧视。

依据《论语》，最广为人知的即《阳货》所记载的：

> 子曰："唯女子与小人为难养也，近之则不孙，远之则怨。"

这段话就字面上的意义而言，是孔子认为生理性别为女性的人与小人一样，难以教育与养育，因为若与其过分亲近，将导致他们不够谦逊、恭敬；若是关系略为疏远，则会招致他们的怨怼、不满。

学界对于这段话的诠释可大略分成两种进路与立场。其一是反对这是具有性别歧视的记载，如陈大齐、钱穆与潘重规等人皆认为此句中的"女子"应与"小人"对称，"小人"指地位卑下的男性仆人，"女子"则指地位卑下的女性仆人。① 除此之外，谭家哲从女性性格的角度，认为依女性的性情若产生爱意，则容易"任性"，其虽未明确表示此句是否歧视女性，但从合理化女性行为的角度解释何以"近之则不孙，远之则怨"，这是为如此对待女性辩护的立场，相当于反对这是歧视女性的表述。② 其二则是承认这就是儒家思想中性别歧视的明显证据，例如贺璋瑢、安乐哲与梁理文等持此立场。贺璋瑢认为孔子如此表述，是基于对女性的不谅解，并无可为孔子辩护的空间，在《周易》中才显示出儒家在性别上的开放性。③ 安乐哲则指出中西方文化皆有性别歧视的情形，只是两者的架构或表现形式有差异。西方文化以二元分类的方式，依据生理性别（sexual）的特征，将男女分成两类专属的特质，而要求女性以男性作为标准，安乐哲称之为"二元论性别歧视观"。在中国文化则不表现为二元式的性别歧视，而是透过人性本质的确立，将男女皆视为人，只是在生活、社群关系中的地位，处于差异的状态，而这种差异的状态与社群中的关系相关，就不再是因为生理性别的差异，而是社会性别（gender）所扮演的角色，导致男女地位有所不同，安乐哲称此现象为"关联型性别歧视观"。虽然儒家经典中有着性别歧视的记载，然而在中国的文化中却有自行修补与调节的机制。在一般的情况下，女性地位虽低于男性，但一旦男性过世，女性成为一家之长时，家中的其他男性都会尊重

---

① 参见陈大齐《论语臆解》，台北：台湾商务印书馆1968年版，第273—274页；钱穆《论语新解》，台北：东大图书公司1987年版，第645—646页；潘重规《论语今注》，台北：里仁书局2000年版，第401页。
② 参见谭家哲《论语平解》，台北：漫游者文化2012年版，第638—639页。
③ 参见贺璋瑢《历史与性别——儒家经典与〈圣经〉的历史与性别视域的研究》，人民出版社2013年版，第136—139页。

女性的意见,这时女性的地位即获得翻转。① 梁理文以"拉链式结构"说明中国文化中的父权为主之性别关系,从历史考察到当代,现代两性虽不如古代永远处于男性之下,但在相同身份、收入的条件下,社会观感、压力仍导致男性地位总体高于女性的倾向,而这似乎是极有待改变却又极难改变的现况。②

显然,第一种进路是在文本的依据上,极力排除儒家性别歧视的观点,而第二种进路则是在承认儒家性别歧视的立场下,从文化与历史的考察,认为这样的观点对于中国文化本身而言,是一种平衡的机制。除此之外,在《周易》的记载中,更能诠释出这两种进路的内涵,并且建构出性别关系的形上依据。

《周易·系辞上》所记载的"一阴一阳之谓道,继之者善也,成之者性也",即以形上的"道",作为儒家道德形上学的理论依据。"道"在现实世界中将依万物的性质区分为"阴"与"阳"两种,象征万物的柔刚、内外等既相对而又互补的行为表现。更具体而言,在性别上往往被视为女性与男性的象征。若依据这段《周易》原文的解释,则唯有顺应着阴阳调和互补的运作,才是符合"道",遵循着儒家道德原则的表现。

这样的原则落实到现实世界的性别表现,在《周易·序卦下》有着更为具体的记载:

> 有天地,然后有万物;有万物,然后有男女;有男女,然后有夫妇;有夫妇,然后有父子;有父子,然后有君臣;有君臣,然后有上下,然后礼义有所错。夫妇之道,不可以不久也,故受之以恒。(《周易·序卦下》)

从上引之文可明确地看出,从"道"分疏为"阴阳"之后,在人事或人伦上的具体表现必须始于"男女"两性,而后形成夫妇,再安立家

---

① 参见〔美〕安乐哲讲演《中国的性别歧视观》,载〔美〕安乐哲著,温海明编《和而不同:比较哲学与中西会通》,第148—183页。
② 参见梁理文《拉链式结构:父权制下的性别关系模式》,《广东社会科学》2013年第1期,第248—249页。

国天下，而这亦是儒家伦理规范所重视的。在安立男女份位的情况下，阴阳所含有的主从、内外、刚柔等关系，也将男女地位的差异区分而出。然而，既是安立两性的份位，则亦有其协调互补、各得其正的意义，可借此淡化对女性的歧视。① 张祥龙进而将这段记载视为儒家支持异性婚姻而不支持同性婚姻的明证，② 将儒家观念的适用范围，限定于男女两性，而不包含两性以外的性别。

透过《周易》的形上建构，可以将儒家的性别观点上升到形上的层次，不仅是一般的伦理规范或具体行为的指导，更是人事运作的总原理，以及全人类生活的普遍性原则。由于这样的依据，导致在性别的对待上，可以将不符合"阴阳"的行为表现视为不符合"道"的落实与实践，因此而引发后续将同性恋与同性婚姻视为不符合"阴阳"与"道"的表现，于是同性恋与同性婚姻当从儒家的范围内予以排除。正是由于这样的论述，突显了这些解读的局限，亦即将儒家的"道"，窄化为男女两性，进而将性别视为是否符合儒家范围的判断标准，而忽略了儒家道德修养的基础，以及儒家在实践上可达到的教化效果。鉴于此，下一节将指出这些论证的缺失，进而为儒家的性别歧视提出回应与辩护。

第三节　当代儒家性别诠释的论证缺失

承上所述，不论认为儒家是否有性别歧视的主张，在论证上都过分突显性别在儒家思想中的地位，因此局限了儒家的开放性。尤其到了多元性别议题兴起之后，儒家学者排斥两性以外的情形更为强烈，连带地，由性别的排斥到性别歧视的主张也越发明显。张祥龙与方旭东对于同性恋者与同性婚姻持反对的立场，并且进行严厉的批判，其中较为明显地以儒家标准将同性恋排斥在儒家之外的是方旭东，如其所言：

---

① 参见曾春海《论〈周易〉家庭生活的两性关系及其对中国传统社会的影响——以伊川〈易传〉为据》，载《〈易经〉的哲学原理》，第135—155页；贺璋瑢《历史与性别——儒家经典与〈圣经〉的历史与性别视域的研究》，第73页。
② 参见张祥龙《儒家会如何看待同性婚姻的合法化?》，第69页。

一个争取同性婚姻的同性恋者，就不能是儒家吗？儒家是要将同性恋这部分人群整体排除在外吗？对此的回答是：儒家对同性恋人群没有任何歧视，同性恋者可以有自己的性取向，有自己追求幸福的权利，但儒家亦强调，身为儒家，就必须担负起儒家式的义务，包括传宗接代这样的事。换言之，作为儒家的人，对家族的责任要高于追求个人幸福的权利。在这个地方，儒家不赞成"任性"的选择。①

方旭东认为如果同性恋者要选择同性婚姻，则儒家即便不说出将其排斥在外的言论，仍是不能支持这样的行为。从其论述可知，作为实践儒家思想的人若没有负担起传宗接代的责任，则不能作为儒家的人；而同性恋不能负担起方旭东定义下的儒家责任，所以也就不是儒家的人。

方旭东的观点可视为将传宗接代当作儒家道德义务的主张，并且认为同性恋是一种选择，亦即同性恋者是可以选择不做同性恋的。这样的观点固然违背了今日对同性恋者在生物学上的看法，同性恋的表现，尚有基因、文化、经历等各种因素影响，不能全然视为刻意的选择。然而，就儒家的相关记载中，确实对夫妇之道、男女关系特别重视，故可据此理解何以方旭东会产生这样的批判。但若正视同性恋的复杂性，以及儒家成德之教的动态过程，对于人格、德性的培养，不应只是针对同性恋的表现，就形成对其成为人的否定。反思方旭东的观点，就其内部的论证而言，一个儒家的家族认同成员中的同性恋，且已由其他成员负担传宗接代的义务，那么他人即不应置喙这个家族中的同性恋，而须接受其家族亦担负了儒家式的义务，连同该同性恋成员也是如此，因为方旭东以"家族"为单位，则与其说是担负同性恋个人的义务，毋宁说是家族的整体义务。当然相对而言，如果一个家族中仅剩下一个成员，且此成员为同性恋者时，则可能产生同性恋个人认同与家族义务之间的冲突，不过仅就方旭东的论述来看，将同性恋限定于个人的选择仍是有过于窄

---

① 方旭东：《儒家再发声：同性婚姻不符合传统儒家对婚姻的理解》，《澎湃新闻》2015年6月28日，http://www.thepaper.cn/news Detail_forward_1346237，2023年2月2日。

化的倾向。①

若将其论证放置到儒家思想的视角来看，儒家对于不符合其思想的人，是先在地予以排除，还是循循善诱呢？答案应是后者，亦即不论同性恋是不是自己选择的结果，儒家皆不应截然地排除特定的群体，而是应将所有人视为可以成德成圣的教化对象，儒家思想才具有可普遍性的意义。笔者不拟讨论同性恋者是否有选择权利的争议，以及现代科技是否可以让同性恋者传宗接代以符合儒家思想的某些期待等议题，而是当我们如此看待同性恋者的同时，其实已经认定了儒家是不能接受某种性别的人。此处将儒家如何看待同性恋的性别放到性别歧视中来讨论，与原本要谈的男女之间的歧视固是有些距离。然而，从这样的说法延伸推论，如果儒家确有性别歧视的思想，则在传统上之所以能够接纳地位较低的女性，似乎须在女性的行为不超出儒家标准的情况下才得以幸存，

---

① 方旭东的《儒家再发声：同性婚姻不符合传统儒家对婚姻的理解》一文受到许多批评，《中外医学哲学》曾组织了一次针对方旭东观点的讨论。方旭东在回应批评时仍强调："这里再重申一遍：笔者并不主张通过立法来禁止同性婚姻，事实上，如上所述，笔者并不反对同性婚姻合法化。笔者的意思只是说，如果你认同儒家，那么你就会以异性婚姻作为婚姻的理想方式。那么，如果一个人选择了同性婚姻，儒家是不是就一定要将其逐出门外呢？并非如此，一个人，即使选择了同性婚姻，也不妨碍他学儒家、做儒家，只是，在婚姻这件事上他会感到遗憾，会有某种亏欠感。"方旭东在这段话之后加上了注解，解释儒家对待先天同性恋者的态度："在某种意义上，你可以把生而为同性恋，当作你的运气差。……对于儒家来讲，成圣成贤，道德修养完满才是主要的追求。同性的性取向只是让你在传宗接代方面有愧对祖列宗，丝毫不妨碍你在修身方面成圣成贤，你依然可以在'立功、立德、立言'的'三不朽'上用功，你可以努力去'为生民立命，为往圣继绝学，为万世开太平'。完全可以想象，儒家能够接受一个没有子嗣的圣贤形象，这当然可以包括同性恋圣贤，只是，对于这个同性恋圣贤，有一点可以肯定：他不会要求同性婚姻。"方旭东：《权利与善——论同性婚姻》，《中外医学哲学》2018年第2期，第113页。方旭东依然坚持儒家反对同性婚姻的立场，而且认为同性恋者乃至于同性婚姻均是道德上有欠缺的表现。方旭东的论述夹杂了许多层次的论题，其中许多富有争议的议题值得再探讨，例如同性恋与同性婚姻如何区别？若因同性恋或同性婚姻而无法传宗接代，但家族中已有人承担传宗接代的工作，这样的欠缺是否达到互补的效果，并且也不至于愧对列祖列宗？由于同性恋者无法或不愿生育所导致的道德欠缺，与异性恋者因为天生生理缺陷而不能生育之间是否有所差别？若两者等同，天生生理缺陷的人是否亦无法全面贯彻儒家的道德修养？若两者不同，差别在哪里？何以得知同性恋圣贤不会支持同性恋婚姻？在儒家的思想体系中"同性恋圣贤"这一概念究竟是否能够成立？在方旭东的观点之下，同性恋者还能成为儒家的圣贤吗？其中某些议题或可留待下一章再讨论，本章所要指出的是如果我们以儒家思想回应性别歧视的争议，究竟如何提供一种修正或调整的观点，提供原本被认为不能进入儒家之门的人，也能有实践、提升的可能，而不只是再次强化儒家传统对于性别所持的态度与立场。

但是如果一个人的行为在过程中有了一些偏差的表现，儒家应该提供修正、改善的方法，还是先将人拒于门外呢？儒家的成德成圣，应是让人在不断地修养锻炼的过程中成长，在一生的追求中逐渐完成，如果有一个人的行为不是儒家，则儒家思想应该是提供一些方法或选择，使其逐渐认同这个思想系统，进而调整到符合的状态，而非先设定一种排除在外的标准。

回到两性的关系来看，如果不接受儒家具有性别歧视的思想，则许多对于女性的压抑或历史上的不平等现象，或许仅能将其理解为在特定时空背景下的发言，这样的发言就不具有普遍性。例如将"女子"解释为女性的仆人，但现今社会大致不会再将任何职业之人视为道德与社会地位卑下的人，或者更精确地说，是不会将视受雇者为道德或社会地位卑下的仆人这种观点视为好的或道德上正确的，因为一个人的职业与其道德和社会地位并无直接必然的关系。是故笔者倾向仅能将"唯女子与小人为难养也"视为不合今日时宜的一段话，进而舍弃其实践上的意义。①

相对而言，若是接受了儒家歧视女性的观点，则上引相关说法的论证问题，皆可推导出儒家对于特定性别的压抑与排斥，而且将固化地看待儒家的包容性。以女性而言，如果儒家思想在预设上即认为女性的成德境界永远不能达到与男性相同的高度，而且在两性各得其正的份位下，作为男性的辅助，这种观点诉诸儒家与工夫修养相关的经典，是找不到任何支持的。若就两性以外的人而言，则同样无经典的支持，而且这将如同上述，是一种将儒家视为以性别区分范围与界限的做法，皆是固化地看待儒家的性别观。

接着从《周易》的解读进行考察，《周易》中将"一阴一阳之谓道"落实在现实世界以安立份位，男女、夫妇关系是承继"阴阳"的体现。

---

① 李晨阳也认为，孔子说"唯女子与小人为难养也"是"不加批判地接受了当时社会对妇女的歧视态度，而没有证据说它们制造了这种态度。……从孔孟本人的思想出发，把儒家伦理学改造成不歧视妇女，甚至支持男女平等的伦理学是完全可能的"。李晨阳：《比较的时代：中西视野中的儒家哲学前沿问题》，第91页。这表示歧视女性的观点是一种孔子时的旧社会遗留下来的思想与文化痕迹，时至今日更值得调整或改变，只是究竟如何将儒家伦理学改造成男女平等甚至所有性别皆平等，是一个尚待持续研究的重大课题。

值得反思的是，如果不能体现"阴阳"，亦即性别认定不符合两性的范围，《周易》会将这样的人排除在外，还是在"道"的运行之下，透过工夫修养的方法，将其导向儒家所谓的"正"？若是肯定前者的提问，则是强化了儒家的性别歧视，且不提供不符合儒家之道的人机会与改善方法；若是肯定后者的提问，儒家思想才具有可普遍性的意义，并且对不符合儒家之道的人提供教化、改变的方法。在这样的解读与推论下，或许可以说，男女、夫妇关系是"继之者善，成之者性"，但若未体现男女、夫妇关系，至多只能理解为"不继、不成"或"未继、未成"，而透过儒家的功夫修养，可将其导向儒家的"善"与"性"。

第四节　当代儒学回应性别歧视的伦理实践

从上一节的梳理中看到了对性别观点解读的两个方向，不论对于是否属于儒家的性别之人，还是同属于儒家意义下的人之性别歧视，这样的判定，皆明显地带有贬义或负面的意义。前者如方旭东对于同性恋者的排斥，在儒家定义下将同性恋者要求的同性婚姻视为"任性"的选择，是将某些性别的行为视为不成熟的表现；后者如安乐哲，承认中国文化的性别歧视，也相当于指出在长时间的文化熏陶之下，性别歧视的行为由来已久，这可能是中国文化中不好的一面。当然，安乐哲试图平实地对待中西文化，只呈现两者之间的异同，而未评价中西文化的性别歧视，然而，既然透过安乐哲与其他学者的论述看到了这样的情况，则我们似应为这既存的问题，提出改善或调整的建议，这在中国思想的脉络下，相当于修养论或工夫论的提出，才能使得儒家性别伦理观不只是静态的理解，还有动态的实践。

这里所说的"实践"，不在特定的哲学系统脉络下使用，而是指一个人在一个思想系统的意义下，朝向该思想系统的目标行动的行为。① 例如：儒家的实践，即指依照儒家思想所设定的目标而做的行为；儒家的性别伦理实践，则指依照儒家思想，所设定的对于性别对待而言较好的、

---

① 参见李明书《论心之所向——〈论语〉与〈杂阿含经〉比较研究》，第28页。

应做的行为。

从前述提到的研究成果来看,如张祥龙、方旭东等义理与哲学的论述,或是梁理文、杨剑利等对于历史与社会现况的考察,多指出实际的情况究竟是什么,进而排除不适合中国文化,尤其是儒家思想范围中的性别种类,而未提出如何解决歧视的方法。相较之下,安乐哲对于中西方性别观的理解,不只是陈述与比较,还带出了解决的方法,认为应该承认个人之间素质的差异,正视歧视的问题,才可能获得改善。如其所言:

> 在西方二元模式中,平等可以通过妇女的投降来取得,即通过妇女男性化来实现,但中国关联结构不存在这样的基础提供重要的平等。既然等级差异似乎难以避免,那么惟一能被接受的可能性是承认个人之间素质差异意义上的等级制,其中身份和地位由非性别化的个人成就决定,而非由生物上的性或文化上的性别决定。①

从上述引文的部分可以看出,"歧视"的相对概念是"平等",或者径说为"不歧视"。在比较中西方解决性别歧视的方法中,中国关联结构下的性别歧视如要获得妥善的解决,应是正视这种歧视的情形,因为中国的性别结构本身存在着等级差异,而且在不同的阶段(例如:年龄或社会成就的变化),不同的身份与地位之间是可以流动。其中也包含着中文语境下所使用的性别意义,在中国而言,多从社会、功能层面谈论性别,而西方则多偏向由生理性别决定一个人的身份与地位。社会、功能可随时空而变化,但生理上的性别势必造成难以改动的困境。②

相较于梁理文"拉链式结构"的观点,安乐哲认为身份与地位可由个人成就而决定,亦即依靠自身的努力,男女地位可以平等或消长。换言之,即便中国思想或文化有着性别歧视的情形,但一直以来,女性皆可以借由努力,在同样的环境、范围、群体中,取得与男性同等,甚至

---

① [美]安乐哲讲演:《中国的性别歧视观》,载[美]安乐哲著,温海明编《和而不同:比较哲学与中西会通》,第183页。

② 参见[美]安乐哲讲演《中国的性别歧视观》,载[美]安乐哲著,温海明编《和而不同:比较哲学与中西会通》,第156—157页。

较高的地位。如果中国文化中已有这种现象,则到了当代,这种情形将更为明显。

安乐哲提出解决歧视问题的观点并不是很完整,理由也不够充分,并且除了《中国的性别歧视观》一文,未再对这一议题深入探究。是故此处举出经典作为佐证与解读,如《周易》透过"天地""乾坤""阴阳"的关系,指出男尊女卑的地位似乎是合理的,《系辞上》曰:"天尊地卑,乾坤定矣。"《坤卦·象传》又云:"地道,妻道也,臣道也。"然而,如第二节所引的《系辞上》与《序卦下》,以及"乾道成男,坤道成女。乾知大始,坤作成物"(《系辞上》)等语可知,《周易》谨慎地处理男女之间的地位,在宣称男尊女卑的同时,也重视男女互补、调和的关系。一旦强调了性别之间的互补、调和,则对于男女地位应持开放与可调整的态度,亦即可由于社会现实的因素,或者如安乐哲所说的个人素质的缘故,而对女性或任何性别的人有所歧视,但儒家的观点中,实不排除各种性别的人可借由个人的成就,而在不同地位之间升降。对应上一节所说的,儒家的成德之教不应以性别作为排除与接纳的条件,亦足以支撑《周易》中的这一层道理。

承认各种性别之人的地位可借由个人成就而流动,并不表示中国思想与文化中不存在性别歧视,也不表示中国式的性别歧视就是道德上正确的,因为"歧视"这一概念本身就是贬义且不道德的。若是如此,我们可以从"性别歧视本身是不好的"这一价值判断切入,这就相当于表示,不应该做性别歧视的行为,否则就是不好的或是不道德的。从儒家的思想回应这一问题,除了已指出儒家成德之教的无性别区分,以及性别之间的互补,还需厘清的是究竟应该如何看待儒家经典?儒家经典对于实践的参考限度为何?

有的学者认为儒家思想应随着时代而改变,儒家思想才能具有创造性与可普遍性[1],然而,一旦认为儒家思想应随着时代而改变时,即涉及

---

[1] 曾春海一方面认为《周易》中的男尊女卑不适合当今社会,应有所改变;另一方面也认为可对于《周易》的义理进行转化与重新认识,参见曾春海《论〈周易〉家庭生活的两性关系及其对中国传统社会的影响——以伊川〈易传〉为据》,载曾春海《〈易经〉的哲学原理》,第135—155页。

儒家思想的本质究竟是什么的问题，因为儒家思想若可以改变，则改变之后，是否还是儒家思想即值得商榷，并且可能流于个人主观的臆断，对于儒家的哪一部分思想需要改变，并无客观的说法。有鉴于此，厘清儒家经典中，何者为历史现象的陈述，难以作为普遍化的原则，而何者是对人性或人类的普遍性论述或主张，可以作为后代实践上的参考依据，即理解经典的一个参考方向。

如"唯女子与小人为难养也"一语，不论是解"女子"为女性仆人，或是从女性性格为《论语》辩护，或许对于人格的探讨有其意义，但是在性别观察上，则明显有所偏颇，因为男女仆人都可能不好相处，男女也都可能有任性的表现，特别强调女性的情况，若不是歧视的表现，则或可理解为某些特定时空下的言论，至于究竟是在什么背景下而发言，则可依据各种考证的结果而提出见解。无论如何，有别于"仁""义""礼"等行为规范或原则，"唯女子与小人为难养也"绝不是一则实践行为的要求，所以不需要作为今人在实践上歧视女性甚至其他性别的依据。我们至多只能将这段话视为孔子观察的陈述，有其时空背景的限制。也就是说，无论如何解读这则文本，我们都不应该将歧视性别视为儒家所认同的道德行为或理所当然的行为，而不加以反思。

重新检视儒家经典的思想材料，将可发现无论如何离不开对修身成德、完善人性的重视。儒家重视个人品格、德性的修养，并强调必须在社会之中完成，而不是绝对地独善其身。① 不论是个人的修养，抑或是与社会、与他人之间的联系，不仅不会引发任何与性别歧视相关的行为，而且是以善意、和谐、包容的胸襟看待他人，而非先在地以歧视目光将性别分类与分等。在这样的考察下，儒家思想在当代的应用，不仅应该正视性别歧视的争议，而且应该从实践的方向予以回应。重新审视文本的义理内涵与当代议题的可对话程度，以及是否能够减少伤害、提供出路，是儒家思想的研究目的之一。如果先就摆脱性别歧视的眼光而言，即应以儒家立场宣称不应做性别歧视的行为。若儒家思想足以作为所有

---

① 杨儒宾提出的"儒家身体观"，认为儒家身体应包含"意识的身体""形躯的身体""自然气化的身体"与"社会的身体"四个维度，其中"社会的身体"所指的就是社会互动、人与人之间的完善，相当于"礼""外王"的实践，参见杨儒宾《儒家身体观》，第2—26页。

人成德的思想依据，则不应以性别作为判定一个人是否为人的标准，否则在这样的判断下，仍难以避免性别歧视的嫌疑。

性别歧视的具体行为，表现为压迫、言语或肢体的伤害；文化上的行为，可能是整体氛围对于一些性别行为的不宽容、批评。例如：达到一定年龄才结婚的女性，往往比男性更易于受到同侪与家族的嘲笑，甚至急于为这样的女性找到婚配对象，都可能是文化歧视的表现①，因为我们没有理由支持婚姻必定是道德的行为，但在文化氛围下，这种行为相当程度忽视了未婚者的个体性差异，即造成了文化上的性别歧视。然而，至少在先秦儒家的典籍中，更为重视的是修身的基础是否能够达成，至于在社会或现实的成就，乃至于成德成圣上是否能够标准化、齐一化，孔子对如何达到"孝""仁"等意义常从不同角度切入，以及孟子将圣人分成"圣之清""圣之任""圣之和"与"圣之时"四种（《孟子·万章下》），更明显地指出圣人并无固定的形态，并且皆不以性别作为标准。这些皆可以帮助我们理解到，修身从来不是以性别（歧视）为内容，也不应以他人的社会性别角色定位一个人的等级与阶级。这样的梳理，或可作为当代儒家性别伦理的实践方向，或者至少在消极方面消解性别歧视的产生。

第五节　小结

本章以当代学者对儒家性别观点的论述为起点，观察学者不同的思路，而指出儒家思想中的性别歧视。研究结果发现不论我们是否承认儒家有性别歧视的思想或表现，如果认为性别歧视是不好的，则应该提出改善的方法，而不仅是对于历史或现况的描述。在解释了儒家的性别观之后，带出实践的方向与伦理的规范，提升人的品德以改善歧视的程度，以显示儒家思想的价值。

考察《论语》《周易》的记载，以及当代研究成果之后，儒家立场对于各种性别的人，不应采取先在排除的立场，仅因为性别差异就否定一

---

① 参见洪理达《中国剩女：性别歧视与财富分配不均的权力游戏》，陈瑄译，台北：八旗文化出版社2015年版。

个人的成德实践、修养成果，而应在包容的态度下，即便认为某些性别的人或行为有所偏差，皆应视为可改变的情形，进而才能从儒家思想的材料中，提供导正、进步的建议，显示儒家思想包容且开放的胸襟，这也是在当代社会发展下，提升所有人生活质量的有价值的思想。持这样的态度，本章指出性别歧视本身有时是将无关道德的性别行为，混淆成道德判断，例如对于未婚女性的歧视，而未婚并非不道德的行为，但却因为是女性，所以导致人们因性别而对此行为产生歧视。诸如此类的性别歧视皆应予以否定，接着再从儒家经典中，提出如何对待性别的实践方法或原则。

笔者目前虽暂无具体而有效的方法，但仍持续考察相关的性别主张与案例，例如后现代学说对于性别的观点，跳脱一元或二元的思考框架，重视生理性别与社会性别之间交互的影响，以及更为复杂的性别内容。借此亦可挖掘出儒家论述性别的复杂层面，进而结合案例分析，针对个别或各类的问题予以回应，以充实儒家性别伦理的内容，积极提出避免与改善性别歧视的方法。

第 八 章

儒家面对性别议题多元化的
时代及其回应

第一节 前言

　　上一章探讨儒家对于性别歧视的观点，以及当代儒学应如何回应这一议题，以增加儒家思想的开放性，并避免性别歧视的产生。这一章将更为广泛地探讨儒家面对性别议题多元化的时代，应如何开拓自身的思想范围，或者说是证明儒家思想可以对所有性别的人开放，而不仅限于异性恋者或异性婚姻的人。以下先交代性别多元议题产生的背景，再从儒家如何看待同性恋与同性婚姻的情形，进而回应婚姻平权的争议。

　　诚如上一章所述，性别议题在当今世界持续受到关注，自婚姻平权（marriage equality）、同性婚姻（same-sex marriage）、多元成家（diverse families）等议题引发广泛讨论之后，又有更多元的议题被挖掘，范围也不再限于同性恋。在 LGBTQ 的复合名词出现之后[①]，又有双性人（intersex；又称阴阳人）、无性恋（asexual；又称无性人）、流性恋（fluxion；又称流性人）、泛性恋（pansexuality；又称全性恋）等产生。除了法律、社会、政治的探讨，也引发许多人文与宗教思想的讨论，不仅不同的思想代表不同的立场，在同一思想中，也可能产生不同的立场，例如同在佛教的思想背景之下，有的学者支持同性婚姻，有人则反对。

---

　　① LGBTQ 前四者意指女同性恋（lesbian）、男同性恋（gay）、双性恋（bisexual）与跨性别（transgender），Q 则可指酷儿（queer；泛指异性恋以外的性别群体）或疑性恋（questioning；疑性人）。

第八章 儒家面对性别议题多元化的时代及其回应 / 121

或许由于思想特色或宗教性，在性别议题的讨论上，佛教与基督教较常提出看法，切入的角度亦较为多样。而在儒家思想影响所及的广大范围，对于性别议题的讨论，多在于儒家思想中是否存在阶级、歧视的观念，如果进一步涉及多元成家、婚姻平权、同性婚姻之类的立场，在"五伦"、一夫一妻、阴阳相交等观念的梳理之下，通常以反对收场。甚而有学者表示，与其执着于从儒家去支持同性婚姻，不如改投别家，以避免这一层身份的包袱。① 从众多的性别议题中，先聚焦于同性恋来看，姑且不论同性恋倾向是先天、后天、基因等因素所造成的，性别在人身上皆会以各种抽象或具体的特征表现出来。如果我们承认儒家的关怀是人文化成的世界，借由道德的规范使世界变得完善，则究竟是把同性恋者当成人文化成的一环，还是不当作人来看待，于是排除在人文化成的世界之外？

当然，儒家并非世上唯一的思想系统，选择什么样的思想来实践，确实与个人的自我选择有所关联。然而，儒家既然能提供所有愿意选择的儒家思想而实践的人一个理想的蓝图，则何以有些人仅因其选择同性婚姻，或者身为同性恋者，就被拒斥于儒家之外？这是以儒家思想反对同性婚姻者或同性恋者，需要进一步回应的。就既有的论述脉络而言，有学者将儒家的核心思想定位为家庭血脉的继承，并以阴阳相生之道证明此为儒家思想的骨干，如果不立基于生子传承，则不够资格作为儒家。这样的论述，除了忽略了一些现实的考虑，似乎进而将性（别）倾向扩大到成为决定一个人是否能够被定位为儒家的关键因素。性（别）倾向是否具备这样的地位，是值得反思的。举个例子来说，如果有一个人选

---

① 例如方旭东表示："当然，儒家反对同性婚姻，并非要求国家法律禁止婚姻。尤其是，如果一个社会已经走到同性婚姻合法的地步，儒家更无必要要改变这一现状。儒家反对同性婚姻，只是将其作为个人的自我选择：如果你要做一个儒家，你就不应该选择同性婚姻。毫无疑问，你完全可以选择不做一个儒家。"方旭东：《儒家再发声：同性婚姻不符合传统儒家对婚姻的理解》。张祥龙也表示："就此而言，儒家会在今天的形势中同意国家以某种方式给予同性恋者们的结合以适当的法律地位，尽量减少她/他们现实生活中遭遇到的法规上的不便，但不会同意将这种地位上升为合法婚姻，因为那意味着向根本的发生结构挑战。毕竟婚姻作为阴阳、天地、乾坤在人间的直接体现，实在是太重要了，既是'礼之本'，又是'政之本'。所以，很对不起，同性恋的朋友们，我们实在无法允许它在现代礼制或法律的框架中被含糊掉，尽管它在这框架中已经衰落得不成样子了。"张祥龙：《儒家会如何看待同性婚姻的合法化？》，第 69 页。

择儒家思想而生活，但因为一些身心、社会因素导致其不能生育，例如身体上的残缺，或者由于环境压力导致这个人无法生养小孩，但他仍然结了婚，我们似乎不会因前述的几个理由而苛责他并非儒家的人，顶多认为他实践的过程与目标皆不够完善。如果再加上一个条件，这个人是同性恋，而其不能生育的原因，同样来自身体上的残缺，或者由于环境压力导致这个人无法生养小孩等，但他仍然结了婚，只是这个婚姻是同性（恋）婚姻，则是否就要判定此人已不再是儒家的人呢？回到儒家思想来看，在一夫一妻、阴阳相生等观念下，也许只能说难以反对上述的例子，但一时也提不出直接的证据支持同性婚姻。然而，据此可以意识到的是，这个答案应该是有进一步讨论的空间的，或者我们可以借由不同议题的厘清，更为精细地论述儒家对于不同议题的观点，以展现儒家讨论性别的多元性。

诚如前述，在性别议题讨论越趋精细与多元的今日，同性婚姻、同性恋婚姻与婚姻平权等概念①，仍不断被厘清，意味着儒家的讨论，也必须更切合该议题所针对的重点，始能展现儒家能够回应多元的性别议题，而非仅限于同性婚姻。举例而言，在讨论儒家反对同性婚姻的立场中，是否将诸如同性恋、同性恋婚姻、婚姻平权等，都收摄于同性婚姻之中；又或者是否仅因为儒家对同性婚姻上的反对，以至于对于其他的性别议题，失去了讨论的契机。

鉴于此，本章将审视儒家对于性别议题的一些主张，表示儒家关注的广泛程度，并且能够也应该尽可能地回应，并且应进行更为精细的论述。由于性别议题涉及广泛，故本章暂仅就婚姻平权与同性婚姻的论述进行辨析，借此展现儒家对性别议题的多元触角，至于逐渐被关注的跨性别婚姻、双性人婚姻等，未来或有机会进一步研究。以下先反思现今

---

① 卡维波（1954 年——，本名甯应斌，中国台湾人，现为"中央"大学哲学研究所兼职教授）曾撰文辨析"同性婚姻""同性恋婚姻"的差异，吴钧也曾指出中国古代虽常见同性恋行为，但并无同性婚姻的传统，借此辨析"同性恋"与"同性婚姻"，在方旭东的著作中也出现与吴钧相似的观点。参见卡维波《同性婚姻不是同性恋婚姻：兼论传统与个人主义化》，《应用伦理评论》2017 年第 62 期，第 5—35 页；吴钧《中国古代宽容同性恋行为，但并无同性婚姻》，《澎湃新闻》2015 年 6 月 29 日，http://www.thepaper.cn/news Detail_forward_1346280。2023 年 2 月 2 日；方旭东《儒家再发声：同性婚姻不符合传统儒家对婚姻的理解》。

的研究成果，接着指出婚姻平权与同性婚姻的异同，再提出儒家可用以支持婚姻平权的理由，以及对于同性婚姻的支持尚有经典与理论的不足之处，最后则以此成果，作为儒家在面对多元的性别议题时，所能给予的回应与开展。

第二节　以儒家思想支持或反对"同性婚姻"的理论缺失

在当前以儒家思想讨论"婚姻平权"与"同性婚姻"的说法中，其实并未详尽辨析这两个概念的差异，而是不论支持或反对，皆集中于"同性婚姻"，或者如卡维波所谓的"同性恋婚姻"①，但在这些论述越趋精致的环境下，不同概念之间的区分，也越趋重要。由于当前的儒家研究尚未针对这两者之间的差异进行细致讨论，故这一节先就儒家思想在"同性婚姻"的论述，指出不论是支持或反对，都有一定的理论缺失，下一节再比较"婚姻平权"与"同性婚姻"两者之间的差异。以下将相关的讨论整理成两个主要的论点铺陈与反思，第一个论点是反思以经典依据反对同性婚姻的理由，聚焦于经典思想、义理与哲学的论述。第二个论点则是检视文化与历史的考察，是否依据所谓的儒家传统，就不能支持同性婚姻。

一　以儒家经典为依据反对同性婚姻的理由评述

近来在美国引发较大争议，而后对于世界具有较大影响力的同性婚姻事件，是2015年6月26日美国通过同性婚姻合法一案。这一事件不仅在各个层面引发效应，也同时与儒家思想扯上关系。在安东尼·肯尼迪大法官所执笔的通过同性婚姻判决书中，引用了《礼记》中记载孔子所说，婚姻是政府的基础。安东尼·肯尼迪在引用之后并未详述儒家立场能否支持同性婚姻，但借这一则原典的引用，指出婚姻的重要性，再回到判决书所要传达的旨意，让婚姻成为同性别者也能共同享有的权利。虽然有学者考证安东尼·肯尼迪的引证有误，可能对于儒家思想有

---

① 参见卡维波《同性婚姻不是同性恋婚姻：兼论传统与个人主义化》，第5—35页。

所误解①，但已不妨碍此举引发了学者在儒家是否支持同性婚姻上的关注，进而讨论儒家究竟有无支持同性婚姻的经典或思想。

不少学者从儒家经典中寻找，反对同性婚姻的理由。常见的反对说法莫过于儒家"不孝有三，无后为大"（《孟子·离娄上》）、"阴阳"衍生的男女结婚成家之观点，以及儒家对于中华或中国文化的传承基础，如果由于同性婚姻而导致不能生出具有血缘关系的子女，则不能传宗接代，儒家与中华文化势必断绝。以方旭东的一段宣称来看：

> 站在传统儒家的立场，婚姻最现实、最重要的功能是繁衍后代，以求家族生生不息、绵绵不绝。孟子曾提出"不孝有三，无后为大"为舜不告而娶的行为做辩护（《孟子·离娄上》）。汉代赵岐对"无后"做了解释，叫做："不娶无子，绝先祖祀"，亦即俗话说的"断了香火"。同性婚姻不能生育子女，无法担当起儒家寄托在婚姻一事上的职能：传宗接代，其为儒家所反对，可想而知。②

这种相似的论述，总的而言，皆是认为同性婚姻违背了儒家思想，尤其是礼教方面的意义。建立在儒家思想的基础上，且以经典为依据，如果我们认同儒家经典至少代表部分的儒家思想，或是较具代表性的《论语》《孟子》等足以表示儒家立场，则在同性婚姻的支持上，确实难

---

① 张祥龙与万百安（Bryan W. Van Norden）皆指出安东尼·肯尼迪的引用，是依据理雅各（James Legge）的英译本，以至于在查找原典时，并无完全对应的原文。据张祥龙考证，应是出自《礼记·哀公问》的"礼，其政之本与。"参见张祥龙《儒家会如何看待同性婚姻的合法化?》，第66页；Bryan W. Van Norden, "Confucius on Gay Marriage", *The Diplomat* (July 13, 2015), https://thediplomat.com/2015/07/confucius-on-gay-marriage/, 2023.2.2.

② 方旭东：《儒家再发声：同性婚姻不符合传统儒家对婚姻的理解》。"不孝有三，无后为大"语出《孟子·离娄上》："孟子曰：'不孝有三，无后为大。舜不告而娶，为无后也。君子以为犹告也。'"在《孟子》原文中，"无后"的意义当是指"舜不告而娶"一事，而非无后代子嗣。至汉代赵岐注始将此句解为"不娶无子，绝先祖祀"，"无后"才有了无后代子嗣之一。方旭东在理解"不孝有三，无后为大"上确实略有跳跃，导致引发了一些批评，后来方旭东为自己辩护说："后来看到有网友根据百度的解释一本正经地教训笔者：'无后'不是'无后代'，真让人哭笑不得。其实，儒家对于婚姻的理解从来就没有离开'传宗接代'这个听上去很土的观念。"方旭东：《权利与善——论同性婚姻》，第110页。这一辩护主要是在立场上表明，亦即方旭东认为不论如何理解"不孝有三，无后为大"，传宗接代或是维持儒家认为的伦理关系必定是儒家认为应该要做的事情。

以找到相关的记载为证。

虽然如此,也不能推论出儒家不能支持同性婚姻的立场,毕竟经典的诠释因为视域的不同,即可能产生不同的意义。举例而言,以儒家反对同性婚姻的理由如上所述,这样的立论确实把握了儒家思想的一些要点,然而,如果要说到儒家思想更为基础的层次,则不论成家、传宗接代、文化传承等行为,都应建立在人身上,而能够称为人的,或者是人性善的,或者有行善的能力。以儒家的概念而言,是具有"仁""义""礼""智"等性质的人,即儒家所关注的对象。在这样的基础上,再谈如何做与做什么等工夫实践的意义。就这点而言,其实比起以一个人的性取向与生育,判定一个人是否为善、是否为儒家的人,人性中的善与行善应更为基础,也更为难以否定。①

如同前言所举出的论证,如果有一个人是同性恋,而其不能生育的原因,同样来自身体上的残缺,或者由于环境压力导致这个人无法生养小孩等,但他仍然结了婚,只是这个婚姻是同性婚姻,则是否就要判定此人已不再是儒家的人呢?关于此点,方旭东曾试图给出回答,其认为儒家的婚姻观不仅是传宗接代,更重要的是维系儒家认为的完整的伦理关系,亦即"五伦"。是故天生有残缺的人只要是结异性婚姻,还是维持了"五伦",但是同性婚姻者则无法维持"五伦",而且是自己所做的决定,如其所言:

> 异性婚姻当中的不孕不育者,在本质上区别于同性婚姻的当事人,因为不孕不育在异性婚姻中属于个例、属于不幸,而同性婚姻的当事人则从一开始就排除了凭自力孕育的可能。至于丁克(决定不要子女的异性婚姻家庭),它跟同性婚姻家庭的最大区别是:它在伦理关系上是完整的,而后者则是先天欠缺的。这就是问题所在。无论同性婚姻怎样声称它跟异性婚姻可以一样,在儒家看来,有一

---

① 就"不孝有三,无后为大"来看,张祥龙与方旭东皆曾以此作为儒家反对同性婚姻的例证,然而,"无后为大"是不孝的三件事之中,最为重要的一件,但是否大到不足以作为儒家的人,或者儒家思想就因此而将这个人排除在外,其实有待更为精细地解读与论述的。参见张祥龙《儒家会如何看待同性婚姻的合法化?》,第68页;方旭东《儒家再发声:同性婚姻不符合传统儒家对婚姻的理解》。

点是它注定无法达到的,那就是:伦理关系的完整性。①

这其中还是有好几个层次未能厘清,首先是同性婚姻的组成基础主要是由于同性恋者相识相爱所组成,但同性恋者的成因复杂,不能一概归为自己决定如此。婚姻的组成固然是自己决定的,但如果不是基于相识相爱并且有共识的决定,则只是把婚姻当成工具,这一观点在今日社会中可能较为不适用,是故以生子判断同性婚姻不能满足儒家的伦理要求,可能在一定上有将婚姻视为工具的倾向。其次是丁克是自己决定不要子女,其实在"五伦"上也少了"父子"一伦,也是自己决定不让自己的家庭再形成"兄弟"一伦,同性婚姻同丁克一样少了"父子""兄弟"这两伦,为什么丁克达到了伦理关系的完整性,而同性婚姻者却"注定"不能达到呢?②

笔者设想,方旭东及其观点的支持者可能还有两个辩护的论点,第一是儒家并未强迫他人实践,而是一旦自主地选择了儒家思想而实践,就不应该再自行选择做同性恋者甚至组织同性婚姻,或者说如果真的是天生的同性恋者,那么或许可以在婚姻上结异性婚姻,进而传宗接代,达到儒家伦理关系的完整性。第二则是自行选择不要实践儒家的思想,去实践一个可以接受同性婚姻的伦理思想。

我们若对这两点稍加反思即知,关于第一点,可以很直接指出其问题,任何一个正常的伦理思想都不会要求或逼迫一个人做出如此违背自己天生条件与自主意愿的行为,尤其这个人的行为并不违背一般常识道德。当一个人接触一个较好的、有系统的伦理思想时,应该是受到这一伦理思想的影响,在既有的道德基础上增加道德内涵,儒家当然也扮演着这样的角色。关于第二点,正是笔者认为可以尝试打开儒家的大门的契机,反向思考一下,如果一对(或其中一位)组成同性婚姻的人,性取向是天生的,除了婚姻的形式有所争议,此人做了许多儒家所教导的善行,那么这个人是否仍要被排除在儒家之外?如果从儒家更为基础的

---

① 方旭东:《权利与善——论同性婚姻》,第111页。
② 有些观点认为同性婚姻不是传统意义上的夫妻,是故也会少了"夫妇"一伦,但如果同性婚姻与丁克一样不生育小孩,那么"夫妇"一伦还需要以生理性别决定吗?抑或是可以透过家庭角色的认同与分工,又或者是以个人人格特质以安立呢?

道理来看，原本反对同性婚姻的立场，可能因此而松动。虽是如此，笔者一时还是未能举出直接的证据证明儒家在同性婚姻上的支持，这也并非本章所要捍卫的立场。笔者只是要在此指出有些支持或反对的推论，都还有更为广阔的诠释空间，而这诠释空间，可以更为精细地将儒家的思想应用在更多的性别议题上。

二 传统如何不足以推论出现今如何

有别于上一小节的另一种论述策略，是借由儒家或中国传统文化支持或反对今日的同性婚姻。在反对的立场中，吴钩所举的例证算是颇为丰富，从先秦的"龙阳之好（癖）""分桃之爱"，顺着历史发展的脉络，一路到明清之际曾有过的同性恋记载，并且在民间或某些地区受到相当程度的认同与宽容[①]，最后则以康熙年间的一起同性婚姻事件作结。该起同性婚姻为民间两位男性自行结婚，未受文化与当时法律的认可，随后即被政府逮捕与判刑。其文虽未明确指出是在儒家思想的影响之下，以至于产生这样的文化，然而，就文中所指出的异性婚姻制度，以及诸多帝王、名士之间的同性恋情与婚姻之间的记载而言，这样的传统文化，与儒家思想恐是密不可分的。

吴钩以此与其他相关事件证明，中国历史中虽不时发生同性恋之情事，并且不乏被认同与宽容的情形，但一旦同性（恋）者试图缔结婚姻，即相当于跨越文化或国家制度所能容忍的底线，将立即受到反对。这篇文章大多着重于史料的铺陈，直到近文末之处，吴钩整理了今昔观念的对比：

> 今天的婚姻定义，当然已越来越倾向于是"两个人基于自愿的民事结合"，基本上不再有"合二姓之好"的宏大叙事，也跟"以继后世"的人口繁衍义务脱了钩，但尽管如此，婚姻仍然跟一般的民事结合不一样：首先，婚姻受到伦理的约束，近亲结婚、不伦之恋、多边婚姻都不会被文明社会接受；许多人也认为"同性婚姻"挑战了家庭伦理。其次，婚姻是一项既继承了古老传统、又经立法确认

[①] "宽容"用在当今讨论对待同性恋的语境中，可能带有歧视的意味，然而此处为梳理吴钩的论述，故直接使用其文中的"宽容"一词，不表示本书认为应以宽容的态度对待同性恋。

的国家制度，对既有婚姻制度的革命性改变，牵涉太多人的认同与否，仓促的改变必将制造社会撕裂。①

这一段论述，其实也是不甚成熟的推论，终于显示这篇文章的目的，不仅止于史料的铺陈，还借由史料所呈现的传统观念，提供给今日作为判断同性婚姻的依据。当然，就吴钩此文的立场而言，其认为中国传统的婚姻观念不能够支持现今的同性婚姻。

从以上的引文即可看出，其推论的过程相当简陋，例如传统婚姻观念何以推论出今日的婚姻观念，文中即未详述，而仅以仓促改变将造成社会撕裂为由。这个推论似纳入时间作为评断同性婚姻观念产生的进程，但这个观念的产生绝非仓促，"同志"运动至少有百年以上的历史，经历不断的考验、挫折、修正之后，才能在今日受到重视，绝非一夕可成。又如其所言的同性婚姻挑战家庭伦理，却将同性婚姻与带有贬义的近亲结婚、不伦之恋、多边婚姻并列，误解也误导了同性婚姻提出的意义，其实是为了解决部分人在现实中的痛苦而提出。②

当然，吴钩此文着重于历史文献的铺陈与考证，不能全以论证过程否定此文的研究价值，只是如果我们严格地来看这个思想或文化演进的推论，传统是否能够造成现今应该如何，往往不是如此简单地推论而出的。举例来看，在以往的中国动物保护观念并非主流，近年来或许由于某些宗教观念影响，或者由于人类对于生命感受痛苦的程度提升，也可能是受到一些儒家经典诠释的影响，而对于动物保护的观念越趋明显，提倡的人士与团体也越来越多。如果依照吴钩这种类似的脉络，是否会指称由于中国传统没有动物保护的观念，所以今人提倡动物保护，可能是不文明的，甚至造成国家的撕裂？事实上，今日较为理性的动物保护观念，或许不会强制要求他人的行为，或以吃素为唯一的道德要求，但在食用或使用动物时，尽可能减轻其痛苦，已是对待动物上较为进步的做法。就此而论，我们似乎

---

① 吴钩：《中国古代宽容同性恋行为，但并无同性婚姻》。

② 笔者曾另文讨论"多元成家"议题的产生，多是受压迫者感受到现实中的身心痛苦而提出，期能减轻或消解痛苦，只是该文从佛教的思想切入，讨论佛教如何支持"多元成家"的立场，故于此暂不详述，参见李明书《以"十善业道"的"不邪淫"证成"多元成家"的合理性》，《玄奘佛学研究》2018 年第 29 期，第 83—104 页。

不能再宣称由于传统上是怎样，则今日就应该或不应该怎样。①

以上对于从传统推不出现今的批评，其实仍有未尽之处，原因在于如果传统上推论不出应反对同性婚姻，则也同样推论不出应支持同性婚姻。是故我们也无法宣称中国传统上是反对同性婚姻，所以现在就应该支持同性婚姻。在此仅先尝试松动既有的推论，并且将儒家思想更为细致而精准地应用在现今的议题上，这也是这一章所要辨明的婚姻平权与同性婚姻两个概念的差异，以说明目前借由儒家思想讨论同性婚姻的论述，如果切换到婚姻平权，其实更有开展的空间。

三　儒家如何看待人的选择？

在上一章与这一章提及方旭东的观点时，关于个人选择的议题尚未着重论述，此处将特别提出来探讨。重点不在于批评其观点，而是呈现其观点所具有的讨论价值，引发笔者更为深入的思考。其实不只是方旭东，许多认为儒家反对同性恋或同性婚姻的观点很容易忽略人的自由选择能力，并且导致儒家思想的包容性大大降低，以至于产生像蒋庆的极端论述，认为人类会因为同性婚姻而灭绝。②

---

① 邝隽文曾指出"传统"一词的意义，不应是把传统原封不动地搬到今日使用，而是应更深入地了解构成儒家或中国（其文中用"中华"一词）传统的根本，即"仁心"，也就是人与人之间的真情实感，才能够深切地了解同性婚姻所要解决的问题。参见邝隽文《同志婚姻会令"中华文化"毁于一旦吗？》，《独立评论》2016 年 12 月 27 日，https://opinion.cw.com.tw/blog/profile/52/article/5164，2023 年 2 月 2 日。李瑞全也曾撰文讨论儒、释、道三教的生命感通方法，建立在人与人之间的同情共感，促使人们会去做利他的行为，而利他的行为即包括帮助他人、减轻痛苦等，如儒家常被举出的"孺子入井"一例即是，参见李瑞全《生命之感通与利他主义：儒释道三教之超越利己与利他之区分》，《玄奘佛学研究》2017 年第 28 期，第 19—50 页。

② 蒋庆曾撰文指出同性婚姻将带来四重毁灭性的挑战，依序是：一、"同性婚姻合法化是对天道的毁灭性挑战"；二、"同性婚姻合法化是对人的自然属性的毁灭性挑战"；三、"同性婚姻合法化是对人类文明的毁灭性挑战"；四、"同性婚姻合法化是对人类现行婚姻制度的毁灭性挑战"。参见蒋庆《这个世界究竟怎么了？——从儒家立场看美国同性婚姻合法化》，载肖洪泳、蒋海松主编《岳麓法学评论》第 10 卷，中国检察出版社 2016 年版，第 5—7 页。其中第一点即提到："同性婚姻合法化违背了天道，违背了乾坤阴阳化生万物延续人类的神圣天则，使人类在独阳独阴的婚姻中断绝后嗣，此即意味着人类正面临着灭。"蒋庆：《这个世界究竟怎么了？——从儒家立场看美国同性婚姻合法化》，第 5 页。这种常见的过当推论，相当于有人宣称如果每个人都出家，人类就会灭绝一样；支持同性婚姻合法，也并非所有人在实然与应然上都缔结同性婚姻。此处暂不针对这个推论深入批评，而是指出这样的推论恐将儒家的视野仅局限于同性婚姻，而忽略了婚姻平权的意义。对于蒋庆的详细批评，可参见方旭东《权利与善——论同性婚姻》，第 107—109 页。

关于这一议题，可以先初步分成三种情况来看：第一种情况是实践儒家思想的异性恋者选择异性婚姻，理想上应可达成儒家伦理在现实上的全部要求；第二种情况是实践儒家思想的同性恋者选择异性婚姻，或许可以达成儒家伦理在现实上的全部要求；第三种情况是实践儒家思想的同性恋者选择同性婚姻，很难达成儒家伦理在现实上的全部要求，也就是可能只能达成部分要求。第一种情况较无争议，于是无须多着墨。第二种情况则是违背了同性恋者个人的性取向，前文已经提过，儒家思想不至于强迫一个人做出这样违背自己意愿的行为，而是应该循循善诱，甚而在不强制改变其生来具有的生理特征的情况下提出实践的方法。是故重点应该在第三种情况，亦即同性恋者自行选择实践儒家思想，并且又自愿选择同性婚姻之后，才可能产生与儒家思想之间的冲突。关于这种情况，可以再从两个方面析论，第一是儒家应该以什么态度面对个人的选择，当然前提是在当事人确实是凭自己意愿选择，而且有心从事儒家道德实践的条件下；第二是儒家如何看待个人自由选择的能力，亦即个人选择能力在儒家实践的要求之中具有什么样的地位。

先从第一点而言，这里可以再回顾并补充一些方旭东所提出的观点：

> 儒家反对同性婚姻，只是将其作为个人的自我选择：如果你要做一个儒家，你就不应该选择同性婚姻。毫无疑问，你完全可以选择不做一个儒家。……儒家对同性恋人群没有任何歧视，同性恋者可以有自己的性取向，有自己追求幸福的权利，但儒家亦强调，身为儒家，就必须担负起儒家式的义务，包括传宗接代这样的事。换言之，作为儒家，对家族的责任要高于追求个人幸福的权利。在这个地方，儒家不赞成"任性"的选择。①

> 异性婚姻当中的不孕不育者，在本质上区别于同性婚姻的当事人，因为不孕不育在异性婚姻中属于个例、属于不幸，而同性婚姻的当事人则从一开始就排除了凭自力孕育的可能。②

---

① 方旭东：《儒家再发声：同性婚姻不符合传统儒家对婚姻的理解》。
② 方旭东：《权利与善——论同性婚姻》，第111页。

先前已经提到，同性恋者并不完全是自由选择之后的性倾（取）向，但这复杂的成因需要心理学、生物学等研究才能证明，此处仅就方旭东的论证与儒家思想而论。依据方旭东的说法，认为同性婚姻可以自由选择当是毫无疑义的，因为不论同性恋或异性恋，是否缔结婚姻基本上是由相爱的两个人共同选择之后所做的决定。关键在于儒家思想是否有充分的理由排斥一个既选择同性婚姻又选择实践儒家思想的人？

如果一个人是先学习儒家思想并实践在先，而后选择同性婚姻，依照方旭东的观点，恐怕只有一种选择，就是放弃儒家思想的实践，因为一旦选择了同性婚姻，就无法兼容实践儒家思想，而且必须尽弃所学，完全转换另一套道德实践以奉行。如果是已经缔结了同性婚姻，而后受到儒家思想的教化之后决定依着实践，若要避免方旭东所说的"任性"，恐怕只有离婚一途。然而，儒家是否真的无法提供一种兼容的实践方法？又或者接受"五伦"不能尽善尽美，但在能尽的部分尽力而行呢？基于前两小节结尾处提到的观点，笔者更倾向于提供接纳、包容的方法，而不是截然二分式的立场。

接着看第二点，儒家如何看待个人自由选择的能力？有些反对儒家接受同性婚姻的观点，易于忽略儒家对于个人自由选择能力的重视，才会推论若支持同性婚姻，会对社会、政治，乃至于全人类造成不当的影响。究实言之，这一问题不是出在同性婚姻者身上，而是发生在受同性婚姻影响的人身上。除了上述提到的蒋庆，张祥龙的观点也隐含了这样的意思。张祥龙除了考察美国同性婚姻法案引用儒家文献的失当，还指出了儒家不能支持同性婚姻的四个理由。白彤东对于这四个理由有比较详细的评论，并举出这四个理由的要点，加上此处不再重述张祥龙的观点，而是要指出其观点如何忽略了个人的选择能力，是故以下依白彤东整理出张祥龙的四个理由来看：

> 第一，同性婚姻会导致群婚制。……第二，同性婚姻违背了儒家的孝道。……第三，同性婚姻家庭对其抚养的孩子有伤害。……第四，允许同性婚姻，实际上是对其的鼓励与宣传，从而不能保证

这种婚姻保持一种少数、例外的状态。①

白彤东对于这四点均提出反驳，认为儒家支持同性婚姻不会造成张祥龙所担心的问题，例如群婚制、对抚养的孩子有伤害等，并且提出了如何在制度、实践上避免这些疑虑的具体改善方法。

除此之外，这种认为一个法令或制度的建立，就导致人人失去其主体性的观点，大大有违儒家思想对于个人主体性的重视。以孔、孟的个人实践而言，正由于其自身的坚持，才能贯彻理念，影响后世。虽然后人难以达到孔、孟的高度，但孔、孟的"求其放心"、教人立志的思想，在面对同性婚姻时似乎被视为是无效的，因为同性婚姻一旦成为一个国家法律所许可的制度，这个国家的所有人都会受到影响，各种各样的负面情形均会不断出现。当然，儒家思想无法完全控制一个社会是否出现负面情形，但儒家思想的一项可贵之处，就在于如果真的出现了负面的、道德败坏的恶行，身为儒家思想的实践者应该具备一定的能力分辨并抗拒，而不是先在地且悲观地认为定会受到影响，并且似乎抵御不了这样的影响，于是就试图先将其遏制。更何况，同性婚姻并不是道德上的恶行，而是一种或先天或后天的性取向。再从另一个角度说，一个异性恋者因为受到同性婚姻的影响而失去了自己既有的选择能力，甚至为恶，这当然是有可能的（前提必须是同性婚姻者做了恶事而影响他人，而不是同性婚姻者本身是恶人）；然而，儒家的实践方法难道不能引导人发挥自己的理性以分辨善恶，选择该做的行为吗？

总结儒家关于个人的选择而言，首先，从儒家思想中发展出既能选择同性婚姻，又能选择实践儒家思想的观点，或许才是展现儒家思想开放性的较好的思路。其次，儒家的实践者应更具主体性地发挥自主选择的能力，以应用于道德善恶的判断上，不需因为担心受到一项法令、政策的影响，就先在地否定，而失去理解、改善的可能。

有关儒家与同性婚姻的讨论尚涉及许多议题，难以一语道尽，是故

---

① 白彤东：《儒家如何认可同性婚姻？——兼与张祥龙教授商榷》，《中国人民大学学报》2020年第2期，第91页。白彤东依据的材料为张祥龙《儒家会如何看待同性婚姻的合法化？》，第67—69页。

以上仅整理出一些笔者近年所观察到的要点，接着则进入同性婚姻与婚姻平权的关系，试图从儒家在婚姻平权上的观点，延伸到同性婚姻的立场。

第三节 "婚姻平权"与"同性婚姻"的关系与儒家的观点

一 "婚姻平权"与"同性婚姻"的关系

"婚姻平权"所指的是，在一个国家中，各种性别或称多元性别的人，在婚姻上能够拥有与所有人相同的权利，亦即皆能缔结婚姻，或者说皆能以婚姻的形式而成立家庭。当然这里所谓的所有人，主要是指异性（恋）婚姻而言。"同性婚姻"则是指同生理性别、社会性别或性取向的人可以缔结婚姻。虽然婚姻平权主要是因应同性婚姻的提出，但就两者所指的意义而言，还是有相当程度的差异。

婚姻平权的提出，在消极方面，是为了排除非异性恋者在法律上不能享有婚姻的权利之情形；在积极方面，则是为所有（性别的）人，提供婚姻权的保障。这样的保障，表面看来虽是为了性别差异，要求平等对待而提出，实际上也确实是因应同性婚姻而备受重视，但是不能忽视的一点是，婚姻平权要求的，在于使得每个人在各自的国家中，能够享有平等的婚姻权。在消除因性别而产生的不平等对待之前提下，期能将所有人在婚姻权上拉到同等的地位。当然原本受到不平等对待的，主要为非异性恋者，导致提升地位的是非异性恋群体，而异性恋群体的权益并未在这过程中受到任何的改变。由于初步受到较大影响的是同性（恋）者，因此一般人也好，学者也好，似是不自觉地或者未能明辨地将"婚姻平权"与"同性婚姻"画上等号，于是在归咎事件的产生与法案的推动时，往往直指这是同性（恋）者要求婚姻平权的结果，却忽略了婚姻平权这一概念本身所包含的意义，远较同性婚姻要来得广泛。

就近年来中国台湾地区的"台湾伴侣权益推动联盟"[①] 所规划的

[①] "台湾伴侣权益推动联盟"是中国台湾地区推动"婚姻平权"的团体之一。

《婚姻平权（含同性婚姻）草案》①来看，即谨慎地辨别这两个概念的差异。从草案标题在"婚姻平权"旁另用括号表明"同性婚姻"只是婚姻平权中的一项内容，以及草案总说明中强调并厘清婚姻平权的范围，包含LGBTQ群体，而不仅限于同性婚姻，可以看出这两种权益应有一定程度的区别，适用范围也不能一概而论。对这两种权利进行基本的厘清之后，连带地在传宗接代、收养制度等议题上，乃至于如蒋庆指出同性婚姻无法生子，将导致人类灭绝之类的忧虑，方可更为聚焦地了解学者之间讨论的重点，以及当前讨论的议题，仅限于同性婚姻的范围，而未涉及婚姻平权中的其他议题。

岳亮亦曾观察到上述情形，其指出同性婚姻合法化并非婚姻平权的问题已获得全面的解决，在LGBT群体中，并非所有人都希望借由婚姻方式保障平权，但因法律上的规定，使得同性婚姻成为法律上唯一可以缔结婚姻而成家的形式，却抑制了婚姻之外的其他成家或伴侣形式。除此之外，LGBT群体中较为复杂的跨性别者（transgender），无论是变性或具有两性特征者，若不是尚未得到法律上的保障，则必须被暂时归类为同性婚姻的群体，而这可能是跨性别者本身即难以认同的情形。② 这项观察就指出了婚姻平权的复杂性，或许可以借由同性婚姻挖掘而出，却不能轻易地等同。

从本章所要辨析的立场而言亦是如此。如果这两个概念在意义本身，以及关系较为紧密的法律层面而言，都必须厘清这样的歧义，那么当我们运用人文思想的观念加以探讨其合理性或适用性时，更须清楚讨论的对象，以及该人文思想适用的限度为何。

二 儒家支持"婚姻平权"的依据

以上指出了以儒家思想看待同性婚姻的一些缺失，并辨别婚姻平权与同性婚姻的差别，接着所要指出的是儒家可支持婚姻平权的依据。

---

① 《婚姻平权（含同性婚姻）草案》发布于"台湾伴侣权益推动联盟"网站，https://tapcpr.files.wordpress.com/2013/10/e5a99ae5a7bbe5b9b3e6ac8a1003.pdf，2023年2月2日。
② 参见岳亮《别以为同性婚姻合法化就太平了，之后是无尽的争议》，《澎湃新闻》2015年6月28日，http://www.thepaper.cn/newsDetail_forward_1346065，2023年2月2日。

先前已提到，婚姻平权所要解决的问题，是所有人都能享有婚姻上平等的权利，换句话说，人们的婚姻权，不因生理性别、社会性别或性取向的不同而有所差别。同性婚姻则是保障同样性别的人，皆能享有与异性婚姻同等的权利。至于儒家之所以表明对于婚姻平权或同性婚姻的立场，除了思想义理的厘清，更重要的，应是在儒家的思想体系之下，可以解决什么样的问题，进而将这个问题聚焦在婚姻上。以儒家的关怀而言，重在发扬人的"仁心"，以"仁心"为基础，借由礼乐而建立人文化成的世界。在这样的思想基础之上，不论是以儒家思想看待非异性恋者，还是非异性恋者自我检视，都不应以性别上的差异，判定一个人是否为儒家的人。① 此处所谓的是否为儒家，所指的是一个人是否努力实践儒家的教导而言。

就儒家立场而言，自是可以辩称，如果同性恋者以儒者自居，应依照儒家的教导，改变自己的性取向，而不是倒过来要求儒家改变原则以接纳之。这样的辩称固是有理，但仍令人不免质疑的是，究竟性取向或婚姻形式的选择，是否足够作为一个人是否为儒者的标准？如同前言与第二节所举的例子，同性恋者除性取向与婚姻外，皆奉行儒家道理，并且身体上不能生育或由于环境导致此人无法生养后代，则我们是否将其排拒于儒门之外？诚然，如前所述，这样的例子仍不足以证明儒家就可接受同性婚姻，但若我们回到儒家所关怀的人文世界而言，若要将这样的情形拒之于门外，是否也丧失了儒家关怀人的基本思想？反对者仍可再提出一些反例，尤其是儒家赞许的婚姻向来以异性缔结为主，本章于此也就不再各举正反例证辩驳，以免形成各执一词的说法，并且笔者也已强调，在同性婚姻这一点上，至多只能做到松动，而并无直接的证据支持。

于此将焦点移向婚姻平权来看。如果我们先以儒家的基本关怀来看，应是先以人为基础，再谈论后续的教养、锻炼等，则在对待人的次序，

---

① 白彤东在论证儒家可以支持同性婚姻的过程中，也特别指出儒家特别重视关爱（"仁爱"），不论是何种形式的家庭，都应该以关爱为基础，而不是只依据性别身份决定一个家庭的好坏。如其所言："儒家虽然承认一夫一妻可能更有利于实现儒家认同的价值，但可以在以稳定和关爱为首要善的条件下，允许一些非一夫一妻的婚姻形式存在。"白彤东：《儒家如何认可同性婚姻？——兼与张祥龙教授商榷》，第95页。

应是先看到一个人的善性、可被教化的可能,而决定一个人是否为儒家的人,而非一开始先看到一个人的性取向,而后再决定此人是否为儒家所认为的可教化的人。进一步而言,如果是以人的善性或可被教化的可能作为基础,则应先在婚姻上,承认人人皆享有同等的对待或权利,进而做一些先天或后天的区别,以进行分类式的辨明,才不至于倒果为因。就此而论,同性婚姻或许尚有讨论空间,但婚姻平权恐是儒家必须接受的立场。

这样的推论尚夹带着一些有待厘清的问题。第一,在承认大类的情况下,大类中的小类亦须一并承认,这似乎混淆了类属关系;同样,同性婚姻包含在婚姻平权之中,是故如果承认婚姻平权,似乎连带地导致儒家也承认同性婚姻,而混淆了这两类的范围。第二,在发生顺序上,是从同性恋者争取同性婚姻开始,引发后续省思婚姻平权的意义,于是产生相关法案的推动,如果接受婚姻平权而不接受同性婚姻,则相当于否定了推动婚姻平权的基础。

就上述两点疑虑而言,或许我们可以重新检视发生顺序与权利基础之间的关系。虽然在事件的推动上,是同性婚姻先于婚姻平权,但以权利的优先性而言,人人皆有婚姻权利应先于同性恋也有婚姻权利。虽然有些国家在制定法律上是以男女两性作为享有婚姻权利的性别范围,但是以两性为限,是为了针对婚姻的特殊性而言,至于这特殊性则包括两个人在爱情上的保障、成立合法的家庭等。这些特殊性是相对于未婚或不婚者而言,但却是构成婚姻关系的基础,也是在婚姻关系中普遍必需的充分条件。如今我们要反思的是,这些基础与性别之间的关系究竟是什么?如果成立婚姻制度是为了两个人在爱情上的保障、成立合法的家庭等,则性别在婚姻关系中究竟扮演什么角色?即便有人宣称婚姻还包括为了孕育有血缘关系的下一代,但不能否认的是,家庭、生子还是必须建立在爱情的基础上,否则没有情感作为基础的婚姻将流于形式化。若是如此,同性婚姻的争取,似是回到婚姻上更为基础而根源的推动因素,即爱情。也就是同性恋者常提出的一个提问:如果两个人真心相爱,为什么不能借由婚姻而给予法律上的保障?顺着这个提问,则同性婚姻所提出的其实是整个运动发生序列中最为根源的条件。这种追问的形式,如同学者所追问的天道、本心、本性是什么。这自是发生在已有天道、本心、本性之后，学者们回过头去探究这些意义何在，但这无损于此义的发生顺序。

以这样的推论来看，厘清了婚姻平权与同性婚姻在时间发生上的序列是后者先于前者，但在意义的探寻上，则是省思婚姻平权的根源。若是如此，则支持婚姻平权而对于同性婚姻持有所保留的态度，则并不是犯了类范围错置的谬误，而是当溯源到同性婚姻的要求是婚姻关系中最为基础的条件时，同性婚姻的特殊性因此被突显出来。就此而论，反而是当我们认同婚姻权是应该所有人皆享有时，意识到同性婚姻可能与一般在婚姻上的认定有所差异，于是被特别提出来讨论其在婚姻上的适用性与特殊性。

接着以儒家来看。虽然儒家在经典记载上，以男女、"阴阳"等结合作为其所认可的婚姻形式，然而，男女、"阴阳"的指涉，多属于生理性别的描述，而难以扩及社会性别上，以及超出男女两性之外的情形，对于男女结合以外的婚姻形式，自也无直接的反对理由。尤有甚者，儒家若以男女两性概括为可以结婚的所有人，则支持婚姻平权，就相当于儒家对于所有人都能同等看待一般。如果在这一点上能够承认，至少就能在儒家对于性别议题的立场上产生一些分辨。支持婚姻平权之后，较具有特殊意义的同性婚姻，乃至于双性人、跨性别等形式的婚姻，也许一时仍找不到被支持的理由，但借此分析，或许儒家也不见得只有反对的声音，而可能尚有更多论述的空间。这样的论述空间也不见得是同性、双性、跨性别等婚姻的支持者所乐见的，但却能开启儒家更为广阔的讨论空间，也能在性别议题上，省思儒家所适用的范围，以及接纳这个世界的广度与界限。

第四节　小结

本章借由检视儒家应如何看待"婚姻平权"与"同性婚姻"展现儒家在多元的性别议题上的开拓，而不至于有所局限。论述的脉络，在提出本章的问题意识之后，即从当前的讨论入手，检视若干研究的缺失，一者为儒家经典并无明确地批判同性婚姻的行为，反而对于人的关怀与重视，亦即一个人是否为儒家的人，不应以性取向作为决定性的标准；

二者则是儒家或中国传统如何，不能推论出现今应当如何。本章虽指出了前人研究的缺失，却也未能提出儒家支持同性婚姻的明显证据，是故借由性别议题的展开，指出儒家在其他的性别议题中，有更为深入与宽广的讨论空间。最后指出儒家可以支持婚姻平权，却如诸多学者所提出，未必能支持同性婚姻。

　　经由本章的梳理，指出以儒家反对同性婚姻或有经典义理作为支撑，但性别议题的多样与复杂程度，不能仅以同性婚姻概括，而是应追溯同性婚姻更为基础与根源的层面，亦即婚姻平权的提倡。儒家若承认人人皆可成婚，且皆能在法律的许可下，缔结属于两人的婚姻，则相当于支持婚姻平权。在这样的基础之上，对于同性婚姻实可持保留的态度，或者有待未来各种学科更为精致化地处理，而产生不同的见解。例如同性婚姻能否借由生理性别与社会性别的区分，而产生不同的形态？而儒家所谓的男女、阴阳相生之道，是否能与生理性别与社会性别的区分进行比较？诸如此类的议题，皆可透过儒家思想广纳各种声音，而获得一定程度的开展，而不是限于特定性别及非儒家范围，就失去了对话、沟通与理解的空间。

　　如果能够建立儒家与这些议题对话的桥梁，则儒家思想在性别议题的讨论上，将不仅限于同性婚姻而已。诸如逐渐被挖掘与重视的多元性别、多元成家，像是其中的跨性别、双性人之婚姻形态、非血缘关系的家属如何缔结等，面对这些议题时，儒家观点究竟应扮演什么样的角色，提供应有的关怀、帮助，抑或只是径行排除，阻绝了进一步对话的空间，何者较为彰显儒家思想在当代的价值，当是显而易见的。

对话篇

第九章

中国生命哲学真理观的标准
——与杜保瑞商榷

第一节 前言

杜保瑞的中国哲学方法论在学界具有一定的影响,并引发许多回应,值得深思与探讨。早期杜保瑞提出中国哲学真理观,主要是为了解决中国哲学系统的理论标准问题,以显示各自系统的合理性与正确性。其认为中国哲学各家的理论系统标准之间不容互相批判,因为批判往往是无效的,而应就各自的系统自证其为真,且范围主要限定在儒、道、佛三家。[①] 经过长期的研究与展开,杜保瑞将理论内容扩展到三家以外的哲学系统,诸如墨家、法家、《易传》、《人物志》、《菜根谭》等,并且从理论层面延伸到实践层面,更显示中国哲学理论与实践难分难解的特性。从杜保瑞的理论建构中所充满的思辨性,本章试图提出其中的理论困难,尝试为其观点进行修正,以期使中国哲学真理观的标准更具有说服力与客观性。

第二节 中国哲学真理观的定义与标准

从杜保瑞早期的中国哲学真理观,至最近出版的《中国生命哲学真理观》,表示其将论述的范围聚焦在生命哲学方面,理由在于中国哲学都

---

① 参见杜保瑞《中国哲学中的真理观问题》,《哲学与文化》2007年第34卷第4期,第101—121页。

是指导人生的哲学，与生命内容、实践息息相关。因此，真理观范围与标准，即排除了非生命哲学的范畴，诸如名家之流，而以儒、道、佛、墨、法等各家为主。真理观的意义，即各家哲学系统经由观察、思辨、论证等程序而提出其所认为真的命题或解释架构，从其论理的程序可以进一步探讨其合理性为何。简而言之，中国哲学真理观就是中国各家哲学或各哲学家在其信仰、认知、实践之下所证明为真的道理。

由于各家的观察、思辨、论证等进路不同，从问题的提出到解释，以及理论背景与预设也千差万别，故各家提出的结论亦各自不同，亦即对于整体世界观的解释，判断各种问题的真实性依据与各家的进路也随之而异。如果承认了这一点，就进而可以推论出中国哲学系统之间的差异性，尤其在基础上，如果各家的预设与问题都不同，确实就不在一个基础上论述，则论述目标亦即真理观之间也确实无法比较，甚至可说不具有对话与交集的空间，进而就能达到杜保瑞所说的各家系统自证其为真的结论。然而，中国哲学各家的真理观是否如杜保瑞所认为的关系呢？或者问得更精确一些，中国哲学真理观的标准是否如杜保瑞所述，仅是自证其为真即可论断？以及各家哲学真理观之间是否不能比较、反思？在其设定的系统中，很明显是持肯定的答案，即各家哲学系统凭着实践者自身的信念，相信自己所选择的系统，只有自己的实践结果可以证明自己相信的系统为真。杜保瑞不止一次提及这样的观点，"儒、释、道三教是不可比较的"①，"各家都无否证他家的可能"②，"本体论的价值意识是选择的结果，选择了而证成了只能说明自己的信念是有效的，但是并不能否定他人的信念"③。

杜保瑞从不同的角度不厌其烦地论述与证明此一观点的有效性，从中国哲学经典与故事中皆找到一些材料佐证，指出即便在历代看到许多哲学家自以为是的哲学辩论，一方面批判他人的理论，另一方面证明自己理论的正确性，事实上皆是无效的攻讦，没有对准对方的哲学问题而产生的发言。于此之前，杜保瑞以长期以来建构的本体论、宇宙论、功

---

① 杜保瑞：《中国生命哲学真理观》，人民出版社2019年版，第42页。
② 杜保瑞：《中国生命哲学真理观》，第47页。
③ 杜保瑞：《中国生命哲学真理观》，第52页。

夫论与境界论四方架构作为中国哲学的基本问题,以此说明中国哲学的发言必须建立在这四个基本问题上,才能以共通的话语进行讨论。然而,历代哲学家因为缺乏这样的共通话语,而产生了许多不当的批评,这些批评不仅不必要,甚至往往是错误的。[①]

杜保瑞对中国哲学基本问题的研究已有长时间的积累,互相以之作为中国哲学真理观的基础,来证明各家哲学的真理观具有不可否证、批评,而自证其为真的特性。因此,所有的选择与认定,皆是凭着个人信念自由选择的结果。至于此信念则无从辨别真伪,只能是一种预设或无法追问原因的基础。如同一个人为什么选择儒家而实践?另一人为什么选择道家而实践?必是其相信儒家或道家的道理能够为其带来实践上好的结果,但是在实践之前为什么相信,至多只能说是这个人有了一些基础认识之后的选择。然而,两家系统若摊在同一人面前,亦无法提出一个明确的标准说明为什么此人必然选择儒家或道家,而不选择其他家,于是杜保瑞即以信念或信仰解释此一现象,此解释确实对于成千上万人自由选择实践的思想产生了相当程度的帮助,至少有助于我们了解中国哲学真理观的预设从何而起,而此预设是不能再进行追问的。

虽然在原则上,不同学派的理论与实践标准不可互相攻讦,但从不同的视角或发言立说者的身份而言,仍可评估其发言的准确性。为了展开检证理论与实践标准的层次,杜保瑞将与真理探究相关的身份区分为创教者(教主)、研究者、实践者与检证者四种。创教者依据自己的信念立说,他人、他教无法检证创教者的真伪;研究者的工作在于理解创教者的理论,理解得准确与否决定研究成果的优劣,可供他人进行评判;实践者依据其所选择的信念而实践,可透过检证者以检证其实践的真伪。[②] 四者之间的关系既可严明区隔,也可一人具有多重身份,解释了现实中这四种身份的关系及其复杂性。

这样的解释达到了一些效果,以及借由信念保障了个人选择的不同,也对于各家系统的无效争辩给出了解释,试图消解许多论争。然而,其中的问题与困难,却也在建构一个与众不同的系统中交错地呈现。杜保

[①] 参见杜保瑞《中国哲学方法论》,第74—75页。
[②] 参见杜保瑞《中国生命哲学真理观》,第64—67页。

瑞的论述渐趋严密，对于许多方面的探讨也务求精细，正因如此，有赖后续的研究者为其理论提出反思与不同观点，除了可使其理论达到被研究与重视的目的，于此过程中也期能使这一理论更具有说服力。依笔者的梳理，中国哲学真理观需要给出理论与实践上的说明，本文即从其理论与实践这两大部分，提出反思与对话的内容。

第三节　中国哲学真理观的理论选择与困难

杜保瑞在《中国生命哲学真理观》中试图证明中国哲学在理论与实践两方面皆是依据信念而不证自明，以至于不能互相攻讦。这一节即先提出其理论上的困难与瑕疵之处以作为讨论。

杜保瑞试图给予中国各家思想的起源以哲学性的说明，指出创教者个人的选择，即其世界观的建构之下，产生了各家哲学的论述与系统。① 既然从创教者一开始就有其自己的信念与取向，则各系统下的理论继承者与实践者当然也有其自己的信念与取向。从创教者开始即无从比较各创教者之间的优劣，只能说明各创教者各有偏重的维度与试图解决的实际问题，于是建立了理论，而不能评判各家之间的优劣高低。

这样的解释，初步看来是颇为合理的，因为各家在形成之初确实有许多相异的背景，或如杜保瑞所言，儒家与老子的入世精神与庄子和佛教的出世精神立基于不同的关怀下，而形成迥异的世界观，如何才能证明入世与出世的优劣，以及出世后的他在世界是否为真，在哲学上始终有着无法突破的困难。虽然如此，是否可以因这个论证的困难无法突破就说各家理论之间必然无法区分优劣，仿佛只是各家的独断，不能如此轻易地下结论。

如果依照这样的思路，创教者凭着自己的信念与取向观察世界之后，形成系统性的论述，将形成无法沟通与自说自话的封闭系统。然而，以上举的例子，不论是就出世或入世，或如杜保瑞所说的此在世界与他在世界而言，皆是各创教者观察人类所共同生活的世界而产生的言论，何以对于这个共同生活世界的论断竟无法提出标准呢？举例而言，佛教认

---

① 参见杜保瑞《中国生命哲学真理观》，第126—129页。

为动物与人皆是众生,动物亦是生命,在对待人与动物的态度上不应先在地产生区别。然而,很显然,儒家无论认为动物是不是生命,却始终认为动物的地位低于人类,对待动物的态度不同于佛教。一时之间当然难以用一种齐一的标准证明佛教或儒家孰是孰非,但这种对待动物的方法,确实无从比较优劣吗?就杜保瑞的理论而言,可以设想其将依据创教者、研究者、实践者与检证者四者的角度进行辩护,在创教者不同的世界观之下,以及实践者与检证者自行选择相信创教者的世界观以决定如何对待动物,不能以此评判他人如何对待动物。至于研究者只能理解其他三者为何要如此对待动物,不在对待动物的实践中被讨论。然而,这只能预设儒佛两家对待动物的理由是完全不同的,以至于不能比较,但事实上,或许依杜保瑞所说,两家是世界观不同,并不是对待动物的理由不同,因为在许多时候决定人类如何对待动物的理由都是为了食物上的需要,而在这一点上,儒家显然不会为了顾及动物的感受而决定如何对待动物,但佛教则与之相反。当然此处并非要立刻批判儒家在大多数时候不顾及动物感受即是道德低下或逊于佛教的,而是要指出同是为了食物而对待动物这一点而言,应是可以从对待的方法、态度、行为等方面进行比较。在现实中固然总有争议,不同立场之间也难以说服对方,但若认为因为从来无人比较成功,给出定论,或说服对方,即认为这种比较是无价值的、不必要的,即相当于一个哲学问题尚未解决,就悲观地认为以后永远也不能解决。

更进一步而言,即便接受了各家的比较或攻讦往往难有定论,还要考虑持这种观点导致的结果其实是更为严重的。因为若各家之间共处于一个世界,对同一个世界进行观察之后,不论片面或全面,全都是正确的,全都无从补充或再申论,因为创教者建构完就结束了。据此而下,则各家系统中后起的哲学家,也全都不能再给予任何的评价,孔、孟、荀到宋明的诸哲学家,其所述的都是真理,无论其如何言说,都是凭据自己的信念以及对于世界的认识而发言,如果信念与认识能力不能质疑,对于观察而形成的论断也不能质疑,则这些理论的评判标准究竟为何呢?如此将形成只要自称或被认为是哲学家,则该理论就是准确无误的。即便依杜保瑞对于创教者、研究者、实践者与检证者的区分,后三者是相信创教者而进行后续的研究、实践与检证工作,但后三者总有一些与创教者不同的观点，而这些观点事实上并不能再由创教者给予认定，因为创教者早已不在了。当然，杜保瑞提到了实践者自身应秉持真诚而行，研究者须建立在准确理解之上，但实践者是否真诚仍只有自己知道，而研究者是否准确理解，必须创教者才能判断，于是这又回到了原点，这四者仍都是自证为真，不论同一系统之中或不同系统之间都是无从评判优劣的。

当然，杜保瑞接受这样的论断，因为在其理论下，确实承认了每位哲学家都是正确的。若是如此，则可将本书的提问再推进一步，即如若有些哲学家的思想明确吸收了不同家的思想，例如董仲舒即融合了儒道思想的显例，则该哲学家究竟是自成一格的哲学体系，抑或是应先辨别其核心思想（本体论）之后再承认其哲学系统是否正确的呢？如果以前者为标准，则似乎任何人都可以创教，创教之后也无所谓理论的优劣高低、论证得合理与否，只要自己建构了一套话语体系，即自成标准；若是后者，则辨别该哲学家的核心思想即成为要紧之事。杜保瑞对于后者的回应相当丰富，尤其在其著作《北宋儒学》①中，对于如何将周敦颐与邵雍定位为儒家，对于其所谓的哲学家之价值意识如何分辨下了很大的功夫，然而目前尚未见到对于前者的合理回应。若比较杜保瑞稍早与近期的作品，早期主要致力于三教辨正之功，而近期则涉及墨家、法家等，甚至有着支持会通的倾向②，在如何为一个哲学体系制定标准上，似是不可回避的问题。

顺此而下，如果未能获得一个明确的解释，则笔者疑虑的问题将会导致杜保瑞过往对于许多哲学家的反思与批判皆是不成立的。杜保瑞长期研究劳思光、梁漱溟、唐君毅、冯友兰、牟宗三等当代哲学家，尤其全面反思牟宗三，已是学界盛知之事，许多观点也确有高见，不容本书多言。③然而，即以牟宗三为例，牟宗三宗奉儒家，对于康德与三教进行判教，而将儒家定为高位。④杜保瑞即针对牟宗三的标准不能准确理解三

---

① 参见杜保瑞《北宋儒学》，台北：台湾商务印书馆2005年版。
② 参见杜保瑞《中国生命哲学真理观》，第143页。
③ 参见杜保瑞《牟宗三儒学平议》，新星出版社2017年版。
④ 参见牟宗三《圆善论》，《牟宗三先生全集》第22册。

教而进行质疑,试图呈现三教各有其特色,不应如此曲解。然而,依据中国哲学真理观的论述,必须承认一点,杜保瑞在过往的著作中也不断指出,牟宗三往往具有创造性的诠释,以其诠释建立的一套学说。若是如此,牟宗三的创造性诠释即意味着其为这个意义上的理论开创者,牟宗三自有其信念与认知能力,因此才会如此建立理论,而标举儒家的地位。经过学界长期的研究与反思,固然已知牟宗三在许多文本诠释上有待商榷,但已无碍其作为当代建构性哲学家的地位。正是因为如此,依照中国哲学真理观的标准,杜保瑞是不应该对于牟宗三进行任何批判的,因为牟宗三的信念如同孔子、老子、庄子、佛陀一般,是其自由选择如此相信而为的结果,在牟宗三的世界观下,三教就如其所认为的这般。是故,如果牟宗三可以被批判,则同样地,孔子、孟子立基于其信念与认知,也应该被批判,除非杜保瑞认为三教的创教者完全是凭空构造理论,而与这个世界完全脱钩,但是很显然,杜保瑞的理论不能支持这样的说法,因为各家思想都是对于现实世界观察所得,其所观察的是共同的世界,只是每一位创教者的信念与选择不同,才产生不同的理论①,而且其理论中也明确指出各家之间是不能互相否证的,所有批评都是不准确的。既然如此,对于牟宗三的批评是否也可被理解为是不准确的呢?因为这是批评者未准确理解牟宗三的信念所导致的。

回到本章对于中国哲学真理观的理论反思来看,如果要承认各家皆有其所认为的真理而不容批判,则这样的研究工作几乎可以说是无法进行的,因为在杜保瑞的定义下,每位研究者并未被要求实践,是故只能理解理论,而不能检证智慧(真理)是否为真,如其所言:

> 研究者无从检证智慧是否为真,只能理解智慧的内涵以及实践之后的效果,而智能本身就只是一个价值趣向而已,并没有真伪论断之必要。……研究者没有实践的操作,也就没有论断不同学派理论是非、好坏、高下的能力,只有理解力准不准确的问题。②

---

① 参见杜保瑞《中国生命哲学真理观》,第126页。
② 杜保瑞:《中国生命哲学真理观》,第65页。

依此说法，尚有一些层次需待厘清，因为理解力的准确与否往往影响一个研究者对于学派理论的评判，理解力与评判之间难以断然二分。研究者的理解力准不准确有时应由其他的研究者评判，但理解准确是否就是"是、好、高"？而理解不准确是否就是"非、坏、下"？当论断他人不准确时，事实上还是带了价值判断的眼光。若回到杜保瑞的立场来看，似乎应当坚持研究者不应批判他人，则如牟宗三这样的哲学家，既然已有了创造性诠释，就不应该只被视为研究者而已，而是吸收了儒、道、佛思想之后自成一格的哲学家，因此不应该单纯用任何一家的标准来看待，因此牟宗三似乎已达到了一个哲学系统可以自证为真的状态，任何人的攻评在杜保瑞看来，应该都是无效的。当然，可能也包含杜保瑞自己的批评。依杜保瑞的真理观主张而言，仍可从牟宗三未准确理解三教经典上进行批判，只要牟宗三确实未能准确理解经典，则牟宗三立基于三教经典所建立的创造性诠释，就只是个人的臆断。然而，从研究者的角度而言，谁才是真正准确的诠释呢？只有在不变动三教经典任何一字的情况下才是最准确的诠释，当然这也就不是诠释了，因此是否准确诠释的判断恐怕只能留给其研究的对象，其他的研究者的理解力如何，其实也是无从互相判断的，或者可以说，大多时候研究者之间都是认为他人的理解是不准确的，在这样的基础上，如何说自己才是对他人准确的批评呢？关于这一点，笔者期待未来能看到有力的回应，或许更可支撑真理观标准的提出。

顺此脉络推论，只要有一个研究者出现了创造性诠释，与既往的观点有别，则皆可宣称自证为真而不容他人批评，甚至上升到创教者的地位，任何研究将不能在对话、交流的基础上进行。当然，如果要作为一个封闭的哲学系统而言，这样的观点可能是成立的，因为中国哲学真理观以信仰作为前提似乎可以推出这样的结论，但这终将导致任何言论与研究的困难，在选择上其实也只是随机、偶然、任意的结果。只是依着这种推论，是否会导致杜保瑞长期研究上的矛盾？若将研究作为实践而言，这样的实践不能达到其理论的要求。有鉴于此，即值得再从其理论的实践维度进行一番分析与探讨。

第四节　中国哲学真理观的实践选择与困难

依据先前纯理论化的研究成果，在《中国生命哲学真理观》中带入了许多实践方面的考虑，杜保瑞似乎也发现了理论上的困难，因此试图从实践层面解决这个问题。因为不容回避且似有共识的是，中国哲学的理论与实践之间的关系十分紧密，中国哲学鲜有纯粹思辨而不具有实践意义的理论，虽有名家之流，但在中国哲学史的长河中却仿佛昙花一现。为了证明中国哲学的实践特质，杜保瑞亦有许多著作探讨（例如在其《功夫理论与境界哲学》，以及与陈荣华合著的《哲学概论》二书中皆有讨论），而新作《中国生命哲学真理观》中加入"生命"概念更是基于此一考虑。借由实践的特性，为安立世间芸芸众生，使每个人对于自己的实践选择皆能找到合理的依据与标准，杜保瑞同样用个人的自由选择与信念去支持所有人任意地选择任何一家理论，皆是无从评判其标准的。

由于实践者本身能力与经验等方面的不足，因此需要研究者提供思想材料，以及检证者证明实践者本身是否达到实践的标准，于是最理想的状态是，一个人具备这三者的所有条件。在这一点上，杜保瑞可谓看得非常透彻，也因此，杜保瑞再次将这三者共同的标准定于实践者自己对于自己的检证上，亦即自己才能检证自己的境界达到何种程度，自己的实践与研究之间是否契合亦只有自己了解，自己是否具备检证自己的条件亦只有自己明了，这也确实相当符合儒、道、佛三家对于自身境界的证成不能太过依赖外在的条件与评价，只是在自我检证的过程中必须真实地面对自身的状态，不能有任何的借口。至于是不是借口，同样在大多数情况下，只有自己能够清楚。于是杜保瑞引入了"真诚"这一概念，指出实践者必须时刻保持真诚以面对自己，才能提升能力，修补不足。① 而检证者的理想状态是必须透过实践以证明自己具有检证的能力，"检证只有针对学习者的实践之效度进行检证，前提是检证者本身既有理论的认识又有实践的证量，以及根本就是相信此派的理论，而且是虔诚

---

① 参见杜保瑞《中国生命哲学真理观》，第66—67页。

的教徒"①。

　　杜保瑞对于实践与理论的要求相当一致,既然各家理论自证为真,则借由理论而落实的实践也具备这样的特性,并且在三教文本中关于实践的记载多处可以支持这样的观点。如《杂阿含经》每一经结尾所说的"若欲自证,则能自证"②,《论语》中孔子说的"为仁由己,而由人乎哉"(《论语·里仁》),皆可轻易看出含有这层意思。与论理的要求相似,杜保瑞于此似乎是很强烈地认为实践者"只能"透过自己的真诚以检证自己的境界,任何旁人皆是无从置喙的。但既然中国哲学理论具有一定程度上可以普遍化的情形,例如儒家的"仁""义"等要求,有相关的实践行为可以执行,则不排除有一种可能,就是两个人的境界是一样的,在这种情况下,难道也无从检证对方的状态吗?当然,杜保瑞可以宣称真正能够检证对方状态的只有各家最高级的实践者才能完成,而如果两个人都是最高级的实践者,则亦无互相检证的需要,因为两人的实践在此意义上皆已完成。若是如此,可再设想另一种情况,就是境界较高的实践者,也不能作为境界较低的检证者吗?既然是同在一个理论系统下的实践者,则如儒家有圣人、贤人、君子之别,佛教有"四向四果"③、"十地菩萨"④ 的位阶,高境界者认定低境界者达到何种状态,诉诸经典常可见到,但在中国哲学真理观中,因为将实践行为与检证标准皆融入了个人选择之后的产物,则任何实践者与检证者之间就如同研究者一般,皆不能评判对方。依着这样的推论,是否在这个理论意义下,各思想系统之间的位阶、境界成了无意义的论述?抑或是只在描述状态,而无高低之分?从杜保瑞的理论看来似乎是如此,但是很明显,至少佛教对于境界的描述肯定不是如此,不论阿罗汉或菩萨是此在世界或他在世界的修行者,阿罗汉与菩萨皆要经历之前的几个次第,层层升晋之后才能成就相应的果位,这一点在佛教经典中是显而易见的。

　　虽然杜保瑞保留了同一系统中,高境界者检证低境界者的可能,也

---

① 杜保瑞:《中国生命哲学真理观》,第68页。
② 参见(刘宋)求那跋陀罗译《杂阿含经》,CBETA, T. 2, no. 99。
③ 参见(刘宋)求那跋陀罗译《杂阿含经》,第143页。
④ 参见(东晋)佛驮跋陀罗译《大方广佛华严经》,CBETA, T. 9, no. 278,第542—575页。

并未批判这样的检证行为,然而,从其对于实践者与检证者的要求而言,自己是自己最好的检证者这点恐怕是确定的,他人总是带有一些主观的看法去检证他人,即便是实践上的高境界者,也未必就是好的理解者,因为实践者与研究者在理论上是可以区分开来的。这将又回到原点,即便是一家一派之中,最好的检证方法仍是自证,高位阶者往往已故,在现实的世界中已不存在,检证的标准依然只能自己认定。杜保瑞坚持不同境界之间也不能互相评价,指出对方的不足之处,并非严重的问题,这固然可以保持其系统的一致性,同时我们也可以理解到,对于各家系统而言,他人的评价或指点终究是次要的事,主要还是个人的实践得证,才能够完成实践的成果。

然而,由于立场的鲜明,以及诉诸实践者信念的标准,一旦实践者依据经典建立了理论而成为研究者,甚至加入自己的观点而成为创教者,将使得此一理论与经典记载之间产生相当程度的违背。若依此而言,则此理论不能得到经典的支持,似乎成为一个新的理论建构,这将失去中国哲学原本的旨趣,而且在实践上亦如理论一般,失去对话、沟通的空间,全部是自由心证的结果。

这一节加入实践的评估之后,则如上述牟宗三,暂且不论其实践、研究、检证结果的优劣,其具备这三项特质是显而易见的,甚至在创造性诠释中,亦有着类似于创教者的角色,我们究竟要如何严明地区分牟宗三的角色,是纯粹的实践者、研究者、检证者或创教者,还是同时具备其中的几项特质?如果真可以以单一身份定位,应以何者为是?若仅是创教者、实践者或检证者之一,则他人是不应该给予评价,即便评价了,也极可能是未能准确理解牟宗三的信念所导致;若是研究者,则其他的研究者如何证明自己对于牟宗三的理解是正确的,或是如何评估牟宗三的理解能力呢?如果牟宗三同时具有两项以上的身份,而又不能清楚地切割,则评估的标准是否需重新设定?如能将这些评判的标准建构起来,对于真理观的建构亦更加清晰且严密。

第五节　中国哲学真理观的标准建构

从以上的论述可以发现,中国哲学真理观试图从理论与实践两方面,安立中国哲学各系统，为各种系统的合理性提出有效的说明，至少为消解争议进行了长时间的努力。在消解争议之后，解释何以中国哲学的各家系统有其有效性，并且以此作为中国哲学整体的特色。其中的部分缺陷则如前述，由于消解争议的基本预设是理论建构者与实践者皆依据自身的信念而对于知识体系进行选择，就信念而言，无从评价高下优劣，是故随之而生的结论也无从评价优劣。笔者同意以这样的预设为基础将可导致如此的结论，但也质疑这样的推论是否导致所有哲学系统皆是真实的，各家理论之中无从辨别真伪与优劣；所有研究皆是有价值的工作，因为所有研究皆有自以为的价值，而其他研究者无任何可置喙的余地；所有实践都是真实的，消除了境界之间的差异，次第的标准也变得毫无意义。与此同时，杜保瑞自己对于牟宗三等其他系统的批评亦是与其理论矛盾的，因为牟宗三的创造性诠释亦应可以证成自己为真，不容他人对其进行评价。如果完全接受这样的标准，将可保持中国哲学真理观的标准一致性；若不接受，则势必需要建立标准，才能回应更为多样的哲学问题，使哲学之间的沟通与对话得以有效地进行。

虽是如此，此处的难点也在于中国哲学各家的标准究竟为何其实是难以一语道尽的。例如孔子、孟子、荀子的人性论，究竟何者为真？确实在杜保瑞的理论中，可以得到暂时的合理解释，亦即孔、孟、荀在观察人性时，皆有其侧重的维度，因此产生了不同的人性论断，而此人性亦是孔、孟、荀所认为的真理的部分。类似的例子亦不在少数，尤其是佛教哲学不同系统即形成不同的世界观，各种世界观虽不冲突，却有着明显的差异。正是由于这样的难点，形成使此一理论更为完备的契机。既然中国哲学真理观是为了安立各种系统而提出，则各种系统的标准是可以透过理论性的研究而建构的。虽然每一位研究者建构出来的标准有着些许的差异，但学术总有达到公认的优劣之时，即便只是极少数，甚至是一时学界上有共识，皆不应否认这样的结果是具有重大价值的。

这就如同历代哲学家中，有些哲学家回应了某些哲学问题，是所有回应中最好、最完备、最缜密的，则关于此一问题的回答所形成的理论就可以作为标准。举例而言，佛教解脱道系统中的《阿含经》在建构佛教因缘观方面是最为健全的，也回应了许多外道对于因果关系的疑问。除此之外，《阿含经》中也隐约提到"如来藏""菩萨"的思想，或如杜保瑞所言，《阿含经》与大乘佛教的"如来藏""菩萨"思想并不违背，不能证明任何一方是假的，但却可以证明一点，《阿含经》在这方面只是发微，不够健全，则关于"如来藏""菩萨"思想的标准即应以大乘佛教的论述为标准。各种标准建立之后，即可依此评判针对一个主题或命题的论述是否得当，是否符合标准，才能在众多的论述中去芜存菁，淘汰无建树的、混杂的，甚至相对于该理论是异端邪说的观点，才能使得每个论述产生其应有的价值。不论研究者、实践者与检证者，固应秉持杜保瑞所谓的诚心，但制定内外的标准也是不容忽视的，即便此一标准还需要修正，只是一时的公认，皆足以使真理得到暂时的显现，而不是在承认所有人皆可秉持自己标准而行事的原则下，连带使得真理观的标准也模糊不清。

  标准的建立仍须回归到中国哲学经典的记载，才能尽可能把握经典所传达的信息。① 从杜保瑞的论述中，虽一方面显示出哲学研究与实践的弹性，尤其在第七章论述《周易》的部分，借由《周易》融摄了各家思想，以及第八章论真理观的选择性问题②，证明个人选择上可以自由自在地切换，但在另一方面，却也使得这样的弹性建立在标准之间的任意转换之上，而忽略了各家系统本就有一贯的应对实践情境的广大空间。③ 如杜保瑞的区分，将各家安立于不同的场景，而忽略了各家本身皆有应对一生中的各种场景的特性。如此由辩证转向会通，其实失去了对于哲学系统建构的理论价值。例如一位儒者从政，顺利时积极进取，失意时引退等候时机，儒家自有调节心情的方法，或者索性不调节而逆流到底，但若依杜保瑞之说，则似乎是必须引入庄子的思想才能解决这样的问题，反而无法突显儒家思想在实践上的价值所在。至少在第八章"中国生命哲学真理观的选择性问题"中指出屈原的牺牲是不必要的，即因为引入了庄子思想进行评价。④ 我们固然很难为屈原进行儒、道哪一家思想的定

---

  ① 参见李明书《杜保瑞的基本问题研究法在牟宗三佛教哲学的适用性》，载杨永汉主编《纪念牟宗三先生逝世二十周年国际学术研讨会论文集》，台北：万卷楼图书股份有限公司2018年版，第463—466页。
  ② 参见杜保瑞《中国生命哲学真理观》，第112—121页。
  ③ 参见杜保瑞《中国生命哲学真理观》，第126—144页。
  ④ 参见杜保瑞《中国生命哲学真理观》，第136—137页。

位，但就其坚持而言，何以杀身成仁在杜保瑞看来是不必要的？这样的评价将又回到前述的理论上的冲突，若依照中国哲学真理观的标准，不论屈原是儒家或自成一家，其价值亦是依据其信念选择的结果，他人不应对其评价。

第六节 小结

经由以上的论述，以及对于中国哲学真理观的反思，笔者认为作为一个系统建构而言，可以由其所设定的前提推出相应的结论。然而，此一系统含摄的范围庞大，试图总括整个中国哲学的各种理论形态，甚至涉及每一位实践者的选择标准，是故在相关问题的处理上，必须更加谨慎回应所有的细节。整体而言，哲学应该具有沟通、对话、互相理解等特性，若依照此理论产生的结果，将可能否定这些特性，甚至认为沟通、对话、互相理解都是不正确的，因为一旦有了这些行为，产生评价的可能性也随之大大地增加。即便如此，这似乎亦是值得回应的问题。杜保瑞以一人之力建构庞大的中国哲学方法论与真理观，并且大量诠释经典以回应当代论述，实为难得之事。笔者期能借此引发相关的讨论，使其理论受到更多的重视，也能在回应中建构得更为完备。

第 十 章

对于李晨阳《比较的时代：中西视野中的儒家哲学前沿问题》一书的延伸思考

第一节　前言

近来中西比较哲学研究逐渐升温，引发越来越多的关注。李晨阳长期从事儒家与西方哲学的比较研究，在今日面临全球化的时代，李晨阳认为现今应承继第三期儒学的特点，亦即"对儒学的哲学思想进行比较性的研究"①，而儒家传统正面临科学、民主、女性主义、环境保护主义与儒家传统自身生存问题五个挑战。② 这五个挑战皆具有较强的现实与实践意义，其中第一个至第四个挑战可以直接从西方问题的冲击看出其意义；第五个虽是儒家自身的生存问题，而事实上也是在受到西方冲击之后而产生的。由此可见今日的儒家哲学研究，几乎脱离不了比较的视角。

于是李晨阳认为不同的文化之间，以需求作为共同的基本价值。就这一点而言，所有的文化都有相通之处，进而才有对话、影响、比较的可能。称其为"文化的价值组合配置"（cultural configurations of values）③，以此展现不同文化互动的多种可能性。当中西思想共同面对上述五个问题时，除了须回应问题本身，也须回应不同视角提出的观点。

---

① 李晨阳：《比较的时代：中西视野中的儒家哲学前沿问题》，第 1 页。
② 参见李晨阳《比较的时代：中西视野中的儒家哲学前沿问题》，第 27 页。
③ 参见李晨阳《比较的时代：中西视野中的儒家哲学前沿问题》，第 10—11 页。

在此过程中，将因不同视角的介入，导致自身的观点可能更为丰富地展开。

基于以上的观察，李晨阳以文化的价值组合配置为基础，比较儒家与其他文化之间的不同价值，将其近年来关于儒家面对科学、民主、女性主义、环境保护主义与儒家传统自身生存的研究集结成《比较的时代：中西视野中的儒家哲学前沿问题》一书，以儒家回应这些实践性较强的问题。这五个问题分属不同领域，足见李晨阳研究领域之广泛，以及对于儒家富有深刻的现实关怀。

笔者实无力对于全书的每个议题在一章的篇幅中逐一探讨，是故基于自己较感兴趣的议题，以及近年来的研究重点，本章将着重于该书中的儒家女性主义与环境哲学相关议题进行讨论。在此之前，李晨阳已回应过一些笔者的提问[①]，但笔者始终觉得有未尽之处，是故会再对于李晨阳的回应进行再一次的提问，以求更深入地挖掘儒家思想的丰富内涵，以及对现实议题的关怀。

以下先概述《比较的时代：中西视野中的儒家哲学前沿问题》，以较完整与系统性地呈现此书的内容，再说明其所谓的文化的价值组合配置之意义，接着依序论述与评析书中关于儒家环境哲学与女性主义相关议题的观点，并提出未来值得发展的研究方向。

第二节　《比较的时代：中西视野中的儒家哲学前沿问题》概述

李晨阳的《比较的时代：中西视野中的儒家哲学前沿问题》一书以比较哲学的视角，分析儒家哲学和西方议题的关系，试图突显儒家哲学的特点。中国和西方文化的价值观不同，重视的问题和讨论问题的进路也不同，但是基于文化之间的交流和对话，有些问题已经受到中国和西方共同重视，彼此的观点也因此而互相影响。在这样的背景下，李晨阳基于自身的学术观察与研究成果，从社会需要的角度，重视现实、经验

---

① 参见李晨阳《再论比较的时代之儒学：答李明书、李健君、张丽丽三位学者》，《鹅湖月刊》2021年第9期，第51—56页。此文中回应笔者的观点主要是在第51—52页。

的情况，而不以超越的、普遍的原理作为依据，评估不同文化的价值体系在接触之后，如何影响对方，并产生融合、排斥、互补等转变。① 李晨阳将这样的评估方法称为"文化的价值组合配置"，以此贯穿儒家和西方问题之间的讨论。

全书共有十一章，依序为第一章，"比较的时代：当代儒学研究的一个重要特点"；第二章，"儒学研究中的价值考虑"；第三章，"儒家传统面临的五个挑战"；第四章，"民主的形式和儒家的内容"；第五章，"儒家的平等与不平等观念"；第六章，"儒家的仁学和女性主义哲学的关爱"；第七章，"儒家与女性主义的问题"，第八章，"儒家的哲学理念与当今国际政治秩序"；第九章，"天地人：儒家环境哲学的基本构架"；第十章，"'儒家基督教'文化的价值选择问题"；第十一章，"全球华人和中国哲学的世界性"，以及附录"北美学界对中国哲学的分析和比较研究"。

第一章指出比较研究对于儒家哲学的重要性，由于今日重要的哲学问题，如科学、民主、性别等，皆源于西方②，因此，如果要透过儒家思想深入地探讨问题，则必须参照西方的理论或方法。儒家在面对来自西方的问题时，为避免偏重于任何一方，认定不同思想之间不存在同一性，不具有任何交集，则应在回应西方的问题时，也需要注重自身的理论、方法和思想特点。③ 换句话说，不同的思想之间，总有些相似或相同的基本观念，才能够互相理解。这就进一步带出此书的第二章，在儒学研究中必须考虑儒家自身的价值观，以及在面对西方问题时，西方问题的价值观和儒家的价值观有何相似甚至相同之处，而两者之间又如何冲击、碰撞，以至于产生两者可互相理解的思想成果。例如第三章提出的科学、民主、女性主义、环境保护主义与儒家传统自身生存五个议题，都源于西方，而儒家在回应这些议题时，势必需要从自身的思想特点找出相似甚至相同的部分，另一方面也会呈现不同的部分，接着才能进一步产生儒家如何对待这些议题的观点。

---

① 参见李晨阳《比较的时代：中西视野中的儒家哲学前沿问题》，第21页。
② 参见李晨阳《比较的时代：中西视野中的儒家哲学前沿问题》，第7页。
③ 参见李晨阳《比较的时代：中西视野中的儒家哲学前沿问题》，第9页。

第四章到第十一章，李晨阳分析儒家思想和西方问题，证明两者之间确实有相同之处可做比较，再从中观察当两种思想互动时，如何相互影响。例如第六章在比较儒家的仁学和女性主义哲学的关爱之后发现，儒家和女性主义的关爱伦理学有相同的理论基础，像是都以关系作为人之所以为人的基础、在道德上都不依赖普遍原则来规范行为等。① 在确定儒家和关爱伦理学具有共同的理论基础之后，儒家就可以如同关爱伦理学一样，回应相同的性别议题，例如男女平等、性别歧视等，反思儒家思想是否歧视女性、重视男女平等，如果有不合时宜的、明显的道德错误，关爱伦理学的关爱思想如何使我们从不同的角度思考儒家思想，将更好的儒家思想阐述出来。附录的部分则是介绍北美学界以分析和比较的进路研究中国哲学的概况，指出透过分析和比较的方法，可能研究出不同于以往的成果。

虽然书中讨论许多看似各自独立的议题，但是透过文化的价值组合配置为基本观点将每一章串联起来，使得儒家面对各个议题时，采取较具有现实性的回应，而不诉诸富有超越意义的"天"概念来安顿现实的价值问题。鉴于此，以下接着分析文化的价值组合配置的观点，探讨以此观点评估儒家回应女性主义、环境保护主义等问题是否合理，以及此书不诉诸超越原理所理解的儒家思想，为儒家哲学提供什么样的思维。

第三节　文化的价值组合配置

李晨阳在第二章"儒学研究中的价值考虑"中提出"文化的价值组合配置"的观点，作为比较儒家和西方议题时的评估标准，同时也作为这本书的方法论。文化的价值组合配置共有以下四个要点。

　　1. 在世界的各个文化中，人类的基本价值是相似的，甚至相同的。

　　2. 人类的各种基本价值之间不但有相互促进的关系，也有相互矛盾、相互竞争、相互冲突的关系。

---

① 参见李晨阳《比较的时代：中西视野中的儒家哲学前沿问题》，第90页。

3. 一种文化类型是对相互冲突的价值的一种处理方式。不同的文化形成其各自的价值组合与配置。这种价值的配置与其社会环境相适应，且是其文化的核心部分。文化差异性的一个重要方面就是，尽管所有文化共有这些基本价值，但是它们会给予这些价值不同的权重，形成不同的价值配置形式。

4. 有时在同一个社会里，会存在若干"亚文化"，且"亚文化"之间会有不同的价值配置。随着时间的推移，文化和社会都会有所改变。但是不同的文化传统在价值配置普世化上可能永远无法达成一致。①

从上述的四个要点可以看出，这种价值观点既承认不同文化的价值有其相似或相同之处，也接受文化的差异。但是这种相似或相同之处并非指思想根源或超越的依据，而是基于人类皆有生理和心理方面的需求，这些需求在不同社会中是相同或相似的，例如人类皆有生存的需求，但是满足需求的方式却不尽相同，这就构成不同的价值体系。②

从文化的价值组合配置看待儒家和西方文化，可以说儒家和西方文化皆是基于生理和心理方面的需求，而产生对于各种价值的追求，但是追求的手段和过程则有各种差异的表现。各种差异的表现，也成为各个文化的特殊之处。例如社会安定和种族的延续需要男女两性之间的互补、合作，但是儒家和西方对于两性应该如何互补、合作，采取的态度、做法，乃至于法律、制度皆不相同。虽是如此，有些行为又可看出相似之处，例如儒家和西方传统上都有歧视女性的倾向和事实，只是由于时空背景不同，具体的行为有所差异。因此，一旦双方的思想、文化有所交集时，就会产生相互促进、竞争、冲击等各种关系。除了可以从自身原有的思想解决自身的问题，也可以借鉴不同的价值观，例如西方文化对于性别平等的认知，如何促进儒家转变歧视女性的观点，转变之后可能有助于解决儒家自身对待女性的问题。在这个问题上，李晨阳解决的方法是将女性主义思想引入儒家，例如强调儒家本身也重视关爱伦理学的

---

① 李晨阳：《比较的时代：中西视野中的儒家哲学前沿问题》，第10—11页。
② 参见李晨阳《比较的时代：中西视野中的儒家哲学前沿问题》，第12页。

关爱思想，只是以往多将关爱的对象放在男性身上，而未将女性纳入关爱的范围，故应扩大儒家关爱的范围。① 又如儒家的圣人并不限于男性，可以从儒家思想中开发出女性从事道德修养进而成圣的方法。②

文化的价值组合配置主要着重于现实的、经验的价值比较，但是有些儒家特有的概念，例如"天""道"等，不仅只是表示现实的、经验的意义，也有追问生命终极意义的意思。若从李晨阳的观点来看，对于生命终极意义的追问似乎可以理解为人类是在满足了生理和心理上的基本需求之后，才会产生的行为。因此，不同文化可以用不同的概念回答生命终极意义的内容，但是在基础的需求层面，往往是相通的。依据这样的观点理解儒家思想，就不是一种由上而下的思路，而是由下而上，形成对于整个世界的思考。下一节，我们将进一步分析李晨阳如何从儒家的现实层面思考价值的意义，并且这样做对于比较西方理论产生什么结果。

第四节　李晨阳对儒家"天"的理解与儒家非人类中心主义的环境哲学观点之反思

《比较的时代：中西视野中的儒家哲学前沿问题》关于儒家的"天"的讨论，主要在第九章"天地人：儒家环境哲学的基本构架"。李晨阳依据《易经》，认为"天""地""人"的"三才"思想构成儒家环境哲学的基本架构，也是对待环境的三个原则。有别于中国哲学传统上所说的"天人合一"思想，李晨阳认为"三才和谐"才是儒家完整的环境观。"人"即人类，人是万物之灵，儒家认为人具有承担道德、参赞天地化育的意义，与动物有根本性的区别。"地"除了指地球的自然环境，也意指万物栖息、繁衍后代的场所，在《易经》中具有母性的意义。万物居于

---

① 参见李晨阳《比较的时代：中西视野中的儒家哲学前沿问题》，第92页。
② 参见李晨阳《比较的时代：中西视野中的儒家哲学前沿问题》，第104页。相似的观点可参见 Lisa Raphals, *Sharing the Right: Representations of Women and Virtue in Early China*, Albany: State University of New York Press, 1998。

"地"之中，才能安立自己的角色，而人处于"地"之中应实践自己应尽的责任与义务。"天"对于儒家而言有父性的意义，处于"三才"中最崇高的地位，可以分析出宗教与自然两方面的意义：有宗教倾向的儒者，认为"天"有道德根源的意义，但又不同于西方所说的上帝，对于人有决定性的作用；在自然和非宗教方面，则指地球以外的宇宙、天空。①

从李晨阳对于"天""地""人"的解释可以看出，他着重于人类如何与"天""地"和谐相处，而不是将"天"视为超越于人的对象。从文化的价值组合配置观点将儒家的"三才和谐"和西方人类中心主义的"资源保护主义"（conservationism）与非人类中心主义的"自然保护主义"（preservationism）比较来看，儒家与西方的环境理论既有相似之处，又是各不相同的理论。② 资源保护主义认为万物之中只有人有内在价值，保护环境是为了人类的福祉；自然保护主义则认为动植物和人一样都有其内在价值，动植物和人的内在价值是平等的，保护环境是为了生态系统的健全和完整。儒家的"天""地"相当于提供人类满足需求的场所，有其内在价值；人类的地位高于万物，但是必须合理运用"天""地"的资源，才能达成"天""地""人"的和谐相处。因此，儒家的环境思想既重视万物的价值，又凸显人的独特地位，可视为不同于资源保护主义与自然保护主义，但又有部分相似的理论。③

从上述儒家环境思想来看，如果将"天"理解为非超越性的宇宙、天空，除了可以形成对于儒家思想的一种理解，也可以直接和西方的环境理论进行对话。儒家的人与环境的关系，不须透过超越的对象来建立环境的秩序，而是透过思考人类自身存在于环境中的价值，达到和谐的状态。

李晨阳对于"天""地""人"关系的理解，是顺着上一节所谈到的"文化的价值组合配置"观点而提出的。"三才和谐"的环境观，是由于人类生活在自然环境中有各种需求，于是必须利用环境的资源以满足需求，因此逐渐形成和环境相处的思考，而不是由于"天"命令人应该如

---

① 参见李晨阳《比较的时代：中西视野中的儒家哲学前沿问题》，第125—126页。
② 参见李晨阳《比较的时代：中西视野中的儒家哲学前沿问题》，第127页。
③ 参见李晨阳《比较的时代：中西视野中的儒家哲学前沿问题》，第128页。

何在环境中生存,才规定"三才和谐"的相处模式。

儒家思想重视现实的、经验的层面,提供人类行为的指引。明显地,儒家不须透过上帝或神祇来建立人世间的秩序,也不认为"来世"或"天堂"才是完美的领域。虽然如此,儒家提出了"天"这一个概念,"天"具有普遍性或在境界、等级超越人的意义[①],对人可能产生某种程度的影响,但又不具有上帝的人格意义,不会以人格形象呈现,也不会降下灾异、赏罚人们;但儒家的"天"有时候又只是表示自然环境的运转。例如《论语》记载孔子在遭到桓魋追杀时所说的话:

> 子曰"天生德于予,桓魋其如予何?"(《论语·述而》)

又如孔子和弟子子贡的对话:

> 子曰:"予欲无言。"子贡曰:"子如不言,则小子何述焉?"子曰:"天何言哉?四时行焉,百物生焉,天何言哉?"(《论语·阳货》)

从这两则文献可以看出,孔子所说的"天"有些超越于人的能力,可以使人培养出卓越的道德品格或能力,但有时又像自然界的运作,不具有超越的、如上帝般的意义,对于人并不发生任何影响。

依据李晨阳解释儒家"天"的两种意义来看,以道德义而言,"天"虽然有崇高的道德地位,但不具有主宰或决定的超越意义;以自然义而言,"天"可以表示宇宙、天空,泛指"地"以外的自然环境。正由于此,"人"处于"天地"之间有着独特而且比自然物较高的地位,在一般的情况下,可以充分利用"天地"之间的资源。例如孟子所说:"不违农时,谷不可胜食也;数罟不入洿池,鱼鳖不可胜食也;斧斤以时入山林,材木不可胜用也。"(《孟子·梁惠王上》)。然而,在面对自然环境的冲

---

① 这里的超越并非第六章论述安乐哲儒家角色伦理学时所提及的"严格的超越",亦即儒家的"天"不具有安乐哲所说的主宰、决定人的行为之作用,但儒家赋予"天"在某些方面比人的等级或影响范围较高的意义,例如善的等级、道德的普遍性等。

第十章　对于李晨阳《比较的时代：中西视野中的
儒家哲学前沿问题》一书的延伸思考　／　163

击与反扑时，人的力量又显得微不足道。人虽然可以转化自然资源以发展科技，但再高技术的科技也抵御不了突如其来的自然灾害。是故儒家的天地观，除了描述部分事实，也不断提醒人类自身的不足与局限。

自"人类中心主义"（anthropocentrism）被提出以来，对环境造成了负面的影响。儒家的环境思想，正可对此进行调整或修正。儒家虽然认为人是万物之灵，但建立了"天"这一超越且广大的意义，对于人的行为有一定的指导与规范作用。当人类试图宰制地球内外的环境时，即可透过"天"去反思自己的局限与不足。天地提供了绝佳的场所供人类使用，而非人天生就能够且应该宰制自然环境。基于价值配置的思维，人类中心主义的内涵也有其不同之处，以儒家思想予以回应时，可以提出修正、取代、调和等不同的做法。

透过西方理论和语言，我们可以阐释儒家思想的新意，同时也认识到儒家立场不能由任何一个理论完全概括。从李晨阳对于环境哲学的反思之中可以发现，似乎是有意弱化儒家"天"的超越意义。将"天"理解为地球以外的宇宙、天空，虽然符合直观的理解，毕竟人在往上看时，直接看到的是天空、日月等自然现象，而非抽象的道德原理。然而，不可否认的是儒家也往往以"天"作为道德、价值意义的根源。虽然李晨阳保留对"天"的超越意义之理解，但在其所谓儒家非人类中心主义的环境哲学，看不出超越意义在其中具有什么样的地位，似乎只是将提高儒家的超越意义视为一种不同的理解，而弱化或消解了超越意义则是另一种理解。因此引发笔者好奇，李晨阳如何回应当代以超越作为儒家根源的学说？

举例而言，朱建民曾从儒家立场提出有别于人类中心主义的环境伦理学说，称之为"人类优先主义"[①]。同李晨阳有相似之处，朱建民也认为人是万物中最为独特而重要的，因此在环境的价值和地位上有优先性。不同的是，人类优先主义认为人因其特有的"四端之心"，进而具有参与

---

①　参见朱建民、叶保强、李瑞全《应用伦理与现代社会》，新北：空中大学2005年版，第81—91页。此书依序由朱建民、叶保强与李瑞全三位作者编写环境伦理、商业伦理与生命伦理三部分。

天地化育的责任①；亦即天地赋予人生存的环境和空间，并且赋予了人独特的意义与价值，人须透过自身的独特性和优先性，回应天地的赋予，努力达到天地的高度，而实践上则是共同参与到整个世界的繁衍与进步。相较之下，李晨阳虽也突出人的价值，认为人必须承担起如天地一般的责任②，然而，天地的意义主要在于赋予人在自然环境中的价值，而不是赋予人在道德、伦理上的特殊性。若是如此，如何理解如"天生德于予"（《论语·述而》）之类的文本，以及以此衍生的相关学说？

李晨阳同意笔者对其观点的理解，并回应笔者这一疑问。李晨阳的回应既立基于其所提出的"文化的价值组合配置"观点，也显示以儒家思想面对当代伦理议题的较强的现实性，如其所言：

> 现代的儒家学者则必须明确我们自己对"天"的理解。在这方面，我更接近荀子的解读。尼采在十九世纪高呼"上帝已经死去！"这声呐喊宣告了一个新时代的开启，或者说人类社会已经进入了一个新的世纪。……尼采此口号的真正意义，在于他宣告上帝在哲学意义上的死亡，即告诉我们，在当代社会的哲学讨论中，上帝已经没有任何说服力。尤其在当今全球化的多元文化时代，跨文化的哲学论证中已经没有了上帝的位置。儒家哲学中的"天"也是如此。在儒家传统内部，超越性的神圣的"天"对一些人会继续有效，就像在基督教内部"上帝"的话语会继续有效一样。但是其意义主要是宗教性的，而非哲学性的。为了更有效地进行跨文化的对话，儒家哲学需要有一种不依赖于"天"的哲学语言。在这方面，我们应该发扬荀子的哲学思路，即不依赖超越的神圣的"天"的思考方式。③

李晨阳认为儒家哲学中的"天"仍有其意义，但在面对今日的现实性伦理议题时（尤其是西方的伦理议题），儒家哲学的侧重点必须有所调

---

① 参见朱建民、叶保强、李瑞全《应用伦理与现代社会》，第87页。
② 参见李晨阳《比较的时代：中西视野中的儒家哲学前沿问题》，第125页。
③ 李晨阳：《再论比较的时代之儒学：答李明书、李健君、张丽丽三位学者》，第52页。

整；或者说儒家与西方各自重视的价值均必须调整到彼此能够对话，进而使两者所讨论的同一议题产生彼此皆能更为理解与接受的观点。荀子哲学的"天"不依赖超越的、神圣的意义，于是在今日的跨文化对话中更能发挥其讨论上的效用与价值。

依据以上的说法可以推知，对于李晨阳而言，其并未否定儒家的"天"有道德根源的形上意义，只是基于今日的跨文化对话，使儒家跨出中国话语的环圈，于是需要以一种更有说服力的方式去理解与解释，才能够更具有现实的应用与实践效力。说得更直白一些，或许是为了使西方人理解儒家的"天"，所以选择了一种比较基础的意义才能进行更好的比较。当然这并不代表儒家的"天"因此而被矮化为不具有形上的意义，也不代表西方的"上帝"就不再具有主宰与决定的意义，只是如果将两种观点都置于形上的层次，则似乎像是宗教上的不同立场，难以进行理性的对话。

李晨阳的说法完全可以说服笔者，尤其笔者关注一些应用伦理的议题，深感中国哲学的形上观点在应用伦理的具体建议方面往往派不上实际的用场，至多只能表达一些观念上的引导，更遑论政策、法律等方面的建议，因应用伦理议题的现实性与实时性较强，往往需要的是实时而有效的解决，而不是超越的形上思考。加上笔者近期的研究受李晨阳影响颇深，特别是在非超越性的思维，以及儒家与关爱伦理学的比较研究方面，可以说均是接续在其所遗留的领域所展开的。[①] 也正是基于这一考虑，使笔者更想了解与学习的是在不依赖"天"的超越性与神圣性之后，儒家的整体性或系统性的思想架构究竟成为什么样子？以及《论语》《孟子》等其他经典，在今日的哲学地位究竟是什么？还有一个关于文本解释的疑问，就是《论语》《孟子》之中的"天"的超越性是否也需要一定程度的排除之后才能达到跨文化比较的效果？若是如此，这些经典的"天"是否能够有一套合理的且有系统的解释？还是说这其实是一种为了达到跨文化比较效果而不得已采取的一种文本诠释上的牺牲？

[①] 参见李明书《原则与美德之后：儒家伦理中的"专注"与"动机移位"》，《哲学研究》2022年第9期，第67—76页；李明书《再论关怀伦理对于儒家思想的影响：基于比较哲学方法的反思》，《思想与时代》2023年第1期，第103—117页。

第五节　以女性主义与关爱伦理学作为儒家性别研究的切入点及其遗留的问题

《比较的时代：中西视野中的儒家哲学前沿问题》一书中关于儒家面对女性主义与关爱伦理学的讨论在第六章"儒家的仁学和女性主义哲学的关爱"与第七章"儒家与女性主义的问题"，第六章主要是依据李晨阳在1994年发表的比较儒家"仁"概念与西方女性主义关爱伦理学（care ethics）的异同一文[①]为基础而展开，直至今日仍引发许多回响，是从事儒家哲学与关爱伦理学比较研究无法绕过的一篇论文。该文表示儒家伦理不依赖原则式的判断，是一种重视关系而非主体的理论，可以说在比较哲学上，为理解儒家提供了一个全新的视野。李晨阳不仅比较了儒家与关爱伦理学的异同，而且认为"关爱"与儒家的"仁爱"相近，是儒家思想的基础，试图为儒家歧视女性进行辩护，说明歧视女性只是历史上的事实与观念，不能视为儒家具有普遍性意义的思想，只是在儒家既有的经典和历史中，关爱特征并不明显，因此值得当代强调和发展。以下先扼要介绍关爱伦理学理论发展的背景，再进一步析论李晨阳的观点。

一般认为，关爱伦理学最早由吉利根（Carol Gilligan）于1982年出版的《不同的声音——心理学理论与妇女发展》一书所提出。[②]吉利根透过心理实验，反思其师柯尔伯格（Lawrence Kohlberg）提出的三层次六阶

[①] 参见 Chenyang Li, "The Confucian Concept of Jen and the Feminist Ethics of Care: A Comparative Study",《比较的时代：中西视野中的儒家哲学前沿问题》的第七章"儒家与女性主义的问题"原出处参见李晨阳《儒家与女性主义：克服儒家的女性问题障碍》，载［美］姜新艳主编《英语世界中的中国哲学》，中国人民大学出版社2009年版，第554—568页。

[②] 参见 Carol Gilligan, *In a Different Voice: Psychological Theory and Women's Development*, Cambridge: Harvard University Press, 1982;［美］卡罗尔·吉利根《不同的声音——心理学理论与妇女发展》，肖巍译，中央编译出版社1999年版。赫尔德（Virginia Held）认为关爱伦理学的开端是鲁迪克（Sara Ruddick）在1980年发表的"Maternal Thinking"一文，也可作为这一理论起点争议的参考。参见 Virginia Held, *The Ethics of Care: Personal, Political, and the Global*, New York: Oxford University Press, 2006, p.26; Sara Ruddick, "Maternal Thinking," *Feminist Studies*, No.6, 1980, pp.342–367。本书采取学界主流的说法，以吉利根1982年出版（*In a Different Voice: Psychological Theory and Women's Development*）一书为关爱伦理学理论的起点。

段的道德发展理论。① 吉利根发现在柯尔伯格的研究过程中所设计的题目，皆是道德两难的情境。男性在回答这类题目，易于依据理性而寻求一种公正的解决，而女性则更倾向于理解造成这些情境背后的原因，关心当事人的处境，以及当事人之间彼此的关系。柯尔伯格据此认为男性在道德发展上能达到较女性高级的层次。吉利根则认为正义之类的伦理思考，是基于男性的理性视角所建构的，不符合女性的感性和经验视角，因此正义的伦理原则不能普遍适用于所有人在面对道德情境时所采取的判断。于是吉利根认为从女性视角提出的"关爱"（care），才是所有人在面对道德情境时，首先发自内心的情感。由于以往的伦理学理论与道德发展理论均是从男性视角提出的，是故吉利根认为"关爱"是女性所发出的声音，这一道德发展基础的观点是一种有别于传统男性视角的"不同的声音"，是故初期通常被称为女性主义关爱伦理学。

关爱伦理学后来经由诺丁斯（Nel Noddings）、赫尔德、特朗托（Joan Tronto）等人持续发展，将吉利根提出的女性之关爱特质，逐渐转变为男女共同具有的特质，并展开对康德伦理学、功利主义、美德伦理学等理论的反思和批判。

李晨阳看到了关爱伦理学与儒家伦理的相似之处，于是将关爱的特质和儒家的"仁"进行比较，提出以下四点：

> 第一，儒家伦理学和女性主义关爱伦理学都以关系性的人为基础。第二，儒家伦理学的核心概念仁和女性主义关爱伦理学的核心概念关爱之间有相似的脉络。第三，与西方流行的康德伦理学和功利主义伦理学相比，儒家伦理学和女性主义关爱伦理学都不那么依赖普遍规则。第四，两者都不主张普世主义，而主张爱有差等。当然，说它们之间有相似之处，是与康德伦理学和功利主义伦理学相比而言。相似不是相等。它们两者之间也有不少区别。②

---

① 参见 Lawrence Kohlberg, *The Philosophy of Moral Development: Moral Stages and the Idea of Justice*, New York: Harper & Row Publishers, 1981, pp. 409–412。

② 李晨阳：《比较的时代：中西视野中的儒家哲学前沿问题》，第90页。

如上所述，借由关爱伦理学的基本主张探讨儒家应如何对待女性，强调儒家对于人的关怀具有普遍性与平等性，成圣并不限于男性①，因此应立足于女性的视角，发展相应的关怀女性之方法，并且不具有性别上的歧视。李晨阳采取诺丁斯将关爱伦理学运用于道德教育的方法与建议，指出改善儒家对待女性的方法是"加强道德教育和道德修养"②，以及"扩大其（儒家）关爱的范围"③，最终可望透过儒家思想支持男女平等而不歧视女性④。

李晨阳认为，儒家歧视女性的历史既已不能抹除，即应正视这些历史，并在思想上予以回应，才能面对今日的性别问题。儒家思想中的"三纲""五常"虽在古时候造成了两性的主从关系，但"三纲""五常"更深一层的内涵，是安立两性的相处，达到和谐稳定的状态，故可理解为相互分工的关系⑤，而不需将主从关系的历史事实，视为儒家思想的立场。儒家思想中的道德修养，更是无分性别的实践理论，不仅在基础上无分男女，甚至可以开发出女性特有的道德修养方法。⑥

于是这里就涉及女性主义的议题，主要是面对儒家歧视女性的思想与事实而言的。女性主义的起源是西方为追求妇女权益而产生的一种思潮，反映长期以来西方对于女性权益的压迫与歧视，造成两性之间的不平等。如果仅以思想性的儒家经典为线索，则自《论语·阳货》名句"唯女子与小人为难养也"开始，儒家长期被视为男性中心，导致到了今日强调性别平等的时代，受限于经典的不可改易，以及两千年来的影响，如何思索儒家对于男女地位的主张，是备受争议之处。李晨阳即以关爱伦理学的"关爱"证明儒家是以此为基础去关心他人，以"关爱"为基础而压迫、歧视女性，是历史上的事实，而不是儒家思想本身即认同压迫、歧视女性。⑦孔、孟若有过在今日看来是压迫、歧视女性的言论，

---

① 参见李晨阳《比较的时代：中西视野中的儒家哲学前沿问题》，第98页。
② 李晨阳：《比较的时代：中西视野中的儒家哲学前沿问题》，第86页。
③ 李晨阳：《比较的时代：中西视野中的儒家哲学前沿问题》，第92页。
④ 参见李晨阳《比较的时代：中西视野中的儒家哲学前沿问题》，第91页。
⑤ 参见李晨阳《比较的时代：中西视野中的儒家哲学前沿问题》，第102—103页。
⑥ 参见李晨阳《比较的时代：中西视野中的儒家哲学前沿问题》，第104页。
⑦ 参见李晨阳《比较的时代：中西视野中的儒家哲学前沿问题》，第100页。

"他们也不是中国古代歧视妇女的始作俑者。他们的哲学至多是反映了当时社会的不平等而已"①。

李晨阳关于儒家思想与女性主义和关爱伦理学的比较,同儒家与环境哲学一样,也是立基于"文化的价值组合配置"以解决比较两种文化碰撞时所可能出现的不协调情形。例如同是儒家与女性主义的比较,是以女性主义的价值标准评判儒家对待女性的合理性,抑或是以儒家的标准评判女性主义的行为,即产生不同的价值评判,而这样的评判在理想上,都是建立在试图确实认识两者的内涵所产生。以文化的价值组合配置来看儒家与女性主义,即承认性别是中西文化中皆出现的议题,甚至可以说两性之间的不平等,而且是男性地位整体高于女性,皆存在于中西文化之中。如果试图改善这种不平等的思维,则借由比较而相互借鉴,是一个可行的探讨。

李晨阳之所以将"仁"与"关爱"衔接起来进行比较,是由于其认为儒家思想是以关系性的人为基础,如同关爱伦理学认为关爱者与被关爱者之间的关系建立之后,才能产生关爱的行为,进而可能发展成道德行为和原则。李晨阳认为儒家的人是在关系中形成的,这一观点和安乐哲提出的"焦点—域"相同,儒家的人是在家庭和社会,与他人不断发生关系而成长,并非独立存在的原子实体。② 以关系作为道德行为的基础是关爱伦理学的特点。关爱伦理学认为道德并非抽象而独立的想象,必须在具体情境中实践才有价值;据此否定了康德纯粹形式和理性的道德原则建构,也排除了抽象和空谈的功利计算。

不论是关爱伦理学在道德教育方面所提供的启发,还是以关系性的人理解儒家对于人的定义,确实都能够从儒家文本中看出这一层意义与价值。于此之上,笔者更想了解的是在比较的视野中,如果关爱伦理学是一个相较于其他理论而言,较适合系统性地理解儒家思想的理论,则应该如何以儒家式的关爱伦理学回应中国港台新儒家基于康德义务论的解读,以及儒家美德伦理等其他立场。

关于上述的提问,李晨阳已有回复:

---

① 李晨阳:《比较的时代:中西视野中的儒家哲学前沿问题》,第100页。
② 参见李晨阳《比较的时代:中西视野中的儒家哲学前沿问题》,第72页。

这是一个很重要也很有现实意义的问题。儒家哲学是一个庞大的有悠久历史的思想传统，其中不同的哲学家有不同的哲学倾向。所以现代思想家可以对儒家哲学做不同角度的解读。以牟宗三先生为代表的新儒家可以用康德义务论解读儒家思想，现代不少学者则以德性伦理学解读儒家思想。同时，我们也可以以关爱伦理学解读儒家思想。……我不主张把儒家哲学归结于任何一种源自西方思潮的伦理学，但是也不排除对儒家学说做不同视角的解析和发挥。其实，在我们对传统儒家哲学做某种解读时，这种解读往往不是纯粹历史性的诠释。在一定程度上我们同时也有意无意地朝那个方向发展儒家。从这个意义上说，不同的解读之间存在着某种张力。而当代儒家哲学的发展恰恰是通过这种儒家内部不同意见的交互作用而实现的。我本人更倾向于对儒家哲学做关爱伦理学的解读，儒家关爱道德观不仅契合儒家的既往传统，也更适宜儒家的未来发展。①

笔者在初看回应时，原以为这仅是一种开放与包容不同观点的说法，只是自己所采取的进路与解读不同。直至事后不断细思，并拜读李晨阳更多的著作之后，似乎进一步理解到，认为儒家更倾向关爱伦理学的理由，除了两者之间的相似性，以及提出一种有别于以往的观点，更是一种以非超越式的理解儒家的方式，将儒家思想进行系统性的把握。

从康德义务论式的儒家伦理学而言，对于"天""道"等形上原理的把握以建立世间的普遍道德行为原则。关爱伦理学则如同角色伦理学一般，诉诸人与人之间的关系而发展出相应的、特殊的道德行为，弱化了形上原理与道德原则的普遍性意义。关爱伦理学家如诺丁斯分析"自然关心"（natural caring）与"伦理关心"（ethical caring）之别，由发自自然情感的关心，可以发展关系上或道德上的伦理关心②，这样的道德行为产生得更为真实而自然，而且不需借助超越的"天"或上帝，也不需理

---

① 李晨阳：《再论比较的时代之儒学：答李明书、李健君、张丽丽三位学者》，第51页。
② 参见 Nel Noddings, *Starting at Home: Caring and Social Policy*, California: University of California Press, 2002, pp. 29–31；李晨阳《比较的时代：中西视野中的儒家哲学前沿问题》，第88页。

性思辨即已有之。是故当我们对于儒家采取关爱伦理学式的理解时，将会再次对应于上一节所说的，虽然儒家的超越性暂时不存了，但对于现实的关注却更强了，而且可能更易于在中西方共同关注的伦理议题或案例上，产生更为有效的对话。

话虽如此，笔者作为晚辈，还是十分期待看到以关爱伦理学为切入的视角或理论以更为全面地诠释儒家经典，可以产生什么样的诠释结果，并且如同义务论式与美德论式的儒家伦理一般，在功利主义、义务论至美德论的发展脉络之下，回应先前的儒家伦理诠释的不足之处，以突出关爱伦理式的儒家伦理之特点，毕竟关爱伦理学在西方的发展脉络下，也回应了功利主义乃至于美德论的不足之处。

林远泽也指出"李晨阳在比较双方的相似性之后，即将重点放在说明儒家与歧视女性并无本质上的直接关联，而却未进一步就仁与关怀的相似性，去阐释儒家作为一种关怀伦理学的理论内涵为何"[①]。或许李晨阳更想解决的是儒家歧视女性，也就是儒家如何回应当代女性主义的问题，于是未再投入以关爱伦理学诠释儒家经典的研究，这当然也提供了后继者广阔的研究空间。

既然如此，我们就回到李晨阳关注的问题来看。如其所言，关爱伦理学和儒家思想虽皆重视道德教育，但两者的差异势必有待详细厘清，那么如何在兼顾儒家思想与女性主义的条件下，规划道德教育与修养的具体内容，以及关爱的范围应扩大到什么程度，才能够在支持男女平等上发挥一定的作用。进而言之，儒家思想所接受的是何种意义上的男女平等？儒家促进男女平等的方法又是什么？

遗憾的是李晨阳始终未能规划出既符合儒家思想，又适合女性的道德教育和修养方法，当然这也不仅是其个人的问题，而且是有待学界进一步发展的方向。除此之外，扩大关爱的范围是理论还是实践的不足？儒家在理论上的关爱对象应是不分男女，但在实践上可能是一些自称是

---

① 林远泽：《儒家后习俗责任伦理学的理念》，第68页。关爱伦理学更常见的翻译为关怀伦理学，另外亦有翻译为关心伦理学或护理伦理学等，参见方德志《共情、关爱与正义：当代西方关爱情感主义伦理思想研究》，中国社会科学出版社2021年版，第134页。本章主要讨论的是李晨阳的观点，是故依其翻译的关爱伦理学为主。林远泽译为关怀伦理学，在引用其著作时则依其翻译维持"关怀伦理学"一词。

儒者的人以男尊女卑的方式待人。若是如此，扩大儒家关爱的范围是实践上须努力的方向，这样的问题将会转变成要求自称儒者的人应重新理解并实践儒家思想。进而衍生的难题就是如何证成李晨阳对于儒家性别观的理解是值得其他儒者遵从的，以至于可据此要求其他的儒者？或许这个难题的解决方向，还是要通过比较的方法，才能从不同的儒家学说中，寻找出较好或较多人可以接受的共识。

第六节　小结

综上所述，《比较的时代：中西视野中的儒家哲学前沿问题》一书分析各种儒家和西方文化的现实和经验的层面，不从超越性的概念建立儒家和西方文化的价值，使得儒家和西方议题之间的衔接更为合理。此书透过"文化的价值组合配置"的观点，比较儒家和西方理论之间的异同，呈现不同理论相遇之后所产生的思想结果。我们可以在阅读之后，进一步思考儒家还可以如何回应更多的西方伦理问题，甚至对于共同的问题提出解决的方法。

此书在儒家与环境哲学方面，提出"天地人""三才和谐"的结构，建立一种有别于西方人类中心主义"资源保护主义"与非人类中心主义"自然保护主义"的儒家环境哲学，消解或弱化了儒家以"天"的超越性指导人类在环境中实践的意义，有助于我们从一种不同的角度理解儒家的环境观。

有关儒家与性别议题方面的探讨，李晨阳试图透过西方关爱伦理学的思想资源，证明儒家思想并非歧视女性，甚而可以发展性别平等的理论与实践方法。以今日的眼光来看，这些观点的提出至今仍具有一定程度的洞见与影响力，是故笔者更为期待未来能将儒家研究与更为丰富且日益新颖的性别议题进行充分的讨论。

虽然此书是 2019 年出版，并且尽可能有机地整合各个议题，但书中各章是作者从 2003 年到 2014 年的论文。除了第一章"比较的时代：当代儒学研究的一个重要特点"是新作的绪论，以及第三章"儒家传统面临的五个挑战"有着一定程度的修改之外，其他各章大抵维持原有的论述与观点。在学术研究日新月异的今日，不论是女性主义观点，或是儒家在性别研究方面的成果,皆已有相当程度的发展与突破。例如女性主义的议题方兴未艾,多元性别的议题也已经成为讨论焦点;又如我们一边还在建构儒家环境哲学的理论时,自然环境也一边正遭受着难以想象的破坏。是故此书一方面标示着儒家与西方哲学议题的衔接在某些方面的合理性,另一方面也遗留了许多问题,须不断关注全球性、现实性的议题,才能将儒学的活水继续激荡而出。

第十一章

儒家示范伦理学的系统性
理论价值之反思

第一节　前言

当前已有许多儒家伦理学理论，有的从西方伦理视角建构儒家义务论、儒家美德伦理学、儒家关爱伦理学等，有的则是从儒家内在资源建构有别于西方的伦理系统，如儒家角色伦理学、儒家美德伦理学等。有别于此，王庆节的《道德感动与儒家示范伦理学》①一书与《道德感动与儒家伦理中的自然情感本位》②一文则是以道德感动作为道德行为的动力和基础，重新建构了儒家伦理学系统。如果从中西哲学的定位而言，儒家示范伦理学（Confucian Exemplary Ethics of Virtue）在一定程度上参照了西方的话语系统，像是同情感主义、美德伦理学之间的比较，但是又避免将儒家伦理学倾向西方的某个理论，说成儒家伦理学就是或最接近于西方的哪一种伦理学理论，而是透过人之常情的道德感动，向具有示范意义与价值的圣贤投以学习的态度，于是产生了道德评判与行为，而且在"感动"这一概念的解释上是直接采取中文语境中的意思，以别于既有的来自西方的理论，并且又具有普遍性意义，而不仅是中国文化的一种思维。

---

① 王庆节：《道德感动与儒家示范伦理学》，北京大学出版社2016年版。
② 王庆节：《道德感动与儒家伦理中的自然情感本位》，载杨儒宾、张再林主编《中国哲学研究的身体维度》，第2—24页。这篇论文可谓《道德感动与儒家示范伦理学》一书的精华版，有关道德感动，以及儒家伦理为什么是示范而非规范的论证，在这篇论文中均有论述。在《道德感动与儒家示范伦理学》中则还涉及道德金律、身体观、自我等议题。本章主要集中讨论王庆节如何从道德感动建构儒家示范伦理学的观点。

基于这一层理解，本章试图以王庆节提出的儒家示范伦理学中的观点，与儒家关爱伦理学，以及规范类型的伦理学进行比较，接着指出这一理论的系统性建构之价值，再从此价值中探讨如何看待儒家不断被各种系统性建构之后的结果，并且解答笔者自己对于系统性建构儒家伦理学的一些困惑。①

第二节　以感动与关爱作为道德动力之别

如上所述，王庆节以道德感动作为道德行为的动力和基础，道德或王庆节所谓的道德意识"是一个有关善恶的道德评判"②。道德感动是观察人之常情之后提出的一种经验，是一种常见于人的普遍现象。王庆节拆分了"感"与"动"两个词的意义，"'感'主要指的是'感觉''感情''感触'，泛指某种人的情感和情绪。但在更深一层的语言、历史、文化层面上，'感'字还指向某种与人相关，但又常常超越人的'感应''交感''感通'等。'动'一般说的是'运动''活动''行动'，但和'感'字联系在一起，说的大概就是人在价值活动中的交感、情绪感应中所引发或激发出的具有道德意义的心的'行动'，或者至少是有趋向于道德行为的心的'冲动'过程。所以，在1900多年前东汉许慎编撰的《说文解字》中，'感'被解读为'动人心也'"③。简言之，由于人在接触一些人事物及其衍生的行为时，所产生动心的情绪行动，就是感动；如果是由于人事物及其衍生的行为与道德相关而产生动心的情绪行动，就是所谓道德感动。人在道德感动发生时，会进而出现是非对错的判断，认同道德上好的，而排斥道德上不好的，道德感动会再促进人以具体的行为表现将其落实。

---

① 在此之前，笔者已曾撰文讨论《道德感动与儒家示范伦理学》一书，并获得王庆节回应。本章将会从王庆节的回应之中再挖掘一些可讨论的议题。参见王庆节《再谈感动、示范与儒家德性伦理》，《鹅湖月刊》2021年第3期，第54—64页。
② 王庆节：《道德感动与儒家伦理中的自然情感本位》，载杨儒宾、张再林主编《中国哲学研究的身体维度》，第6页。
③ 王庆节：《道德感动与儒家伦理中的自然情感本位》，载杨儒宾、张再林主编《中国哲学研究的身体维度》，第8页。

不可否认，人"在日常生活中经常被某种事件或被某些人的行为所触动和感动，这几乎是个不争的事实。……只要有一些人或很多人在日常生活中为一些事所感动和不断地被感动，那就能说明道德的存在是明明白白、不可置疑的事情"①。"感动"是一种非常基本且常见的情感表现，王庆节以更为基本的语词解释感动的意义，使感动更为具象化地呈现，更重要的是这一情感表现必须透过个人自身的体验以证实其真实性，而不仅是概念或理论上的解释而已。

道德感动有四个基本特性。第一是亲身性，需呈现为一种具体的、人际互动的关系，而非抽象的理论。第二是情绪状态，是人的情感，而不是逻辑推理或理论推论。第三是必然与行动有关，而不只是思辨的运作。第四是既具有个别性，又具有公共性的特征，感动可以是个人的美德、情绪，也可以成为集体的文化、风俗等。②

如果我们接受了以上对于道德感动的解释，则对应到儒家思想，即可发现儒家的道德行为往往是在一些情境与事件中呈现，而一个人之所以会去做道德行为，则是因为孔、孟所说的道理或事件，使听者或读者对其中的道德操守、道德意涵产生了动心、动容的感受，例如王庆节所举的例子，孔子与宰我论"三年之丧"③，孔子质疑宰我心中是否还有对于父母照顾自己还是婴儿时期的"三年之爱"，孔子希望这三年之爱可以再次打动宰我。以道德感动而言，孔子问宰我是否"（心）安"时，就是在问宰我认为应取消三年之丧的依据，是对于父母的三年之爱有所感动，还是仅依当时的风气、结果认为应该取消这样的制度？④

---

① 王庆节：《道德感动与儒家伦理中的自然情感本位》，载杨儒宾、张再林主编《中国哲学研究的身体维度》，第7页。

② 参见王庆节《道德感动与儒家伦理中的自然情感本位》，载杨儒宾、张再林主编《中国哲学研究的身体维度》，第12—13页。

③ 《论语·阳货》："宰我问：'三年之丧，期已久矣。君子三年不为礼，礼必坏；三年不为乐，乐必崩。旧谷既没，新谷既升，钻燧改火，期可已矣。'子曰：'食夫稻，衣夫锦，于女安乎？'（子）曰：'安。'（子曰）'女安则为之！夫君子之居丧，食旨不甘，闻乐不乐，居处不安，故不为也。今女安，则为之！'宰我出。子曰：'予之不仁也！子生三年，然后免于父母之怀。夫三年之丧，天下之通丧也。予也有三年之爱于其父母乎？'"

④ 参见王庆节《道德感动与儒家伦理中的自然情感本位》，载杨儒宾、张再林主编《中国哲学研究的身体维度》，第18—19页。

由于孔子并未向宰我强调三年之丧的规范性意义，而是以人天生的自然情感试图感动宰我，所以取消了道德行为的超越性与必然性。虽然王庆节在三年之丧一例中只解释了心安是道德感动，但从取消道德原则的规范性意义来推断，孔子并未严格要求宰我与其他学生，并且让他自由选择自己认为的方式，是故仅以这一观点与以身作则作为示范，供学生参照学习，形成了以道德感动作为道德行为的根源，成为儒家示范伦理学。

由于感动的情感及其所推动的行为不需要诉诸超越的存有者而得到保证，是故以道德感动作为道德行为的动力时，即消解了儒家超越性的解释，并且支持情境式、相对式的道德判断。[①] 为了避免因此而陷入相对主义的缺点，王庆节在《道德感动与儒家示范伦理学》第九章中详细地分析"道理""真理""道""理"等概念的意义，指出传统意义上单一的绝对真理是不可能的，真理的意义建立于一群人所认可的标准，通过理解、谅解和沟通等行为而得到暂时的、有限的承认。[②] 所以这样的真理观虽然是相对的，但却永远处于变化之中，和传统上固定的真理相对主义有别。

以道德感动为动力而产生道德行为的主要难题其实显而易见，就是人若不能产生道德感动时，就不会发生道德行为，因此感动和行为之间并无必然性，如此将导致儒家的道德行为亦无必然性。一旦取消了必然性，则儒家也没有所谓道德规范可言，道德规范对于儒家伦理并不适用，儒家重视的是如何在各种情境中采取最适合的行为，而不是用一个普遍且整齐划一的行为或原则应对所有情境。有别于早期以规范伦理的进路解释儒家的观点，有些学者尝试以这种非规范的、灵活的、依具体情况而定的说法解释儒家伦理，例如安乐哲提出的儒家角色伦理学、李晨阳从关爱伦理学建构的儒家关爱伦理学，都有类似的理论倾向。

以关爱伦理学为例来看。[③] 关爱伦理学的"关爱"（care）表示一个

---

① 参见王庆节《道德感动与儒家示范伦理学》，第45—46、79页。
② 参见王庆节《道德感动与儒家示范伦理学》，第206—230页。
③ 安乐哲提出的儒家角色伦理学在许多方面也与王庆节所说的儒家示范伦理学相似，但安乐哲仅将道德动力视为在关系之中自然生成的，而示范伦理学与关爱伦理学除了均以关系式的人取代原子式的个体，进而提出感动与关爱作为道德动力。就这点而言，关爱伦理学与示范伦理学在道德动力上的可比较性更高一点，故本章仅比较这两个理论的道德动力。

人对于另一个人的关系性的联系，"'care'有关心、关怀、体贴、照顾和爱护的意思"。如第十章所述，关爱伦理学一开始时被视为女性主义的理论，之后逐渐发展成不分性别的伦理学理论。① 吉利根以心理实验说明，女性在面对道德情境时，通常不是以理性对于该情境做出公正的判断，而是想要理解道德情境中的人为什么会发生那样的事情，"把道德理解为对关系的承认，相信交流是解决冲突的方式，这种对于令人信服地呈现困境之后便会得到解决办法的信念"②。通过交流沟通以达到相互的理解，进而帮助当事人解决困难、满足需求，就是关爱的表现。

诺丁斯将关爱的表现解释得更为清楚，并且以关爱者（one-caring）与被关爱者（cared-for）共同的需求满足解释关爱的完成。"关心涉及两个主体：关心者和被关心者。当他们相互满足对方的时候才是完满的。"③ 关爱起源于父母（尤其是母亲）对于子女的无私的爱，是一种天生的自然情感，不是原则规定父母应该要帮助子女减少痛苦与发展人生，父母的爱不计较后果，也不需反思自己的行为是否符合绝对命令，如同诺丁斯所说的"自然关心"，由自然关心可以逐渐发展成"伦理关心"，这时可能涉及理性的动机、功利、美德等方面的评估，但无论如何，在自然关心的一面通常是道德上好的或无关道德的助人的行为。④

由此可明确见出王庆节所说的道德感动与关爱伦理学的关爱在许多方面均有相似之处，如两者均否定道德原则，都将人视为一种关系式而非原子式的存在；关爱伦理学中的"关爱"与示范伦理学的"感动"皆是从人的自然情感而发，而不是从超越的或理性的道德命令出发以规范

---

① 参见李晨阳《比较的时代：中西视野中的儒家哲学前沿问题》，第77页。
② ［美］卡罗尔·吉利根：《不同的声音——心理学理论与妇女发展》，肖巍译，中央编译出版社1999年版，第29页；Carol Gilligan, *In a Different Voice: Psychological Theory and Women's Development*, p. 30。
③ ［美］内尔·诺丁斯：《关心：伦理和道德教育的女性路径》，武云斐译，北京大学出版社2014年版，第48页；Nel Noddings, *Caring: A Relational Approach to Ethics and Moral Education*, CA: University of California Press, 2013, p. 68。赫尔德也说："关怀是这样的一种关系，即双方在相互依存中共享利益的关系。"［美］弗吉尼亚·赫尔德：《关怀伦理学》，苑莉均译，商务印书馆2014年版，第52—53页；Virginia Held, *The Ethics of Care: Personal, Political, and Global*, New York: Oxford University Press, 2006, pp. 34 – 35。
④ 参见 Nel Noddings, *Starting at Home: Caring and Social Policy*, pp. 29 – 31。

人的行为。

这里举出两种理论进行对照，不在于比较优劣，而是试图厘清这两种相似的理论之间究竟有何异同，以及如何应用于解释儒家经典，或者更精确地说，当我们说儒家经典所记载的一些行为是道德感动时，为什么不是关爱？解释为感动与解释为关爱之间的差异是什么？例如，将孔子问宰我是否心安解释为是否对于父母之爱还有着感动，但若以子女是否愿意回报父母养育自己的三年之爱为心安的依据，则这样的心安是否可以解释为子女是否愿意回馈父母的关爱呢？

如果再以李晨阳提出的儒家关爱伦理学与儒家示范伦理学对照来看，两者引用的文本皆是《孟子》所说的四端之心，尤其是见孺子入井时所生起的"恻隐之心"。李晨阳认为，"在孟子那里，仁作为关爱的意思则更加明显。当我们看到一个小孩儿就要落入井里时，我们为什么会觉得不忍？孟子相信这是因为我们有同情心，所以我们会关心这个小孩的命运。……当一个人处在孩子即将坠入井中的危机中，该人若不能自然产生同情之心，这样的人就不是正常的人，就是没有人性的人。尽管人自然地具有同情之心，孟子说人必须发展这个恻隐之端，才能真正成为仁人"①。王庆节则说孟子的"心性之学"要义"无非就是我们这里所讲的作为道德情感的'人心感通'和'人心感动'。这里，孟子将孔子的'心安'之说具体发展为'不忍人之心'，又称'恻隐之心'，不仅如此，孟子还将这种'不忍人之心'与人类的道德人心之本联系起来，与另外三种道德情感并称为人类的先天道德人心之四端"②。王庆节未进一步探讨人见到孺子入井时的心理状态③，但可以经由其思路推知，人会想要救起入井的孺子应是由于感通了孺子溺水之苦，以至于生起了想要使孺子免于受苦的道德行为，而这大概就是一种由于感动所引发的行动。

---

① 李晨阳：《比较的时代：中西视野中的儒家哲学前沿问题》，第77页。
② 王庆节：《道德感动与儒家伦理中的自然情感本位》，载杨儒宾、张再林主编《中国哲学研究的身体维度》，第19页。
③ 王庆节曾从道德的原初性解释"孺子入井"一例，指出只有"恻隐之心"是道德源初状态，不夹杂任何世间人情利害的干扰，而"内交于孺子之父母""要誉于乡党朋友"与"恶其声而然"则不是人心或人之常情的源初状态，参见王庆节《再谈感动、示范与儒家德性伦理》，第63页。笔者完全同意王庆节的解释，只是更想追问的是为什么这是感动之情而非其他。

经由对比两种诠释之后，更为明确地显示笔者想要深入追问的，亦即将儒家的道德动力解释为关爱伦理学的关爱与示范伦理学的感动之间，是否具有可比较性？抑或是只能在两种不同的诠释系统中各自成立？

第三节　规范、非规范与示范伦理之别

儒家示范伦理学的另一个重点在于规范与示范之间的差别。如王庆节所言，以往从规范的视角试图寻找儒家伦理的行为准则是有问题的，依据孔子所说的"三人行，必有我师焉。择其善者而从之，其不善者而改之"（《论语·述而》）。儒家的"伦理学乃从人间而来。从古人、今人、自己、旁人所经历的生活事件，以及由这些生活事件而设定的'范例'中，我们引申出道德、伦理、价值的要求"[①]。由此可知，先圣先贤和周遭的人之行为、事迹所带给后人的意义，是起到示范性作用，只要人对于圣贤和他人有所感动，将或多或少受其影响，试着学习、效法，使自己也做出好的行为。据此可以说，王庆节是以示范作为儒家整个理论系统的核心，以此一反以往规范式的儒家伦理；也就是说，儒家谈再多的道德行为，皆不是提出道德原则，而是一种参考，至于能够依着做到几分，需要视许多不同的条件而定。

如上所述，非规范式的儒家伦理系统都有这种相似的理论倾向，再以先前提到的几个伦理学理论为例，如安乐哲认为儒家的重点在于透过社会角色的建立，教导人们身处于不同的角色时，应该如何行为。由于各种角色的灵活性，所以角色和角色之间的关系决定了具体的行为，不同情境下，具体的行为也不相同；又如李晨阳认为儒家更接近关爱伦理学，因为两者也都不是规范式的伦理系统，关爱伦理学就是在批判规范伦理学的背景下所产生的。关爱伦理学重视具体情境中的关系，在不同关系中须做出不同的行为，才能确实回应道德情境、解决道德问题。从这两种儒家伦理学中已经可以看到相似之处，亦即儒家角色伦理学和关爱伦理学均重视关系式的人。儒家示范伦理学所强调的感动之所以能够产生，其实也是感动人者（包括人、事、物）和被感动者之间的关系发

[①]　王庆节：《道德感动与儒家示范伦理学》，第79页。

生联结，依据关系的强弱与各种主客观因素，衍生的具体行为则千差万别。

分析以上三种儒家伦理学后，这里粗略地将相关的理论分成原则和非原则两大伦理类型，也可以说是规范或非规范两种类型。上述三种可视为非原则的儒家伦理，原则类的儒家伦理则如儒家义务论、美德伦理学等。这两种类型势必无法兼容，因为只要接受了儒家有一个最终的行为标准或原则，则不论衍生何种具体行为，都属于某一标准或原则下的产物；若是承认儒家面对任何情境都有不同的行为，则无法从中归纳或演绎出单一的原则。就此而论，当我们在定位儒家伦理系统时，已经受到了一种非此即彼的二分，最终要回应的理论问题已经不是能否实践、感动如何产生或感动如何推出行为等，而是儒家是否接受具有普遍意义的伦理原则？如果接受，则整个方向仍在于寻找一个放诸四海皆准的原则，借鉴西方的道德法则、美德伦理等仍是重要的方向；如果不接受，则儒家的系统范围不仅不可靠，而且可能是一种漫无边际的情况。

接着看非原则式的儒家伦理类型论述。以儒家示范伦理学来看，至少有两项重要的价值：第一，理论与实践上的积极意义，这一理论告诉我们儒家伦理的核心价值，也告诉我们在彷徨无助时，效法圣贤的行为总是一个正确的方向；第二，对于儒家进行了系统性的把握，示范就是儒家系统的核心价值，这一概念保证了整个系统的灵活性，而不被既定的原则、行为限定。这两项价值相当于说，儒家是一个完整的系统，有其思想的内在核心价值或整体的理论倾向，但是这个核心价值是无限的、变动的、灵活的，示范是以圣贤作为参考的对象，圣贤的言行都是后人参考的一种示范。

若如上述，如何看待示范伦理的两个核心问题：第一，通常被视为儒家核心概念的"仁""义""礼""智"等只具有示范价值，圣贤也只具有示范价值，那么示范的边际究竟在哪里？第二，接续第一点，圣贤可以广泛地被理解为某方面或全方面善的人和行为，因此只要直觉上是和善有关的，都很容易宣称是从儒家的概念所衍生的行为，儒家似乎是一种无所不包的学说，因为不能在任何一个既定的原则或行为上规范只能怎么做，一旦规范了，就不是儒家意义下善的行为，不规范反而是儒家意义下善的行为。若是如此，儒家的系统似乎相当宽泛，只要和儒家的概念、行为稍微相关，都会成为儒家思想延伸之下，可供示范的对象。

回到本章所关注的重点来看，以示范伦理解释儒家，造成了一种和其他理论冲突的情形，亦即儒家可被解读成原则和非原则两种类型，而儒家示范伦理属于后者。然而，示范的范围若可无限延伸，那么原则是否也可以作为示范的对象而为人学习、效法呢？如果是，是否儒家仍是原则优先的理论？如果不是，是否又会回到示范的边际不明、范围过大的情况？这些疑虑即前文提到的，对于儒家系统性建构的结果，一旦试图以系统性的方式把握儒家时，将可能导致难以顾及许多方面，以及理论内外难以调和的情况。

第四节　小结

笔者并非反对示范伦理学是一个关于儒家系统的可能性建构，反而认同示范在儒家所代表的意义，也认同这对于儒家内涵的展开具有重要的贡献，更为难能可贵的是在既有的众多理论之中，再提出一个系统性地理解儒家的概念与方法。王庆节对于儒家的思想活力持的乐观态度[1]，并且以自身的研究成果证明其可行性，是笔者特别敬佩之处。只是在学习过程中，看来较似在草创的阶段，在回应其他儒家伦理理论和伦理问题的方面还有不足之感，而且也尚未以示范伦理学诠释更广泛的儒家经典，以至于令人读来意犹未尽。是故笔者以为可以进一步往三个方面延伸探讨：第一方面是似乎未能免俗地须回应其他儒家伦理理论的缺失，第二方面则是突出儒家示范伦理有别于其他非原则类儒家伦理理论的特殊之处，第三方面则是更为全面地诠释《论语》《孟子》《荀子》，乃至于汉代以后的儒家经典，期能使儒家示范伦理学的体系建构得更加完备。

---

[1]　以下这段文字最能看出王庆节认为儒家诠释的无限可能性："提出和倡导儒家的德性示范伦理学，其目标并不在于回到历史上儒学的某种形态或某个正统的立场，而是在呼应现今时代儒学需要自我更新的历史要求。我坚信源远流长的儒学在新的时代条件和挑战下，依然有着顽强的自我更新'基因'和生命力。"王庆节：《再谈感动、示范与儒家德性伦理》，第64页。

第十二章

女性问题是否应由男性提出？
——从《儒道思想与现代社会》谈起

第一节　前言

方旭东的《儒道思想与现代社会》① 一书为其历年来于华东师范大学教授"儒、道思想与现代社会"课程的精华汇编，以教材的形式出版。全书分为"政治义务""孝道难题""女性问题"与"动物问题"四编。《儒道思想与现代社会》虽定位为教材，是由方旭东授课录音所形成的文字稿，但内容经过相当程度的修订，也详细注明文献的出处，使得语言风格较为流畅轻松，但又不失学术应有的严谨。或许正因如此，有些在既定的学术著作中难以呈现的议题，在此书之中可以得到比较充分的展开与讨论。

其中"女性问题"为笔者长期以来关注的议题，本书中已有几个章节探讨。在拜读此大作之后，深受其中观点启发，并觉有许多值得延伸思考之处，故趁此机会再提出书中的一些观点，以向方旭东请教，并期能借此带出一些值得延伸思考的议题。

书中的"女性问题"部分依序由第十二讲"儒家的性别观"、第十三讲"儒家节烈观的是是非非"与第十四讲"道家的性别观"所组成。儒家的性别观与节烈观相互关联，而道家则是与儒家有别的思想系统，为求聚焦与系统的整全性，并且本书主要是以儒家伦理争议的讨论为主，是故本章暂先就儒家的部分提出一些想法，期能呈现儒家思想在现代社

---

① 参见方旭东《儒道思想与现代社会》，中华书局 2022 年版。

会的价值。

第十二讲"儒家的性别观"与第十三讲"儒家节烈观的是是非非"虽说是儒家性别观与节烈观,但依笔者看来,方旭东在陈述这两种观点的背后,均有着为儒家歧视女性辩护,亦即证明儒家思想并非以歧视女性的观点为基础而建构性别观与节烈观,而是有其特殊的时空背景,并且许多时候是建立在一些误解之上,而误解的原因则是对于古代文献把握不足,是故方旭东一方面探讨古今观念的差异,另一方面则举出古代文献对于以女性为主的事件之处理方法与态度。前一方面主要表现在第十二讲"儒家的性别观",后一方面则在第十三讲"儒家节烈观的是是非非"有较多的引证。以下就依书中的顺序,先探讨"儒家的性别观",再接着讨论节烈观的内容并进行整体的提问与思考。

第二节　儒家的性别观

在传统上,谈到儒家的性别观,往往被赋予性别歧视、男女不平等的色彩;在现代社会,则容易对儒家的性别观持批判或期待的态度,批判的是认为传统儒家性别观是错误的,于是期待改变、修正,甚至抛弃。基于这一层认识,第十二讲"儒家的性别观"从"男女有别"的观念切入,指出中国传统社会是如何从社会分工的机制安顿两性。在"男女有别"这一基本观念的引领之下,展开了"男耕女织""男主外,女主内"的社会分工,以及"一夫一妻多妾"的婚姻家庭结构。

当我们说到性别观时,其实所说的就是观念、想法、态度等抽象的内容,因此在许多时候总想要从论证的层次去探讨性别观的正确与否,而忽略了观念的形成与经验息息相关。笔者在从事经典文本的性别观建构,或探讨儒家性别平等议题时,也不能避免地流入纯粹思想性、理论化的探讨。方旭东对于观念有这样的说明:"'观念'这种东西,它实际上首先是对于社会现实的反映;然后它又会反过来对社会现实起到塑造的作用。"[①] 接着则以常见的"男主外,女主内"为例,指出这种思想观

[①] 方旭东:《儒道思想与现代社会》,第249页。

念夹带社会现实考虑的论断,难以轻易地以性别歧视或不平等而予以批评。① 如要进行详尽的讨论,除了需要展开这个观念背后的起源与实情,还要依据古今的对比,才能厘清这样的论断在不同时空背景下的适用性,以及是否需要调整或沿用。

鉴于此,方旭东尽可能梳理思想形成的脉络,征引历代大量的文献,展开其中的复杂度,澄清常见的误解,以证明传统上的观念与生活实情,有其时代背景的特殊性,有时是为了维持家庭或社会稳定发展而产生的生活模式。其中比较特殊的例子莫过于中国古代社会中的"童养媳"制度。童养媳制度是让差不多年纪的一男一女从小一起长大,到了适婚年龄之后就结婚。当然这是专指男方养女方,所以才叫作童养媳。方旭东认为,这一制度在古代社会其实有助于使一个家庭趋于稳定,因为男方家庭从小养大媳妇,由于从小就是一家人,媳妇可以更好地融入男方的家庭,和丈夫、公婆之间彼此更深入地了解。如果从经济上的成本—收益角度来看,可以减少许多沟通上的时间与心力,更多地为家庭付出。在中国古代这或许是可以被接受的,无论如何是已发生过的事实,但受到当代西方思潮的影响之后,这可能就不见容于今日的社会。②

接续这种经济或功能上的考虑,中国古代"男女有别"发展出来的两性观,也是为了稳定社会而逐渐形成的模式。中国思想特殊之处是以"阴阳"观念解释两性关系,"男性和阳、乾、天有关,女性和阴、坤、地有关,由此形成一种既相互区别又相互依存的关系。所谓'独阴'或'独阳'不能'孤生',因必须有阳,阳必须有阴;但同时,阴和阳又是相互区别的,而且在阴和阳的关系当中,阳又占据着主动的地位。……夫妇、父母,这些关系的哲学或者理论的根源,就是阴阳乾坤的理论"③。"阴阳"概念可以说是将两性的关系、角色等进行一种属性或类别的把握。同样,如果是将这种区分方式视为安顿古代社会的一套模式或机制,这对应的是父系社会的情况,在今日则易于受到性别平权或女性主义者

---

① 参见方旭东《儒道思想与现代社会》,第250—252页。
② 参见方旭东《儒道思想与现代社会》,第255—256页。
③ 方旭东:《儒道思想与现代社会》,第256页。

的批判。①

方旭东接着提出蒋庆的观点,蒋庆站在中国自身的立场,而且是接续着传统安顿两性的基本模式与结构,批判女性走入社会工作的主张,而认为儒家对于两性份位的安排,才能真正地安顿女性,使女性司其所长之职,在家中从事服务性的工作。方旭东并未对蒋庆的观点加以评判,而是如实地介绍。虽是如此,在陈述蒋庆观点的过程中,也提供了我们延伸思考的契机。

诚如前述,当我们在以思想性的观点作为研究对象时,通常要求对这一观点的合理性做出证明。因此,当蒋庆认为儒家可以真正地安顿女性时,可以将其视为一种具有普遍性的观点,如同对于女性提出一种道德原则的把握,认为男女乃至整个社会应遵守儒家在性别上的伦理规范才是正确的、合理的。当然儒家应如何理解也是个问题,不过此处或许暂时先悬而不论。若是如此,其中涉及的问题就较为复杂,首先是当我们以今人的视角表明儒家可以合理地安顿女性时,是依据古代或许曾有过安顿成功的案例,当今日已有许多女性自觉地不接受这样的安顿时,则该如何说明儒家以往的观点还适用于今日的社会?其次是儒家思想内部本身的丰富性问题,即便我们接受中国自古以来以儒家为核心思想,但每个时代所接受的儒家主流思想,有不一致之处,甚至有些思想内部是有些冲突的,那么该如何证明全面的儒家思想可以安顿一个具体的社会?最后是如果从中国思想的发展脉络来看,性别成为显著的议题是受到近当代思潮的影响,是故在今日特别强调性别的安顿时,需要厘清的是依据何种视角或立场所提出的观点。

上述的前两个问题涉及论理的证成与细化,第三个问题则是如何将传统思想融入现代社会的应用,因为在运用儒家思想资源探讨今日的性别议题时,以何种视角将两种不同的思想、议题结合起来探讨,是后续论述得以展开的基础。举例而言,当有人宣称儒家持歧视女性的立场时,已是从当代认为性别不平等的观点或社会现实对于古代的部分现实进行批判,但古代是否意识到这一现实是当代所以为的性别歧视,以及古代妇女是否确实由于这一现实而有受压迫的感受,以至于需要以当今的性

---

① 参见方旭东《儒道思想与现代社会》,第257—258页。

别平等观念加诸批判古时,并且作为今日性别平等的实践方向,其实已经落入一种不对等的价值评判标准之中。古今是否需要这样的标准才能安顿各种性别,以及这种标准是否适合于古今社会,皆是在下断言之前,即须谨慎评估。

由此看来,以今日的性别平等标准指出中国古代社会有歧视女性的现实,或者全盘接受中国古代的性别观,如"男主外,女主内",再将之视为适于今日社会的价值观,甚至认为这是男女平等的实现,两者同样具有一定程度的偏颇。在《儒道思想与现代社会》之中为了避免这样的偏颇,尽可能顾及古今之别,并还原古代的社会背景,从根本上说明某些争议是基于对议题产生的背景不够了解,以及片面理解儒家经典文本的内涵与背景。在"儒家节烈观的是是非非"一讲中,进行了很好的澄清。

第三节 儒家的节烈观与性别歧视

本书第七章与第八章已提到,自孔子所说的"唯女子与小人为难养也"(《论语·阳货》)开始,儒家就蒙上一层不当评价女性,甚至是支持男女不平等、歧视女性的立场。由于宋代大儒程颐的"饿死事极小,失节事极大"[①]一语,"失节"只会发生在女性身上,使得这种立场在宋代达到极致。依据方旭东的整理,古代妇女可以分成"贞""节"与"烈"三种。扼要来说,"贞"是指男女双方已有婚约,但女方尚未嫁到夫家时,男方就死了,而女方为其守贞不再嫁;"节"则是女方嫁入夫家之后,丈夫过世了,女方为其守节而不再嫁;"烈"则是嫁入夫家之后,丈夫亡故,妻子也以死明志。[②] 这些要求都是用来要求女性,而男性不论是一妻多妾、三妻四妾,在性与婚姻上皆无须如女性一般地忠贞,就被视为是合情合理的。当这些古代儒者所提倡的观念贯穿到中国历史与社会中时,这些责任自然落到了今日有志于诠释儒家的学者身上。例如李

[①] (宋)程颢、程颐撰:《二程遗书》,潘富恩导读,上海古籍出版社2000年版,第356页。

[②] 参见方旭东《儒道思想与现代社会》,第286—287页。

晨阳除了表示儒家长期以来有歧视女性的事实,更断言"儒家思想传统在历史上'欠妇女一笔债'"①,故必须正视并回应这一事实,才能使儒家思想得到更好且更广阔的发展。

李晨阳也曾举出"饿死事极小,失节事极大"一例,他认为后代受这一观念影响,导致"明代以降比比可见的贞烈碑、孝女祠"②,加重了歧视、压迫女性的社会事实。同样都是分析这句话的语意与发生情境,方旭东则认为这具有其特殊的背景。以下将其所引用的文字再次节录出来以便于讨论:

> 问:孀妇于理似不可取,如何?曰:然。凡取,以配身也。若取失节者以配身,是己失节也。又问:或有孤孀贫穷无托者,可再嫁否?曰:只是后世怕寒饿死,故有是说。然饿死事极小,失节事极大。③

由此对话可见,程颐是在观念上表示,如果纯就抽象的道德价值而言,"失节"与否的重要性远高于"饿死"。有意思的是程颐在提起父亲程珦时,对于家族女性是否改嫁的标准并未如此生硬,有时甚至鼓励女性改嫁。④

除此之外,方旭东举出了朱熹在与友人陈师中书信往来时,引用了程颐这句话,并简化为更为人耳熟能详的"饿死事小,失节事大"(《晦庵先生朱文公文集·与陈师中书》)⑤。书信往来的背景是陈师中的妹妹守寡,正在考虑是否改嫁,于是向朱熹请教。朱熹评估陈家的背景,由于陈父为当朝丞相,衣食无忧,如果改嫁仅是为了温饱,不如守节来得有价值,实无必要降低道德的层次而选择改嫁。于理虽是如此,事实则不

---

① 李晨阳:《比较的时代:中西视野中的儒家哲学前沿问题》,第33页。
② 李晨阳:《比较的时代:中西视野中的儒家哲学前沿问题》,第95页。
③ (宋)程颢,程颐撰:《二程遗书》,潘富恩导读,第356页。
④ 参见方旭东《儒道思想与现代社会》,第284页。
⑤ (宋)朱熹撰:《晦庵先生朱文公文集(二)》,载朱杰人、严佐之、刘永翔主编《朱子全书》第21册,上海古籍出版社、安徽教育出版社2010年版,第1173页。

然，后来陈师中的妹妹还是改嫁了。① 朱熹也向学生解释过程颐的行为，认为这是"大纲恁地。但人亦有不能尽者"（《朱子语类·程子之书二》）②。也就是如果可以，就尽力去做，但总是有些人、有些情况是无法做到的。③

综上所述，方旭东据朱熹的解释认为程颐是将守节视为美德而非义务，并且以朱熹的影响力，在当时都未能说服好友的家人，后世却将歧视、压迫女性的罪责归咎于程朱乃至整个理学与儒学，实有失公允。④ 至于再往后的儒者与思想则更为复杂难解，并不是一个歧视或压迫就可以概括的。

第四节　儒家的性别声音

如果同本书第七章与第八章所讨论的儒家性别歧视与相关议题对照即可看出，方旭东在《儒道思想与现代社会》一书中的一个重大贡献就是以宋代的案例说明，妇女改嫁与否是受到一定程度的尊重，考虑的既有当事人的意愿，也有当时的家族情况、法律、社会风气等。⑤ "饿死事小，失节事大"不仅具有一定的弹性，而且对于守节这样崇高的道德标准，"是一种美德，不是一种义务"⑥。遵守或达到了是值得赞赏的，但若未达到也不是道德上的错误或人格的缺陷。

经此梳理之后，除了充分展现《儒道思想与现代社会》之中对于思想源流的详细考订与学问功底，也告诉我们，儒家思想并不是被当代思

---

① 参见方旭东《儒道思想与现代社会》，第279—282页。
② （宋）朱熹撰：《朱子语类（四）》，载朱杰人、严佐之、刘永翔主编《朱子全书》第17册，上海古籍出版社、安徽教育出版社2010年版，第3250页。
③ 参见方旭东《儒道思想与现代社会》，第284—285页。相较于此，有学者认为宋代守节与否在不同阶层有不同的情况，不可一概而论，参见柳立言《浅谈宋代妇女的守节与再嫁》，《新史学》1999年第2卷第4期，第37—76页。
④ 参见方旭东《儒道思想与现代社会》，第285页。
⑤ 书中还有明代与清代的例子，由于不如宋代的例子著名，为求聚焦于今人耳熟能详的"饿死事小，失节事大"的主要观点展开论述，其他例子就暂不讨论。详细内容可参见方旭东《儒道思想与现代社会》，第287—295页。
⑥ 方旭东：《儒道思想与现代社会》，第285页。

潮一贴标签之后，就必然如标签所示的样子。或许更重要的是尽可能地还原古代思想的原貌，才能在较大地减少偏见或预设的情况下，以今日的问题意识追问古人何以产生那样的思维。同样，当证明了古代儒家思想不具有今日所谓的性别歧视之后，是不是就可以想当然地以为古今歧视女性的事实不复存在，也必须谨慎论断，才不至于僵化地以为儒家不需要迎接当代思潮的考验甚至冲击，就可以依据原有的经验不断复述。

不论是方旭东或李晨阳，乃至于许多探讨古今儒家性别观的学者，都有高度的自觉，试图平实地阐述不同的立场与思想特色，再进行比较，接着提出可能解决问题的方向。如李晨阳借由儒家义理的阐述以调整观念、开发实践方法以补救歧视女性的缺失①，方旭东则是还原思想与历史事实证明儒家并非歧视女性的立场，甚至蒋庆也自认为是替女性着想的善意态度。经由这些观点可以发现，学者们都是为了解决一些古今的性别争议或问题而发言，容或在论理或方法上有些不足，但总还是可以挖掘出可行之处，或者借由反思这些观点，而获得改善。

正因如此，笔者以为，既然是性别议题的讨论，则应如同古今思想资源的交融一样，需辨明是从何种视角来看问题。如前所述，今日所谓性别歧视，在古时候未必能够成立。同样，一旦涉及性别议题，也必须清楚地意识到是以何种性别视角看问题。例如在关爱伦理学兴起之际，吉利根即从女性视角提出以公平正义做道德判断，是男性视角所认为的合理、正确的行为，女性更多时候重视的是了解道德情境的来龙去脉，试图关心当事人的处境，男性所认为的道德行为，未必是女性所重视的。吉利根据此提出属于女性的"不同的声音"②，引起了伦理学界一定程度的反响，成为当代女性主义的重要理论之一。李晨阳依据关爱伦理学的思想资源，用以解读儒家思想，认为儒家思想与关爱伦理学有高度相似之处③，其立意之一，就在于以女性（主义）的视角，回应关于女性自身的问题，而不仅是以男性视角陈述女性问题，再为女性提出男性所以为

---

① 参见李晨阳《比较的时代：中西视野中的儒家哲学前沿问题》，第86页。
② 参见 Carol Gilligan, *In a Different Voice: Psychological Theory and Women's Development*。
③ 参见 Chenyang Li, "The Confucian Concept of Jen and the Feminist Ethics of Care: A Comparative Study"。

的好的解决女性问题之方法。

论及至此,可以回到《儒道思想与现代社会》一书所征引的古代文献来看。综观书中所征引的程朱等儒者之文献,虽然在厘清了情境与脉络之后,得到很平实的评价,但不可避免的是这些"声音"仍然是由男性发出的,那么这在多大程度上可以代表甚至可能解决女性自身的问题?我们固然可以从方旭东的文献梳理之中,看到古代社会对于女性处境的同情,但却难以看到女性在这过程中(例如改嫁)是否为自己发出了什么声音。虽然古代的纪录在今日已经无从更改,但在今日是否可能运用儒家的思想,征询出女性对于古代诸多案例的观点,甚而得到男性的尊重与认同,以证明儒家思想确实可以兼容不同性别的声音。当然这过程中想必需要许多的讨论与对话,也不能轻易地说只要是女性的声音就一律采纳。

笔者甚而想要追问第三编的"女性问题"这一标题背后隐含的意义,亦即女性是否确如男性所以为的"有问题",以至于需要被提出来讨论。而这么提问的同时,还可能再产生一种质疑的声音,就是女性视角或男性视角是不是由其生理性别所代表?或者当有一个生理男性的人自认为比女人更了解女人,而替生理女性的人发声时,是否可以宣称这可以代表女性的声音?如果性别视角是依据生理性别而定的,则程朱的观点,不免令人联想到这是男性居于主导地位,长期占据历史舞台所导致的思路;若性别视角不依生理性别而定,则这样的标准又当如何产生?当然在汉语语境下,"问题"易于被理解为困难、状况(相当于英语的 problem),但看书中所述,较似在指出关于女性的争议、议题(相当于英语的 issue),那么更有意思的是,由男性视角所提出的,不论是不是女性的困难或议题,与女性视角的认知之间是什么样的关系?以及是否有着一定程度的落差?

以上的提问并非《儒道思想与现代社会》一书的论证或引证之问题,而是笔者在拜读之后而引发的思考,也是长期以来未能凝聚而成的疑问。期待经由这次的拜读与提问,最为可喜的是自己以往抽象而难以成形的疑惑诉诸文字,期待未来能获得方旭东与其他专家学者的指点与指正。

第十三章

比较视域下的儒佛哲学研究
——敬答王亚娟、张慕良与单虹泽

第一节 前言

拙作《论心之所向——〈论语〉与〈杂阿含经〉比较研究》（本章以下称《心之所向》）一书是在《从〈论语〉与〈杂阿含经〉看感官欲望》[①]的基础上增补了六万多字而成，也是笔者的硕士学位论文《儒家与佛家对于"感官欲望"在实践上的修学义理：以〈论语〉与〈杂阿含经〉为依据》[②]经过大幅度的修改后出版。十分荣幸的是《心之所向》出版不久，王亚娟、张慕良与单虹泽三位收到之后，不约而同地为拙作撰写书评[③]；笔者认真拜读三位的评论之后，除了表达谢意，也借由回应三位的评论，提出笔者对于比较哲学研究的一些观点。

《心之所向》是从儒家经典的《论语》与佛家经典的《杂阿含经》中提炼出关于感官欲望的记载，再透过思想、义理的解读与建构之后，将两种观点进行比较。书中涉及儒家与佛家两种不同的学说系统，这两

[①] 参见李明书《从〈论语〉与〈杂阿含经〉看感官欲望》，台北：翰芦图书出版有限公司2017年版。

[②] 参见李明书《儒家与佛家对于"感官欲望"在实践上的修学义理：以〈论语〉与〈杂阿含经〉为依据》，硕士学位论文，淡江大学，2011年。

[③] 参见王亚娟《心灵与感官欲望的不离不即——评〈论心之所向——《论语》与〈杂阿含经〉比较研究〉》，《鹅湖月刊》2022年第2期，第52—56页；张慕良《沉思生命的学问——评〈论心之所向——《论语》与〈杂阿含经〉比较研究〉》，《鹅湖月刊》2022年第2期，第56—58页；单虹泽《比较哲学的内涵、诠释限度与范式突破——评〈论心之所向——《论语》与〈杂阿含经〉比较研究〉》，《鹅湖月刊》2022年第2期，第59—64页。

种学说不仅是思想内容的差异,还标示着世界观、文化背景、语言系统等许多方面的显著不同。《心之所向》除了梳理《论语》与《杂阿含经》中关于感官欲望的记载,还设定了四个比较的论题:第一,修学方法;第二,修学道路;第三,世界观;第四,观察感官欲望的流程。

两部经典必然有所差异,呈现不同经典的差异并不是太困难的工作,是故比较论题的设定是相对容易的。相较之下,提出两者之所以值得比较,也就是在证明两者具有可比较性方面更需仔细评估,必须抽绎根本上或基础关怀上的相似之处。当这样思考这两部经典的时候会发现,两者的相同之处并不是太多,于是拙作指出了主要的两点:第一是《论语》与《杂阿含经》代表的是儒家与佛家的思想源头,是两家的第一本思想性经典[1];第二是两部经典均立基于对生命的关怀而带出实践的方法[2]。在这样的背景下,选择感官欲望这个不论是直观、生活、学术上皆重要的课题作为拙作的主题,希望能够在尽可能顺应经典本身思想脉络的情况下,从传统思想中整理出具有贯通古今的普遍性意义并且富有实践性意义的观点。

难以避免的局限是在研究文本与主题的选择上带有笔者个人的主观意愿、研究兴趣与能力问题,是故在各个方面权衡之下,《心之所向》选取《论语》与《杂阿含经》这两个文本,进行义理疏解与哲学问题式的探究,抽离了经典的时空背景,将经典视为纯粹思想与哲理性质的著作,以便回应感官欲望这一具有普遍性意义的课题。虽然将儒、佛经典视为纯粹哲学性的文本常受到质疑,但笔者考虑的是,经典中明显受到时空背景限制的记载其实不难辨别,例如孔子见南子、孔子绝粮的情境,或是《论语·乡党》中关于孔子行礼的描述,今人肯定不会将古礼的仪式视为普遍的行礼原则或世界通用的礼仪。然而,关于"仁"是否可以作为人之所以为人的基础、仁爱是不是人天生所具有的情感等讨论,即使许多论证还在不断地修正,但这些讨论是以普遍的人为对象,而不是仅限于先秦时代的人,应是毋庸置疑的。《杂阿含经》的记载也是如此,佛

---

[1] 参见李明书《论心之所向——〈论语〉与〈杂阿含经〉比较研究》,第7页。
[2] 参见李明书《论心之所向——〈论语〉与〈杂阿含经〉比较研究》,第8页。

陀对于生命世界的观察，例如以"五蕴"解释生命体的构成条件①、对于欲望的节制等，不限定于古印度人、佛陀及其弟子，而是任何人都可以据以思考的实践观点。

《心之所向》以此为立论基础，于是放弃了时空背景、文化等方面的考证，集中于义理方面的疏通，以及感官欲望对生命活动所带来的负面影响，尝试从《论语》与《杂阿含经》观察感官欲望与提出对治的方法，进一步延伸到当代的社会与生活环境，才能使这些观点至今仍具有一定的参考价值。这样的做法是否合适，以及这些道理是否确实可以经得起论证并说服人，就需要经由更多的讨论、检视与批评，使笔者能够正视自己的盲区。很庆幸的是王亚娟等三位皆基本认同《心之所向》的出发点，并未以考证之功责难拙作，而主要是在从事比较哲学研究过程中所可能出现的疑虑上，提供笔者深入思考的方向。以下仅就笔者能力所及，逐一回应三位的提问。

第二节　从王亚娟的提问看生命实践的细节

王亚娟的《心灵与感官欲望的不离不即——评〈论心之所向——《论语》与《杂阿含经》比较研究〉》一文，在简短的篇幅之中，扼要地分析了《心之所向》的架构，并给出切要的评述与总结，而且已经协助笔者回答了若干不足之处。例如《心之所向》以"比较"为其中的一个重点，集中在第五章，但王亚娟观察到："第五章在篇幅上只占全书的约六分之一，无论从数量上还是在内容上都略显单薄。此外，就对观研究的四个论旨而言，第五章直接给出了比较的门类与科目，而未推敲各个论旨之间的逻辑理路。"② 王亚娟接着指出，"尽管《心之所向》并没有直接回应上述问题，但这并不意味着人们无法在其中找到相关线索。事实上，《心之所向》开篇为自己订立目标时，已然给出了统摄对观研究的

---

① 以"五蕴"解释生命构成条件的合理性，参见李明书《从"五蕴"的观看作为探索生命的一条道路：以〈杂阿含经〉为依据》，载黄淑贞《遇见生命里的彩虹》，台中：亚洲大学通识教育中心2015年版，第2—19页。

② 王亚娟：《心灵与感官欲望的不离不即——评〈论心之所向——《论语》与《杂阿含经》比较研究〉》，第54页。

共同关切和统一风格。第一章陈述了研究的五个目标：一为结合经文论述各自的感官欲望课题，二为穿越时空使《论语》和《杂阿含经》对话，三为凸显儒佛两家的修学道路，四为呈现修学道路与生命之间的关系，五为借由论述为实践提供借鉴。《心之所向》三大主轴分别对应前三个目标，全书十七个论旨完美地落实了这三大目标。后两个目标虽未单独安排章节与之对位，但已融入相关论旨，在前述目标的直接回应中以间接的或相关的方式被贯彻。问题就出在这种'间接的关联'中，即《心之所向》只是间接地指明了比较研究的共同关切和统一风格"①。更进一步，王亚娟为拙作找到了更直接地串联这些议题的线索："重新审视《心之所向》的五个目标，我们发现后三个目标的表述中已然包含了关键的线索：它们共同地指向生命世界。修学道路的差异贯穿在生命世界的观察中；修学道路与生命世界的关系指向生命质量与生命境界；感官欲望课题的实践意义最终落实在生命世界之中。因此，统摄对观研究的基础、使比较研究合法的根据在于：对生命世界的整体关切；全书亦是在生命世界的脉络下，讨论感官欲望的现实与理想之间的关系。"②

王亚娟的分析可谓完全是笔者想表达的意义，笔者确实是由于《论语》与《杂阿含经》共同观照生命世界而提出见解，于是从中提出两部经典共同的课题。除此之外，王亚娟所说的"各个论旨之间的逻辑理路"其实还与拙作的研究方法相关。拙作采取的"节节拆解再节节贯穿"的方法③，是顺应着文本本身的思想特性重新整理之后再加以论述，接着以笔者认为文本可以回应的范围而设计论题。当然这些设计出来的论题是已经经过了笔者自己理解与消化之后才提出的，至于多大程度上与文本相关，以及这样的做法是否合适，除了笔者自己的判断，确实也需要读者的把关。

接着是王亚娟在其文第四节中对于拙作的一系列提问："（1）何为生命存在？生命与非生命之间如何区分，又如何关联？儒佛二家各自的

---

① 王亚娟：《心灵与感官欲望的不离不即——评〈论心之所向——《论语》与《杂阿含经》比较研究〉》，第54页。
② 王亚娟：《心灵与感官欲望的不离不即——评〈论心之所向——《论语》与《杂阿含经》比较研究〉》，第54页。
③ 李明书：《论心之所向——〈论语〉与〈杂阿含经〉比较研究》，第16—17页。

生命观如何？（2）是否存在生命个体、种类之间的区分，生命体之间如何关联？不同时代、不同传统的理解是否相同？（3）生命现象是怎样的现象？是否存在不同的生命现象？感官欲望是怎样的生命现象，道德理想在生命中的地位如何？哪些现象对生命而言只是偶然的，那些是本质的？（4）生命有哪些组件或要素？它们各自有怎样的特征和地位？在生命组件与生命现象之间有怎样的关系，它们是否影响人们对生命总体的理解？（5）是否存在生命的本质，抑或生命只是流变或偶然？儒佛二家的关切最终形成了怎样的智慧，它们在历史和时代的变迁中是否仍有意义？"①

以上的提问其实都围绕在《心之所向》中所谓的"修学道路"的打造上。依据《心之所向》的思路与论述架构，着眼于生命世界的观察，而后提出生命世界中的生命体应如何采取实践的方法，以提升生命质量（质量）②，达到儒、佛两家的较高境界。在这一过程中首先就可以看到生命体的组成要素，大致可以以"色蕴""受蕴""想蕴""行蕴"与"识蕴"这"五蕴"概括，或者可以约略区分为身（物质）与心两部分（身心在佛家又可以"名色"表示，"名"是心，"色"是身）。③虽然"五蕴"是由佛家所提出的，但是这些要素作为生命体的组成条件应该是没有太大疑虑的，至少身心是学界通用的概念。生命体不论是构造或运作，都处于不断变动、活动的状态；既然是处于不断变动的状态，就无所谓本质可言，主要是就着生命体的行为表现，探讨可行的实践方法。

生命体的构成要素与动态形式确立，即依据儒、佛两家各自认为的崇高价值进行探问与追求，这就形成两家的生命观与观照生命的智慧，或是（生命）世界观。儒家重视的是道德能力的提升，道德上无欠缺的圣人，在生命中有着最崇高的地位。佛家在解脱道的思想系统中，则致力于从轮回的烦恼、痛苦中超脱而出，成为"阿罗汉"，达到"涅槃"的

---

① 王亚娟：《心灵与感官欲望的不离不即——评〈论心之所向——《论语》与《杂阿含经》比较研究〉》，第55页。
② 参见李明书《论心之所向——〈论语〉与〈杂阿含经〉比较研究》，第28页。
③ 参见李明书《论心之所向——〈论语〉与〈杂阿含经〉比较研究》，第63页。

境界。这些虽是古人留下来的思想,在不同的时期确实有不同的解经者、注释家进行各种解释,甚至在许多观点上产生争议,但并不妨碍这些思想的基本观念,例如圣人是儒家追求的最高境界、阿罗汉是解脱道佛教最高的修行者,只是圣人与阿罗汉的内涵为何,则可能有不同的解读或补充。① 儒、佛两家具有根源意义的思想,不断提供后人诠释与创新的可能。

第三节 张慕良从生命学问的思考转向儒佛建构理论的语言与方法

张慕良在《沉思生命的学问——评〈论心之所向——《论语》与《杂阿含经》比较研究〉》中围绕于生命的意义评析拙作,很精要地为《心之所向》提出三个特点:第一是生命世界维度的设定,第二是试图完整地呈现《论语》与《杂阿含经》对于感官欲望的论述,第三是致力于理性思辨,淡化儒、佛(尤其是佛家)思想的宗教性。② 这三个特点,无疑强化了拙作的思辨性与合理性。

首先是生命世界维度的设定,这正是说明了《心之所向》的论证或论理,带有基本的哲学性,至少在经典的解读上,致力于将《论语》与《杂阿含经》建构为一个有主轴、有系统、有方法、有其世界观等多重内容的哲学文本,而不仅是思想或观念上的独白,或是教条式的陈列而已。然而,有别于一般为儒家与佛家所做的理论建构,笔者认为如张慕良所说的"生命的学问"最终是否成立的依据应该是实践的可能性,而实践的可能性立基于对于生命的观察,也就是生命体是否确实由儒、佛所说

---

① 在儒家方面,当代即有女性能否成圣的讨论、儒家是否能够接受同性恋或同性婚姻;佛家历来有女性是否能成佛的思想史变化,当代则有学者提出应成立第三性僧团以区别于男女两性僧团,参见 Lisa Raphals, *Sharing the Right: Representations of Women and Virtue in Early China*;张祥龙《儒家会如何看待同性婚姻的合法化?》;方旭东《权利与善——论同性婚姻》;白彤东《儒家如何认可同性婚姻?——兼与张祥龙教授商榷》;杨惠南《"黄门"或"不能男"在律典中的种种问题》,《佛学研究中心学报》2002 年第 7 期,第 49—92 页;释永明《佛教的女性观》,佛光出版社 1991 年版。

② 参见张慕良《沉思生命的学问——评〈论心之所向——《论语》与《杂阿含经》比较研究〉》,第 57—58 页。

的包含那些内容,以及是否确实能够做出这些实践的行为,例如人是否由"五蕴"所组成?人是否可以学习与思辨?即使一般人难以达到佛陀或古圣先贤一般的境界,但至少可以依据经典的记载而尝试实践部分的行为。这就是笔者认为以生命世界为背景,围绕生命体的修学道路可增强论证的合理性之理由。

其次是以感官欲望为主题,将儒、佛经典进行系统性的建构,也就是说拙作是在完整建构《论语》与《杂阿含经》思想体系的基础上,探讨感官欲望在儒、佛思想中所占据的位置。在思想体系的建构上,以修学道路为主轴;不论体系与道路被建构成什么样子,都关联如何对待感官欲望。这对待并不一定是压抑,而是排除过度、不好的部分,保留符合儒、佛修学道路的内容。至于什么才是好的或坏的感官欲望,则基本是依据《论语》与《杂阿含经》所提出的标准,例如孔子所说的"非礼勿视,非礼勿听,非礼勿言,非礼勿动"(《论语·颜渊》),"君子有九思"(《论语·季氏》),"欲而不贪"(《论语·尧曰》)等,在合理或合"礼"的条件下,感官欲望可以被适当地运用。①

最后则是以理性思辨为主,尽可能排除儒、佛的宗教性。如张慕良所言:"儒家思想因介于人文与宗教之间,其所述亲情、亲等等常理,容易让人产生认同并接受;而佛家之思想背景与世界观则难免被以'先见'所占而被认为是对现实生活的完全无价值。"② 其实在西方人看来,不仅是佛家,甚至儒家也常被视为东方世界中的一种文化现象,东方思想的观点距离西方的哲学论证十分遥远。是故为了证明儒、佛思想皆是理性思辨的成果,拙作从生命世界的现实观察入手,再加上实践的可能性,表示东方思想并不是纯粹地以抽象思维达到论证的结果。如果对照西方的形上学、知识论之起源,也皆是基于对现实情况的观察之后,逐渐凝炼成具有普遍性意义的抽象思辨,只是西方可能更着重于思想的纯粹性,而东方更倾向于开发出实践的可能性。当然这只是粗略地

---

① 参见李明书《论心之所向——〈论语〉与〈杂阿含经〉比较研究》,第48—51、128—130页。

② 张慕良:《沉思生命的学问——评〈论心之所向——《论语》与《杂阿含经》比较研究〉》,第58页。

区分，如果要详尽地梳理东西方思想异同与发展脉络，恐非目前力所能及。

展开论述这三点之后，张慕良进而在《心之所向》所重视的世界观建构上，提出了一点反思，即儒家在先秦世界观（宇宙论）的建构上较为缺乏，张慕良以为，"先秦人是非'不能'而是'不为'"①。理由在于先秦儒家是以个人实践为主，将世界观的内容收摄于圣人境界之中，有意地排除了对于外在世界的追求，以免在为实践进行辨析的过程，误将重心偏离到外在的观察之上。张慕良据此推论，先秦儒家是有能力如佛家一般完整地建构世界观的，只是选择了与佛家不同的做法。进而言之，这是儒、佛两家对于语言的态度致使儒家集中于个人道德修养的阐述，但《论语》的语录过于精简，是故建议笔者应更为深入地以理性的方法挖掘儒家的思想内涵，这也是比较哲学重要的研究方向。②

张慕良给予笔者的建议十分重要，笔者也完全同意。笔者以为这不只是透过比较儒、佛思想而激荡丰富的思想内涵，甚而可以比较东西方哲学的观点与理论，而各自提出有别于对方的见解。笔者略为不明的是在张慕良分析儒、佛语言观之后，如何与儒家选择个人实践而佛家选择世界观建构联系起来。依其所言："《论语》与《杂阿含经》虽皆为'语录体'，但两部经典所记录的叙述'主角'对语言这一表达思想的'中介'（若依哲学之狭义，则是唯一'中介'）的看法是不同的，一方是悉知其限而对语言本身以拒斥，一方则给予语言以达道的'力量'。因此，儒家之以'人'弘'道'是语言之外的另一种选择，所以'孔子言性，止就人而言'。"③ 笔者据此想反问张教授的是，为什么儒家"悉知其限而对语言本身以拒斥"，而佛家"给予语言以达道的'力量'"，最后导致了这样的观察视角与思想结果？

---

① 张慕良：《沉思生命的学问——评〈论心之所向——《论语》与《杂阿含经》比较研究〉》，第58页。
② 参见张慕良《沉思生命的学问——评〈论心之所向——《论语》与《杂阿含经》比较研究〉》，第58页。
③ 张慕良：《沉思生命的学问——评〈论心之所向——《论语》与《杂阿含经》比较研究〉》，第58页。

第四节 从单虹泽的观点申论比较哲学的
　　　　　限度与突破

　　单虹泽在《比较哲学的内涵、诠释限度与范式突破——评〈论心之所向——《论语》与《杂阿含经》比较研究〉》中首先交代了比较哲学的起源与背景，以证明《心之所向》的研究价值，接着提出了比较哲学研究上需谨慎处理以免流于偏颇之处，再表明拙作避免了这样的偏颇，这也就是其所说的"诠释限度"。

　　依单虹泽的观察，比较哲学研究的诠释限度有三点，首先是传统与现代的对比，如《心之所向》所研究的文本《论语》与《杂阿含经》，不论如何诠释，始终是用古代的语言，表达当时的人所提出的思想。现今提出"感官欲望"一词以理解古代文本所说的"欲"，或是借用古代文本看待今日所说的感官欲望，难免产生意义上的差距。

　　其次是个性与共性，意指特殊性与普遍性的差异，亦即依据《论语》与《杂阿含经》所属的文化传统，有其因时空背景所形成的特殊性，但各文化传统又是针对人类共同的问题而提出见解。如果论证合理，则具有特殊性的见解就成为具有普遍性的意义。

　　最后是主流与支流的关系，如儒家与佛家为当时当地的主流学说，而其各自面对先秦诸子百家，以及印度婆罗门、沙门、六师外道等的诘难。在这些对辩之中，更可显示当时丰富而多元的思想。

　　单虹泽认为《心之所向》突破了这三个诠释的限度，给予笔者相当的肯定。在此基础上提出了可以深化文本解读与扩大视野的六点反思，笔者均接受并同意其观点。以下借由单虹泽所提的建议，指出拙作的不足之处与未来再进一步研究的方向。

　　第一，应将《论语》的感官欲望重点放在心、欲、物之间的关系，而《杂阿含经》应加强心与欲（爱）之间的联结，建议结合同期的文献材料加以论述。① 第二，应加强礼乐制度对于感官欲望的约束，补充礼乐

---

① 参见单虹泽《比较哲学的内涵、诠释限度与范式突破——评〈论心之所向——《论语》与《杂阿含经》比较研究〉》，第63页。

传统对于儒家修养论的影响。① 第三，孔子并不只是关怀人，如《论语·述而》所载"子钓而不纲，弋不射宿"，可以看出孔子对于动物有一定程度的关怀。是故只能表示《论语》并未深入探讨动物的感官欲望，而非将生命关怀的对象仅聚焦于人身上。② 第四，儒家节制欲望并不是为了个人灵魂的超脱，而是为了维护社会秩序，因此提出伦理观点时均有其等级、立场上的考虑，是故应探讨《论语》的伦理理论与现实的局限性。③ 第五，拙作多言儒家欲望的消极面，但如孔子所说"我欲仁，斯仁至矣"（《论语·述而》）的积极面则未能带出，也未详细阐述存欲与制欲之间的关系。④ 第六，佛教的"中道"观是折衷于禁欲与纵欲之间，但要详究中道观的提出，则需考察古印度时期的外道思想，在历史的脉络中看出佛教观点形成的原因。⑤

关于以上六点，笔者分成不足、不能、澄清三种情况以与单虹泽交流。

在不足方面，主要是第二点与第四点，由于《心之所向》中更多地侧重个人修养，在生命体能够更多地发挥实践的能力时，很大程度上忽略了社会与周遭环境的影响，因此笔者在文本的选择与论述的倾向上，更多集中于个人修养方面，而较少探讨礼乐制度这种涉及群众、社会的广大维度对于个人的影响。未来有机会应依单虹泽建议强化这方面的论述。

在不能方面，表现于第一点与第六点上，这确实是力有未逮，由于个人所学多是经典本身的思想、义理与哲学问题的论述，这是基于将经典看作对于普遍性问题的哲学探讨，而非攻讦某个学派与捍卫自身立场。

---

① 参见单虹泽《比较哲学的内涵、诠释限度与范式突破——评〈论心之所向——《论语》与《杂阿含经》比较研究〉》，第63页。

② 参见单虹泽《比较哲学的内涵、诠释限度与范式突破——评〈论心之所向——《论语》与《杂阿含经》比较研究〉》，第63页。

③ 参见单虹泽《比较哲学的内涵、诠释限度与范式突破——评〈论心之所向——《论语》与《杂阿含经》比较研究〉》，第63—64页。

④ 参见单虹泽《比较哲学的内涵、诠释限度与范式突破——评〈论心之所向——《论语》与《杂阿含经》比较研究〉》，第64页。

⑤ 参见单虹泽《比较哲学的内涵、诠释限度与范式突破——评〈论心之所向——《论语》与《杂阿含经》比较研究〉》，第64页。

笔者同意不论侧重于何者，皆有所偏颇，是故应厘清哪些问题是在历史脉络中产生，哪些是具有普遍性的论证。

在澄清方面，则是第三点与第五点。笔者粗浅地以为，单虹泽的建议可能与笔者所引用的文本不同有关，其实我们应是相同的观点与立场。先就第三点而言，《论语》未深入讨论动物的感官欲望是很明确的，或者说《论语》所提到的感官欲望的修养始终未涉及动物的行为表现，这与《杂阿含经》认为人与动物的感官欲望可以放在同一范畴来对待是有别的。然而，拙作在第三章引用了《论语·乡党》所载："厩焚。子退朝，曰：'伤人乎？'不问马。"这段文本亦可解为："厩焚。子退朝，曰：'伤人乎？''不。'问马。"① 笔者确实如单虹泽所言，表示儒家将生命关怀的对象集中于人，但并不是说儒家完全忽略了动物，而是把动物视为比人次要的关怀对象。如单虹泽所引"子钓而不纲，弋不射宿"，仍是有条件地可以猎捕动物。这在儒家的范围内可以视为仁爱的表现，然而，若放到儒、佛比较而言，则确实是与佛家的观点有别。当然这有别也不一定是理论优劣或好坏之别，只是侧重点与思想形态不同而已。

第五点是儒家欲望包含积极面与消极面，而不仅是消极方面的节制。由于拙作偏重于对治不好的欲望，是故忽略了存欲与制欲之间的关系，这是儒家欲望观中的一个重要论题，单虹泽的提醒非常精准。这一点在拙作中确实有所缺漏，主要的原因是笔者忽略了单虹泽所引的"我欲仁，斯仁至矣"这一重要文本，这在《论语》中包含了工夫、境界、内在德性等多重复杂的涵义，甚至可以作为成德之所以可能的理由与依据。笔者在《心之所向》第三章之中所引述的是《论语·尧曰》的"欲仁而得仁"，并且从"五美"中的"欲而不贪"申论了"欲"与"贪"之间的关系，相当于说明了适当的欲望是值得"存"的，而过度的贪欲则是需要"制"的。②《心之所向》中指出："若将生理需求的满足，也尽皆导向追求'仁'，如颜回'一箪食，一瓢饮'，将生活重心放在道德修养上，则此处的'欲'，亦可泛指一切基本的生理需求，以及对于'仁'的渴望、追求。也就是说，即便一个人有欲望，但如果一个人将所有的欲望，

---

① 参见李明书《论心之所向——〈论语〉与〈杂阿含经〉比较研究》，第55—57页。
② 参见李明书《论心之所向——〈论语〉与〈杂阿含经〉比较研究》，第49—50页。

都导向成德、成仁的追求，则这样的欲望，无论如何都不是过度的贪欲，而是适度的或正向的追求。"① 基于单虹泽的提醒，笔者应更熟悉《论语》文本的内容，并且更丰富与准确地引用之后，再将每一则语录之间的义理与逻辑关系串联起来。

第五节　小结

比较哲学研究是一个具有长期研究潜力的方向，也是将中国哲学推向世界的一项重要工作。《心之所向》以儒家与佛家思想进行比较，虽然均是中国哲学或东方哲学的范畴，但感官欲望是不分东西哲学的普遍经验事实，除了哲学，也是其他领域的研究重点之一。王亚娟等三位具有中、西、印的学科背景与学术专长，经由这样的评述可以使《心之所向》中的议题更加显示普遍性意义与话题性，期待将来从更多的视角切入这方面的研究，并且从东方哲学中挖掘更为丰富的思想资源，以回应更多的哲学论题。

经由拜读与回应三位的观点与评论，使笔者感到自身尚有许多不足之处，也看到了一种思想可能产生多样而丰富的解读。比较的意义不仅是思想系统之间的异同，不同学者的观点同样具有比较的价值。本章结尾，除了自我期许未来应更加强自身的不足之处，也应更多地支持并参与这种纯粹的学术讨论，在这样的激荡中促进学术的进展。

---

① 李明书：《论心之所向——〈论语〉与〈杂阿含经〉比较研究》，第50页。

参考文献

一　中文著作

（东晋）佛驮跋陀罗译：《大方广佛华严经》，CBETA，T. 9，no. 278。

（刘宋）求那跋陀罗译：《杂阿含经》，CBETA，T. 2，no. 99。

（宋）程颢、程颐撰：《二程遗书》，潘富恩导读，上海古籍出版社2000年版。

（宋）朱熹集注：《四书章句集注》，新北：鹅湖出版社1984年版。

（宋）朱熹撰：《四书章句集注》，《朱子全书》第6册，朱杰人、严佐之、刘永翔主编，上海古籍出版社、安徽教育出版社2010年版。

（宋）朱熹撰：《朱子语类（四）》，《朱子全书》第17册，朱杰人、严佐之、刘永翔主编，上海古籍出版社、安徽教育出版社2010年版。

（宋）朱熹撰：《晦庵先生朱文公文集（二）》，《朱子全书》第21册，朱杰人、严佐之、刘永翔主编，上海古籍出版社、安徽教育出版社2010年版。

（宋）朱熹撰：《晦庵先生朱文公文集（三）》，《朱子全书》第22册，朱杰人、严佐之、刘永翔主编，上海古籍出版社、安徽教育出版社2010年版。

陈大齐：《论语臆解》，台北：台湾商务印书馆1968年版。

陈立胜：《王阳明"万物一体"论——从"身—体"的立场看》，台北：台大出版中心2005年版。

曾春海主编：《中国哲学概论》，台北：五南图书出版股份有限公司2005年版。

杜保瑞：《功夫理论与境界哲学》，华文出版社1999年版。

杜保瑞：《哲学基本问题》，华文出版社2000年版。

杜保瑞：《北宋儒学》，台北：台湾商务印书馆2005年版。

杜保瑞：《南宋儒学》，台北：台湾商务印书馆2010年版。

杜保瑞：《中国哲学方法论》，台北：台湾商务印书馆2013年版。

杜保瑞：《牟宗三儒学平议》，新星出版社2017年版。

杜保瑞：《中国生命哲学真理观》，人民出版社2019年版。

杜保瑞、陈荣华：《哲学概论》，台北：五南图书出版股份有限公司2008年版。

杜维明：《儒教》，台北：麦田出版社2002年版。

傅佩荣：《儒家哲学新论》，台北：业强出版社1993年版。

傅佩荣：《人性向善：傅佩荣谈孟子》，台北：天下远见出版社2007年版。

方德志：《共情、关爱与正义：当代西方关爱情感主义伦理思想研究》，中国社会科学出版社2021年版。

方旭东：《儒道思想与现代社会》，中华书局2022年版。

郭齐勇：《中国哲学智慧的探索》，中华书局2008年版。

贺璋瑢：《历史与性别——儒家经典与〈圣经〉的历史与性别视域的研究》，人民出版社2013年版。

黄勇：《当代美德伦理：古代儒家的贡献》，东方出版中心2019年版。

黄勇：《美德伦理学：从宋明儒的观点看》，商务印书馆2022年版。

景海峰编：《传薪集——深圳大学国学研究所二十周年文选》，北京大学出版社2004年版。

劳思光：《新编中国哲学史》，广西师范大学出版社2005年版。

李晨阳：《比较的时代：中西视野中的儒家哲学前沿问题》，中国社会科学出版社2019年版。

李明辉：《当代儒学之自我转化》，台北："中央"研究院中国文哲研究所2013年版。

李明书：《从〈论语〉与〈杂阿含经〉看感官欲望》，台北：翰芦图书出版有限公司2017年版。

李明书：《论心之所向——〈论语〉与〈杂阿含经〉比较研究》，华中科技大学出版社2021年版。

李瑞全：《儒家生命伦理学》，新北：鹅湖出版社1999年版。

李文娟：《安乐哲儒家哲学研究》，中国社会科学出版社2017年版。

林远泽：《儒家后习俗责任伦理学的理念》，台北：联经出版事业股份有限公司2017年版。

牟宗三：《心体与性体（一）》，《牟宗三先生全集》第5册，台北：联经出版事业股份有限公司2003年版。

牟宗三：《圆善论》，《牟宗三先生全集》第22册，台北：联经出版事业股份有限公司2003年版。

牟宗三：《时代与感受》，《牟宗三先生全集》第23册，台北：联经出版事业股份有限公司2003年版。

牟宗三：《中国哲学的特质》，《牟宗三先生全集》第28册，台北：联经出版事业股份有限公司2003年版。

牟宗三：《中国哲学十九讲》，《牟宗三先生全集》第29册，台北：联经出版事业股份有限公司2003年版。

潘重规：《论语今注》，台北：里仁书局2000年版。

钱穆：《论语新解》，台北：东大图书公司1987年版。

钱穆：《四书释义》，《钱宾四先生全集》第2册，台北：联经出版事业公司1998年版。

钱穆：《中国思想史》，《钱宾四先生全集》第24册，台北：联经出版事业公司1998年版。

释永明：《佛教的女性观》，高雄：佛光出版社1991年版。

谭家哲：《论语平解》，台北：漫游者文化2012年版。

王邦雄、曾昭旭、杨祖汉：《论语义理疏解》，新北：鹅湖出版社2005年版。

王立新：《胡宏》，台北：东大图书公司1996年版。

王庆节：《道德感动与儒家示范伦理学》，北京大学出版社2016年版。

向世陵：《善恶之上——胡宏·性学·理学》，中国广播电视出版社2000年版。

杨儒宾：《儒家身体观》，台北："中央"研究院中国文哲研究所2004年版。

杨儒宾主编：《中国古代思想中的气论及身体观》，台北：巨流图书公司

1993年版。

杨儒宾、张再林主编:《中国哲学研究的身体维度》,中国书籍出版社2020年版。

杨泽波:《贡献与终结:牟宗三儒学思想研究》,上海人民出版社2014年版。

杨泽波:《走下神坛的牟宗三》,中国人民大学出版社2018年版。

袁保新:《孟子三辨之学的历史省察与现代诠释》,台北:文津出版社1992年版。

袁保新:《从海德格、老子、孟子到当代新儒学》,台北:台湾学生书局2008年版。

朱建民、叶保强、李瑞全:《应用伦理与现代社会》,新北:空中大学2005年版。

二 中文译著

[美]安乐哲:《儒家角色伦理学——一套特色伦理学词汇》,[美]孟巍隆译,田辰山等校译,山东人民出版社2017年版。

[美]弗吉尼亚·赫尔德:《关怀伦理学》,苑莉均译,商务印书馆2014年版。

[美]郝大维、安乐哲:《汉哲学思维的文化探源》,施忠连译,江苏人民出版社1999年版。

[美]郝大维、安乐哲:《通过孔子而思》,何金俐译,北京大学出版社2005年版。

[美]卡罗尔·吉利根:《不同的声音——心理学理论与妇女发展》,肖巍译,中央编译出版社1999年版。

[美]罗莎莉:《儒学与女性》,丁佳伟、曹秀娟译,江苏人民出版社2015年版。

[美]内尔·诺丁斯:《关心:伦理和道德教育的女性路径》,武云斐译,北京大学出版社2014年版。

[美]汤姆·比彻姆、詹姆士·邱卓思:《生命医学伦理原则(原书第8版)》,刘星等译,科学出版社2022年版。

[美]约翰·多拉德、伦纳德·W. 杜布、尼尔·E. 米勒、奥瓦尔·莫瑞

尔、罗伯特·R.西尔斯：《挫折与攻击》，邢雷雷译，高申春审校，中国人民大学出版社2018年版。

[日]汤浅泰雄：《灵肉探微——神秘的东方身心观》，马超等编译，中国友谊出版公司1990年版。

洪理达：《中国剩女：性别歧视与财富分配不均的权力游戏》，陈瑄译，新北：八旗文化出版社2015年版。

三 中文期刊

白彤东：《儒家如何认可同性婚姻？——兼与张祥龙教授商榷》，《中国人民大学学报》2020年第2期。

蔡耀明：《生命哲学之课题范畴与论题举隅：由形上学、心态哲学、和知识学的取角所形成的课题范畴》，《正观》2008年第44期。

蔡耀明：《观看作为导向生命出路的修行界面：以〈大般若经·第九会·能断金刚分〉为主要依据的哲学探究》，《圆光佛学学报》2008年第13期。

蔡耀明：《一法界的世界观、住地考察、包容说：以〈不增不减经〉为依据的共生同成理念》，《台大佛学研究》2009年第17期。

陈迎年：《儒学·道德本体·存在论——评杨泽波〈贡献与终结：牟宗三儒学思想研究〉》，《思想与文化》2015年第2期。

陈志刚：《论社会支持理论下报复社会型犯罪的预防》，《河北法学》2015年第9期。

杜保瑞：《孔子的境界哲学》，《中国易学杂志》1998年第222期。

杜保瑞：《中国哲学中的真理观问题》，《哲学与文化》2007年第4期。

方旭东：《权利与善——论同性婚姻》，《中外医学哲学》2018年第2期。

傅佩荣：《人性向善论——对古典儒家的一种理解》，《哲学与文化》1985年第6期。

傅佩荣：《解析孔子的"善"概念》，《哲学杂志》1998年第23期。

傅佩荣：《我对儒家人性论的理解》，《哲学与文化》2016年第1期。

傅佩荣、林安梧：《"人性向善论"与"人性善向论"关于先秦儒家人性论的论辩》，《哲学杂志》1993年第5期。

黄勇：《儒家伦理作为一种美德伦理——与南乐山商榷》，《华东师范大学学报》（哲学与社会科学版）2018 年第 5 期。

金小燕：《〈论语〉中"孝"的德性期许：道德感与行为的一致性——兼与安乐哲、罗思文商榷》，《孔子研究》2016 年第 3 期。

卡维波：《同性婚姻不是同性恋婚姻：兼论传统与个人主义化》，《应用伦理评论》2017 年第 62 期。

李晨阳：《儒家阴阳男女平等新议》，《船山学刊》2018 年第 1 期。

李晨阳：《再论比较的时代之儒学：答李明书、李健君、张丽丽三位学者》，《鹅湖月刊》2021 年第 9 期。

李明书：《从〈论语〉有关动物伦理的一些篇章之断句阐明儒家伦理学的当代意义》，《亚东学报》2016 年第 36 期。

李明书：《以"十善业道"的"不邪淫"证成"多元成家"的合理性》，《玄奘佛学研究》2018 年第 29 期。

李明书：《书评：杨泽波，〈走下神坛的牟宗三〉——方法论的反思与批判》，《哲学与文化》2020 年第 2 期。

李明书：《原则与美德之后：儒家伦理中的"专注"与"动机移位"》，《哲学研究》2022 年第 9 期。

李明书：《再论关怀伦理对于儒家思想的影响：基于比较哲学方法的反思》，《思想与时代》2023 年第 1 期。

李瑞全：《生命之感通与利他主义：儒释道三教之超越利己与利他之区分》，《玄奘佛学研究》2017 年第 28 期。

李文娟：《走出个人主义的理论困境——安乐哲〈儒家角色伦理学〉解读》，《汉籍与汉学》2017 年第 1 期。

林安梧、傅佩荣：《人性"善向"论与人性"向善"论——关于先秦儒家人性论的论辩》，《鹅湖月刊》1993 年第 2 期。

林明照：《观看、反思与专凝：庄子哲学中的观视性》，《汉学研究》2012 年第 3 期。

梁理文：《拉链式结构：父权制下的性别关系模式》，《广东社会科学》2013 年第 1 期。

刘道锋：《〈论语〉"厩焚子退朝曰伤人乎不问马"标点商榷》，《现代语文》（语言研究版）2007 年第 9 期。

柳立言：《浅谈宋代妇女的守节与再嫁》，《新史学》1999 年第 4 期。

刘振维：《从"性善"到"性本善"——一个儒学核心概念转化之探讨》，《东华人文学报》2005 年第 7 期。

单虹泽：《比较哲学的内涵、诠释限度与范式突破——评〈论心之所向——《论语》与《杂阿含经》比较研究〉》，《鹅湖月刊》2022 年第 2 期。

沈顺福：《德性伦理抑或角色伦理——试论儒家伦理精神》，《社会科学研究》2014 年第 5 期。

王堃：《角色：全息呈现的儒家生活世界——安乐哲"儒家角色伦理学"评析》，《齐鲁学刊》2014 年第 2 期。

王庆节：《再谈感动、示范与儒家德性伦理》，《鹅湖月刊》2021 年第 3 期。

王亚娟：《心灵与感官欲望的不离不即——评〈论心之所向——《论语》与《杂阿含经》比较研究〉》，《鹅湖月刊》2022 年第 2 期。

温海明：《论安乐哲儒家角色伦理思想》，《中国文化研究》2019 第 1 期。

吴略余：《论朱子哲学的理之活动义与心之道德义》，《汉学研究》2011 年第 1 期。

萧振声：《论人性向善——一个分析哲学的观点》，《"中央"大学人文学报》2012 年第 51 期。

萧振声：《傅佩荣对"人性本善"之质疑及其消解》，《兴大中文学报》2015 年第 37 期。

萧振声：《荀子性善说献疑》，《东吴哲学学报》2016 年第 34 期。

谢予腾：《失火的马厩——〈论语〉"厩焚子退朝曰伤人乎不问马"再探》，《汉语研究集刊》2019 年第 28 期。

许咏晴：《傅佩荣人性向善论的提出背景分析》，《哲学与文化》2021 年第 7 期。

杨国荣：《何为儒学？——儒学的内核及其多重向度》，《文史哲》2018 年第 5 期。

杨惠南：《"黄门"或"不能男"在律典中的种种问题》，《佛学研究中心学报》2002 年第 7 期。

杨剑利：《规训与政治：儒家性别体系探论》，《江汉论坛》2013 年第 6 期。

杨少涵:《书评:杨泽波,〈贡献与终结:牟宗三儒学思想研究〉》,《哲学与文化》2015 年第 12 期。

杨祖汉:《从朝鲜儒学"主理派"之思想看朱子理气论之涵义》,《鹅湖学志》2011 年第 46 期。

张慕良:《沉思生命的学问——评〈论心之所向——《论语》与《杂阿含经》比较研究〉》,《鹅湖月刊》2022 年第 2 期。

张祥龙:《"性别"在中西哲学中的地位及其思想后果》,《江苏社会科学》2002 年第 6 期。

张祥龙:《儒家会如何看待同性婚姻的合法化?》,《中国人民大学学报》2016 年第 1 期。

赵法生、车小茜:《孟子性善论中的性、情与理》,《杭州师范大学学报》(社会科学版)2019 年第 5 期。

钟云莺:《身与体:〈易经〉儒家身体观所呈现的两个面向》,《佛学与科学》2010 年第 1 期。

钟振宇:《跨文化之"超越"概念:海德格、牟宗三与安乐哲》,《中国文哲研究通讯》2017 年第 4 期。

[美] 安乐哲:《孔子思想中宗教观的特色——天人合一》,《鹅湖月刊》1984 年第 12 期。

[美] 安乐哲:《儒家角色伦理学:挑战个人主义意识形态》,《孔子研究》2014 年第 1 期。

[美] 安乐哲、王堃:《心场视域的主体——论儒家角色伦理的博大性》,《齐鲁学刊》2014 年第 2 期。

[美] 安乐哲、田辰山:《第二次启蒙:超越个人主义走向儒家角色伦理》,《唐都学刊》2015 年第 2 期。

[美] 安乐哲、罗斯文:《早期儒家是德性论的吗?》,谢阳举译,《国学学刊》2010 年第 1 期。

四 中文论文集论文

黄开国:《儒学人性论的逻辑发展》,载郭齐勇主编《儒家文化研究. 第 4 辑,心性论研究专号》,生活·读书·新知三联书店 2012 年版。

李晨阳:《儒家与女性主义:克服儒家的女性问题障碍》,载 [美] 姜新艳主编《英语世界中的中国哲学》,中国人民大学出版社 2009 年版。

李明辉:《再论儒家思想中的"内在超越性"问题》,载刘述先《中国思潮与外来文化》,台北:"中央"研究院中国文哲研究所 2002 年版。

李明书:《从"五蕴"的观看作为探索生命的一条道路:以〈杂阿含经〉为依据》,载黄淑贞《遇见生命里的彩虹》,台中:亚洲大学通识教育中心 2015 年版。

李明书:《杜保瑞的基本问题研究法在牟宗三佛教哲学的适用性》,载杨永汉《纪念牟宗三先生逝世二十周年国际学术研讨会论文集》,台北:万卷楼图书股份有限公司 2018 年版。

王庆节:《道德感动与儒家伦理中的自然情感本位》,载杨儒宾、张再林主编《中国哲学研究的身体维度》,中国书籍出版社 2020 年版。

曾春海:《论〈周易〉家庭生活的两性关系及其对中国传统社会的影响——以伊川〈易传〉为据》,载曾春海《〈易经〉的哲学原理》,台北:文津出版社 2003 年版。

[美]安乐哲:《儒家民主主义》,载[美]安乐哲著,温海明编《安乐哲比较哲学著作选》,孔学堂书局 2018 年版。

[美]安乐哲讲演:《理性、关联性与过程语言》,载[美]安乐哲著,温海明编《和而不同:比较哲学与中西会通》,北京大学出版社 2002 年版。

[美]安乐哲讲演:《中国的性别歧视观》,载[美]安乐哲著,温海明编《和而不同:比较哲学与中西会通》,北京大学出版社 2002 年版。

[美]安乐哲、罗斯文:《〈论语〉的"孝":儒家角色伦理与代际传递之动力》,载[美]安乐哲著,温海明编《安乐哲比较哲学著作选》,孔学堂书局 2018 年版。

Neville, Robert C.:《中国哲学的身体思维》,杨儒宾译,载杨儒宾《中国古代思想中的气论及身体观》,台北:巨流图书公司 1993 年版。

五 中文会议论文

傅佩荣:《孟子的人性向善论》,中、韩"东西哲学中之心身关系与修养论"学术研讨会论文,台北,2006 年 7 月。

傅佩荣:《儒家"善"概念的定义问题》,传统中国伦理观的当代省思国际学术研讨会论文，台北，2008 年 5 月。

六　中文博硕士论文

李明书：《儒家与佛家对于"感官欲望"在实践上的修学义理：以〈论语〉与〈杂阿含经〉为依据》，硕士学位论文，淡江大学，2011 年。

萧振声：《荀子的人性向善论》，硕士学位论文，台湾大学，2006 年。

七　英文著作

Ames, Roger T., *Confucian Role Ethics: A Vocabulary*, Hong Kong: Chinese University Press, 2011.

Gilligan, Carol, *In a Different Voice: Psychological Theory and Women's Development*, Cambridge: Harvard University Press, 1982.

Hall, David L. and Ames, Roger T., *Think Through Confucious*, New York: SUNY press, 1987.

Held, Virginia, *The Ethics of Care: Personal, Political, and the Global*, New York: Oxford University Press, 2006.

Hospers, John, *An Introduction to Philosophical Analysis*, London and New York: Routledge, 1997.

Kohlberg, Lawrence, *The Philosophy of Moral Development: Moral Stages and the Idea of Justice*, New York: Harper & Row Publishers, 1981.

Noddings, Nel, *Starting at Home: Caring and Social Policy*, California: University of California Press, 2002.

Noddings, Nel, *Caring: A Relational Approach to Ethics and Moral Education*, CA: University of California Press, 2013.

Raphals, Lisa, *Sharing the Right: Representations of Women and Virtue in Early China*, Albany: State University of New York Press, 1998.

八　英文期刊论文

Lei, Ruipeng, Zhai, Xiaomei, Zhu, Wei & Qiu, Renzong, "Reboot Ethics Governance in China", *Nature*, Vol. 569, May 2019.

Li, Chenyang, "The Confucian Concept of Jen and the Feminist Ethics of

Care: A Comparative Study", *Hypatia*, Vol. 9, No. 1, Winter 1994.

Ruddick, Sara, "Maternal Thinking," *Feminist Studies*, No. 6, 1980.

九　网络文献

《婚姻平权（含同性婚姻）草案》，https://tapcpr.files.wordpress.com/2013/10/e5a99ae5a7bbe5b9b3e6ac8a1003.pdf，2023年2月2日。

方旭东：《儒家再发声：同性婚姻不符合传统儒家对婚姻的理解》，《澎湃新闻》2015年6月28日，http://www.thepaper.cn/news Detail_forward_1346237，2023年2月2日。

邝隽文：《同志婚姻会令"中华文化"毁于一旦吗?》，《独立评论》2016年12月27日，https://opinion.cw.com.tw/blog/profile/52/article/5164，2023年2月2日。

吴钩：《中国古代宽容同性恋行为，但并无同性婚姻》，《澎湃新闻》2015年6月29日，http://www.thepaper.cn/news Detail_forward_1346280，2023年2月2日。

岳亮：《别以为同性婚姻合法化就太平了，之后是无尽的争议》，《澎湃新闻》2015年6月28日，http://www.thepaper.cn/news Detail_forward_1346065，2023年2月2日。

Bryan W. Van Norden, "Confucius on Gay Marriage", *The Diplomat* (July 13, 2015), https://thediplomat.com/2015/07/confucius-on-gay-marriage/, 2023.2.2.

Syllabus of Supreme Court of The United States, No. 14-556, Argued April 28, 2015 (Decided June 26, 2015), https://www.law.cornell.edu/supreme-court/text/14-556#writing-14-556_SYLLABUS, Retrieved 2023.2.1.